# 高等数学实验(第 2 版)
## ——学软件　做数学

汪晓虹　周含策　编

国防工业出版社

·北京·

# 内 容 简 介

围绕高等数学的概念和计算,本书系统地介绍了 Mathematica 数学软件的相应内容,在微积分实验、数值计算实验及综合实验中,选了不少容易上手的计算和应用问题,来帮助读者学习用软件和学习用数学,如:微积分、函数的极值、数列与级数、微分方程的求解、方程求根、数据曲线拟合与插值、数值微分与积分、线性与非线性规划等;及梯子长度、人口预报、通信卫星俯视地球的面积问题、寻找最速降线问题、红绿灯设置、湖水污染问题、聘用员工的人数问题、信用卡最低还款额等多个典型应用问题。供读者学习建立数学模型,及设计算法和上机实现计算。逐步巩固数学基础、加强逻辑推理和应用数学的能力。

本教材可用作高等院校本科生的数学实验课程教材和参考书,也适合于具有高等数学基础的其他读者。

**图书在版编目(CIP)数据**

高等数学实验:学软件　做数学/汪晓虹,周含策编.
—2 版.—北京:国防工业出版社,2016.2
ISBN 978-7-118-10626-8

Ⅰ.①高…　Ⅱ.①汪…　②周…　Ⅲ.①高等数学 –
应用软件 – 高等学校 – 教材　Ⅳ.①O245

中国版本图书馆 CIP 数据核字(2016)第 024209 号

※

*国防工业出版社*出版发行
(北京市海淀区紫竹院南路23 号　邮政编码100048)
三河市众誉天成印务有限公司印刷
新华书店经售
*
开本710×1000　1/16　印张15½　字数280 千字
2016 年2月第2 版第1 次印刷　印数1—3000 册　定价38.00 元

**(本书如有印装错误,我社负责调换)**

国防书店:(010)88540777　　　发行邮购:(010)88540776
发行传真:(010)88540755　　　发行业务:(010)88540717

# 第 2 版前言

大学的目标和使命,是培养符合社会需要的人才,促进社会发展和国家进步。目前,数学的应用已经渗透到社会发展的各个领域,尤其在关系到国计民生的科学和工程技术领域中,数学因其对前沿问题的重要支撑作用而备受瞩目,各个行业对专业人才的数学素养要求因而也越来越高。理工科大学生应该具备良好的数学理论基础和应用能力,已经成为大家的共识。

因此,在高等数学的教学过程中,我们会向学生介绍数学的发展史。例如:17 世纪数学发展的趋势,开始了科学数学化的过程。最早出现的是力学的数学化,它以 1687 年牛顿所著的《自然哲学的数学原理》为代表,从三大定律出发,用数学的逻辑推理将力学定律逐个地、必然地引申出来。18 世纪的数学表现以微积分为基础,发展出宽广的数学领域,数学发展的动力除了来自物质生产之外,还来自物理学,明确地把数学分为纯粹数学和应用数学等。我们强调学习微积分的重要性。例如:微积分具有将复杂问题归纳为简单规则和步骤的非凡能力,迄今已获得相当大的成功。它几乎解决了一切几何测量和物理计算问题,也是经济问题研究的重要基础。学习微积分要注重其数学思想本身,要避免在学习过程中可能把它们仅看成一些规则和步骤等。其根本目的在于帮助学生为进入科学和工程研究领域作准备,为学生奠定数学理论基础、训练思维方法、培养思考能力、习惯起到重要的作用。

开设了高等数学实验课程,我们感到可以更好地达到高等数学的教学目标,使学生更进一步了解微积分在应用领域的作用,提高了学生用数学的意识及解决应用问题的能力。同学们通过"学数学到用数学",有了自己去体验、去探索的机会和空间,也有了学习、研究数学的动力。起到了用数学思想和方法结合计算机技术加强数学的应用与实践,提高数学素养及探索、创新精神的积极作用。通过这些年的教学实践,我们实实在在地体会到:作为侧重实践性的课程,高等数学实验是对高等数学课程的一个重要补充和延伸。这门课程介于传统数学课程和数学建模之间,可以称为这两者之间过渡的桥梁。侧重于从学数学向用数学方面探索,尽量多地接触实际问题。通过由实际问题得到的启发,及在计算工具的帮助下,更深入地理解数学。课程应该起到开阔学生视野的作用,让他们换一个观点看待似乎已经老生常谈的传统数学课程,也换一个观点看待那些原本似乎与数学关系不大的实际问题。让学生学会多角度、多层次地观察问题,学会从琐碎的现实问题中抽象出问题的实质和关键,学会用数学的方法和理论尝试去分析、去解决问题。学会应用强大便利的现代计算工具,在计算中学习计算,体会到隐藏于纷繁细微之中的数学之美。

2010年版的教材《高等数学实验——学软件做数学》,已使用了几年,教学实践表明,其内容适合于理工科大学低年级学生。这次修编主要修改了第1章和第2、3章中的部分计算程序。书中给出的计算过程都可以在 Mathematica 8.0及更高版本 Mathematica 9 或 10 中运行,读者可以了解 Mathematica 高级版本的一些相应变化。数学实验课程需要实验的工具,主要是计算机的软件,综合考虑计算功能、图形功能、库函数覆盖程度、接口丰富性、运算性能、易用性、代码抽象程度等方面的因素,我们还是选择 Mathematica 8.0 ~ 10 作为实验的首选平台,但是并不排斥读者使用其他软件平台。在例题和实验项目选择方面,只做了少量的增减,增加了部分实验参考。依然是注重并不复杂的、比较贴近生活的、与微积分有较多联系的问题。这样的问题容易上手,容易让学生体会到传统数学课程中的理论在指导实践中的重要性,及导出求解实际问题的正确方法,有利于从大学低年级开始培养学生的探索能力。同时,也考虑了选课学生的年级、专业分布和学习进度等,例题和实验项目有不同难度和类型供读者选择,以便达到更好的教学效果。由本课程的特点决定,选用的例题和实验项目更注重兴趣性,而不太追求系统性和完整性。书的最后选录了几位同学的综合实验报告。通过报告可以看到:学生能自己查阅资料,自己设计实验方案,注重实验的过程,提高了分析问题解决问题能力。同时也培养了他们严谨的科学态度,细心、踏实的工作作风。在综合实验中,不少同学针对自己感兴趣的问题,认认真真地去学习、专研解决问题的方法,通过这样的一个更深入学习思考的过程,也为他们进入高年级学习打下了良好的基础。

感谢袁稚炜、邓僖同学对书稿做的校对工作。

本教材主要包括四个部分的实验内容。

第一部分为微积分相关内容,主要有作函数的平面图形和立体图形,微积分计算,微分方程的解及梯度场;结合图形计算函数极限,计算函数的最大和最小值;计算广义积分与无穷级数等。

第二部分为数值实验,主要有计算函数值;方程求根的迭代法,迭代的蛛网图;数据曲线的拟合与插值;数值微分与积分;怎样计算 π(数值积分法、泰勒级数法、蒙特卡罗法等)。

第三部分为基础性的应用问题,有梯子长度问题(优化问题);人口预报问题(曲线拟合);通信卫星俯视地球的面积问题(二重积分);寻找最速降线问题(积分和与最值);导弹跟踪问题;红绿灯设置问题、湖水污染问题(微分方程);聘用员工的人数问题、选课问题(整数规划);信用卡最低还款额问题(差分方程问题);等等。这些例子考虑了低年级学生的数学和物理知识储备,读者不用担心需要太多的背景知识。

第四部分为综合性的应用。包括人口预报的模型及其应用;疾病传播问题;个人住房贷款、养老保险;投篮角度问题;行星的轨道和位置;等等。在解决问题的过程中,读者会经历分析问题,建立和调整数学模型,利用合理假设简化模型,设计算法和上机计算等诸多过程,这些过程非常有助于巩固数学基础,加强推理和计算研究能力。

编者

2015 年 2 月

# 前　言

　　学习高等数学的根本目的在于帮助学生为进入科学研究和工程计算的领域作准备,是人才培养的重要的、必须掌握的一门基础课。高等数学的微积分方法展现了将复杂问题归纳为简单规则和步骤的非凡能力,微积分思想应用获得相当的成功,它几乎解决了一切几何测量和物理计算问题,也是经济问题研究的重要基础。

　　在高等数学学习告一段落时,针对多数学生不能十分理解学习高等数学的目的,虽然能解高等数学的习题,但不会运用数学思想解决简单的应用问题,不了解如何把数学观点、数学思想方法用于实际应用。高等数学实验课程从"用数学"的角度来进一步学习和复习高等数学中的概念和方法,以计算机和数学软件为手段进行高等数学实验,进一步领会和掌握高等数学的思想和方法,学习和实践前人所做的科学发现和发明的过程。高等数学实验课定位在"用数学"上,让学生用计算机做数学,在实验过程中,将同学们引入科学实验和科学计算的领域,向他们展示数学软件的计算能力。以解决问题为线索去进行探索、发现,学习用数学方法解决要计算的问题,让同学们体会数学的概念和方法如何用于实际问题中,并会用 Mathematica 来实现。通过用计算机做数学的过程提高计算问题和解决问题的能力,从而更加深入地理解和掌握数学的概念与方法。

　　本教材是为本科低年级的学生设置 32 学时的数学实验选修课而编写的。编写教材的指导思想是:培养学生会用数学知识,借助计算机,提高分析和计算应用问题的能力,为学生从"学数学"到"用数学"搭建起一座桥梁。让学生对功能强大的数学软件 Mathematica 有一个初步的了解,除了学会用软件解决高等数学课程教学中涉及到的所有计算问题,也为将来学习其他的科学计算和应用软件打下基础。尽量多地编写容易上手的练习,帮助学生掌握概念和学习计算。尤其是通过计算来学习计算,培养计算经验。通过对实际应用问题的研究,让学生进一步认识到微积分的广泛应用背景,学习计算应用问题的科学方法、步骤。教材的编写特点是:针对在高等数学学习告一段落,大一下学期或大二上学期的学生基础课和专业基础课的学习任务较重,故将复习概念和学习计算的过程尽量设计的直观和轻松一点。本着用较小的篇幅让学生掌握较多的内容,因此从软件的操作学习、概念的复习到计算方法的学习,基本上都是通过例题的方式给出的,将 Mathematica 的教学内容融入到了学习求解数学及其应用问题的计算程序设计中。在应用问题的选择上,尽量贴近生活,重点强调"用数学",每一章的实验内容都设计了有针对性的应用实例。应用实例的选取原则是贴近生活,概念浅显,陈述过程不复杂,又能让学生体会到数学知识是非常有用的。在每章后面给出了一些容易上手的实验练习,供初学者检验对学习内容的掌握程度。

本教材可供大学低年级理工科专业的选修课程使用,也适合于有一些计算经验的理工专业的学生使用。

在 1999 年和 2000 年的暑期,作者参加了由教育部委托清华大学举办的"数学实验"课程研讨班及江苏省高校"数学实验"课程研讨班,学习了清华、北大、中科大、北师大、上海交大等学校的"数学实验"课程教学中不少好的具体做法和经验。在此基础上,本教材是在多年的教学实践中对使用的讲义进行不断补充、修改和完善而形成的。书中的一些例题是取自清华、北大、中科大、北师大、上海交大等学校的教材,从开始尝试开设数学实验课程一直延用至今。讲授这些例题取得了很好的教学效果,也使学生们深刻感到数学实验课程十分有用,应该给更多的同学开设数学实验课的理由之一。在此,感谢萧树铁老师、李尚志老师、姜启源老师、乐经良老师、谢云荪老师,是他们使得我有条件来编写一本适合于理工科学生选修课的教材,让学生在短时间内可以基本学会使用本数学软件,去实践用数学方法解决较多的应用问题。在本教材的编写过程中还得到了刘皞老师、周含策老师的热情帮助和指导,桂冰教授对本书的初稿进行了仔细的审阅,并提出了许多宝贵的建议。在此,对他们致以衷心的感谢。

作者

2009 年 12 月

# 目　录

# 第1章　Mathematica 简介

工欲善其事,必先利其器。Mathematica 软件就是本课程的利器之一。曾经使用 C/ C++ 这样的高级程序语言编程来解决数学问题的读者,了解 Mathematica 之后,一定会惊叹于它的易用、强大、高效和直观。Mathematica 的应用远远超出数学和物理这样的研究领域,在社交网络分析、医疗图像分析、金融工程、计算生物学等诸多领域都起到重要的作用。英国物理学家和数学家 Stephen Wolfram 和他的团队在 1986 年开始开发 Mathematica,1988 年发行第一个版本,目前的版本为 2014 年 7 月发布的 Mathematica 10。

本教材使用这个版本作为实验平台。读者的计算机上也许安装的是其他版本,对此不必过于担心。Mathematica 10 是一个很庞大复杂的系统,完全彻底地掌握既不现实也无必要。这里就是利用它来完成数学实验,只要掌握一些基本功能已经足够。而这些基本功能被各个版本非常稳定地支持,本教材的代码,运行在版本 8、版本 9、版本 10 之上,都会得到相同的结果,但是读者会对界面的差异感觉比较明显。例如,从版本 9 开始,绘图结果下方会出现一行按钮和菜单,方便用户修改绘制的风格和各种选项。考虑到通用性,本教材对此并没有深入介绍,读者直接尝试即可。

Mathematica 提供了一个交互式的集成环境。这个环境可以作为高级计算器使用,在其中输入运算表达式或者命令,就可以完成符号计算、数值计算和图形处理等各种任务,并立即得到结果。同时也提供了一套程序设计语言,有自己完善的语法、变换规则、异常丰富的函数库,以及与操作系统和其他编程语言交互的接口。

给读者的阅读建议是,打开计算机,边阅读,边尝试,这样可以很快熟悉软件的使用,方便后面的实验。如果看书和操作分离,效果会差很多。

## 1.1　界面和基本操作

掌握 Windows 基本操作的读者完成 Mathematica 的安装和启动不会遇到任何困难。初次启动以后,读者会看到如图 1 – 1 所示的窗口。

这是一个欢迎窗口,"New Document"按钮用于创建一个新的笔记本文档。

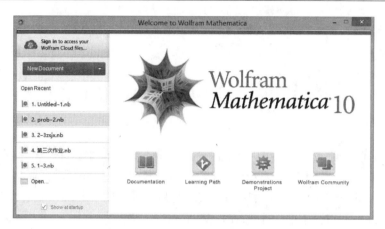

图 1 - 1　启动时显示的欢迎窗口

而"Open Recent"之下列举了最近使用过的文档,点击可以直接打开。因为使用情况不同,这里列举的条目也不同。欢迎窗口的的右下方提供了文档、教程、演示项目和 Wolfram 社区的入口。

我们点击"New Document"之后看到如图 1 - 2 所示的工作窗口。

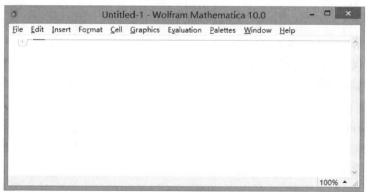

图 1 - 2　工作窗口

工作窗口类似于一般的应用程序,由标题栏、菜单栏、状态栏、工作区等部分组成。从"File"可以新建、打开、保存、关闭一个文件。Mathematica 可以处理几种文件格式,最常用的是笔记本文件,用来保存用户输入的命令和计算的结果,扩展名为.nb。可以通过交换笔记本文件来和他人共享代码与计算结果。每一个被打开或者新建的笔记本文件都在一个工作窗口中被显示和编辑。工作窗口的标题就是文件名,如果还没有指定,往往显示为"Untitled - 1"。我们在工作窗口中可以输入命令、显示各种计算和绘图结果,甚至播放声音。工作窗口的右下角有百分比的显示,通过点击数字旁边的黑色三角符号可以改变显示比例。

　　各种菜单功能中,值得在此首先提到的是"Palettes"下的几个 Assistant。例如"Basic Math Assistant",打开之后出现一个助手窗口,如图 1-3 所示。读者可以通过点击,在工作窗口中输入分式、根式、积分符号和希腊字母等各种数学符号。

　　作为第一个例子,请读者在工作窗口中输入 N[Pi,100],然后按下组合键 Shift + Enter,也就是先按下 Shift,不要放开,再按下 Enter,然后放开两个按键。用这种方式是告诉 Mathematica,我的输入完成了,请你开始计算。瞬间我们就得到了计算的结果。如果读者使用的键盘上有数字小键盘,也可以按下小键盘上的 Enter,而不需要按 Shift,就完成了同样的功能。这个操作也可以使用菜单栏上"Evaluation"中的"Evaluae Cells"来完成。如果按下的是主键盘区域的 Enter,输入光标将会换到下一行,并不会执行计算。输入表达式之后,总是用组合键 Shift + Enter 或者小键盘上的 Enter 告诉 Mathematica 进行计算。之后的结果如图 1-4 所示。

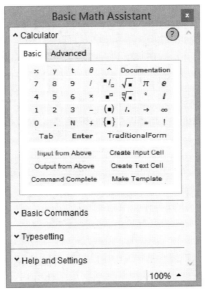

图 1-3　基本数学符号输入助手窗口

　　工作窗口的标题是"Untitled-1",这是因为我们还没有保存文件,因而没有命名。旁边的星号表示,文件被更改过了。每次打开一个新的文件,或者保存过文件以后,工作窗口标题栏不会显示星号,等我们输入或者改动了文件的内容,就会显示星号,提醒用户工作窗口的内容尚未保存。

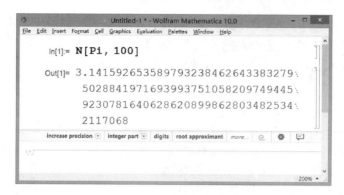

图 1-4　首次计算的结果

工作窗口内容第一行最左边的"In[1]:="这几个字符并不是我们输入的,而是输入以后 Mathematica 自动添加的,表示这一行是用户输入的,方括号内的数字 1 是对输入进行编号,下一次输入就会是"In[2]:=",等等。之后的"N[Pi,100]"才是我们输入的命令。N 表示计算近似值,Pi 就是圆周率,最后的 100 告诉 Mathematica 我们希望计算结果有 100 位有效数字。

下面的"Out[1]=3.14…",就是计算结果,计算结果也有编号。读者可以重新输入 N[Pi,9999],就会在瞬间得到更精确的结果。理论上,Mathematica 能处理的数据是不限制长度的,可以很大,也可以有很多位有效数字,能处理的数据的大小基本上仅仅受制于读者使用的硬件。许多直接使用编程语言(例如 C++)解决起来比较困难的问题,读者都可以在 Mahtematica 中大胆尝试。

用 Mathematica 可以进行符号计算。例如输入如下命令:

Integrate[E^x * Sin[x], x],就可以计算不定积分 $\int e^x \sin x \, dx$ 。

Integrate 是计算积分的函数,E 就是数学常数 e,^ 表示幂。Mathematica 给出的答案是 1/2 E^x(-Cos[x] + Sin[x]),不同的是,这里没有给出积分常数。

Mathematica 的功能强而全面,在了解基本语法之后,还需要了解很多函数。不过我们没有必要把它们全部记住,在需要时,可以通过 Mathematica 自带的帮助系统,或者网站来查询。例如,读者可以点击"Help"菜单下的"Wolfram Documentation",就会看到如图 1-5 所示的参考文档窗口。

这里给出了"核心语言""数据操作和分析""可视化与图形"等多个专题栏目,提供了全面的帮助信息。建议读者花一些时间浏览。

如果我们已经知道某个函数的名字,但是不知道该如何使用,需要详细资料,可以在笔记本窗口输入函数名字,确保输入光标(不是鼠标光标)没有离开

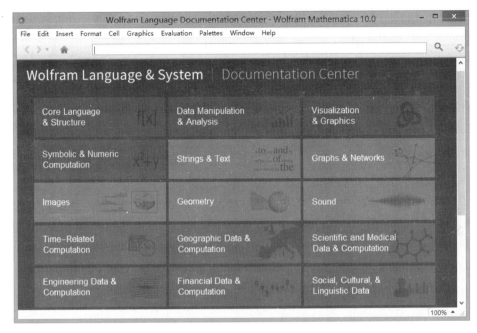

图 1-5　帮助信息和参考文档窗口

函数名字,然后在键盘上按下 F1,Mathematica 将会查找该函数的帮助信息。例如,我们输入 Plot,然后按下 F1,Mathematica 就会显示这个函数的用法,如图 1-6 所示。

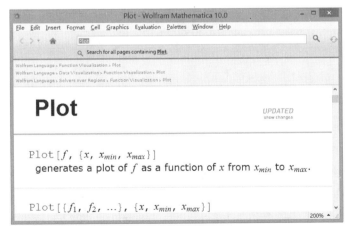

图 1-6　按 F1 之后看到的帮助信息

　　读者可能会担心,需要输入的函数名很长,会记不住。实际上,在输入的过程中,Mathamtcica 会根据已经输入的内容,进行动态的提示。读者只需要用鼠标点击或者用箭头键选择,用回车键确认就可以完成输入。如图 1－7 所示。

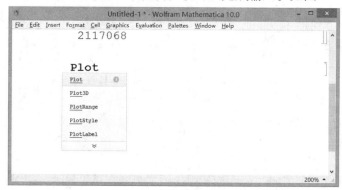

图 1－7　在输入的时候得到提示

　　如果只知道某个函数名称的一部分,可以使用通配符来查找。请读者尝试在工作窗口中输入"? ＊Plot＊",然后按下 Shift + Enter,将得到如图 1－8 所示的结果。Mathematica 为我们列出了所有名称包含了 Plot 的函数。用鼠标点击需要的函数,可获得使用该函数的帮助和样例。

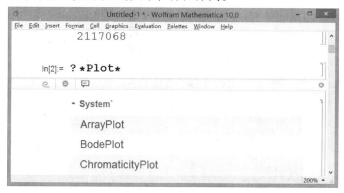

图 1－8　使用通配符找到需要的函数

　　更困难的情况是,不知道某个函数的英文如何描述,比如我们需要计算组合数却不知道相应的英文,那么可以上谷歌等搜索引擎,直接搜索类似"Mathematica 组合函数"这样的关键字。往往一次搜索就能得到比较精确的结果。

　　需要注意的是,Mathematica 对大小写很敏感,也就是,大写字母和小写字母是区分开的。例如绘图的函数是 Plot,如果输入 plot,Mathematica 就会报错。Mathematica 内建的函数多数以大写字母开头,如 Sin,Cos 等,也有些函数名由两个或多个单词组合成,每个单词的首字母都要大写,例如 ParametricPlot3D。

另一个需要注意的是,Mathematica 使用方括号来标记函数的参数的起止,区别于其他语言的圆括号。圆括号被 Mathematica 用来改变运算的优先级。例如我们要计算 sin18°,应该输入 Sin[Pi/10],而不是 Sin(Pi/10)。

当读者输入的表达式有错误的时候,Mathematica 会报错,提供的信息一般都很准确,读者可以根据错误信息来改正输入。

输入表达式并且按下 Shift + Enter 之后,工作窗口的标题栏会增加显示"running…",等计算完成以后消失。对于简单的问题,这个过程一闪而过,根本感觉不到。如果输入的运算不复杂,但是运行状态却持续了很长时间,有可能是数据或者程序有问题,可以按下 Alt 和.(英文句点)来提前终止,检查错误以后再重新计算。

## 1.2　Mathematica 中的基本量及运算

### 1.2.1　数的表示

表 1 – 1 列出了 Mathematica 的数值类型,包括整数、有理数、实数和复数。在输入的时候,可以用大写的英文字母 I 表示 $\sqrt{-1}$,Mathematica 输出的往往是 i,这个字符表示同样的含义,在键盘上可以这样输入:先按一下键盘最左上角的 Esc,然后连续输入两个小写字母 i,然后再按一次 Esc。一些希腊字母也可以用类似的方法输入。

表 1 – 1

| 数据类型 | 意　义 | 举例 |
|---|---|---|
| Integer | 任意长度的整数 | 1080 |
| Rational | 有理数,可以是两个整数的比值 | 2/3 |
| Real | 实数,可具有任意精确度 | 3.79 |
| Complex | 实部和虚部可为整数、有理数、实数 | 2 –7I |

与其他语言有明显区别的是,Mathematica 的整数不限制位数,只要计算机的资源允许,多长都行,小数也是如此,这就是前面我们能得到圆周率的 100 位有效数字的一个原因。

数学常数在 Mathematica 中见表 1 – 2,表中的符号在计算时可直接使用。用在公式推导和计算中,数学常数都是精确数,用在数值计算中可以取任意精确度。

表 1 - 2

| 数学常数 | 意　义 |
|---|---|
| Pi | 圆周率 |
| E | 自然对数的底 |
| Degree | Pi/180 |
| I | 虚数单位 i = Sqrt[ -1] |
| Infinity | 无穷大 |
| Catalan | Catalan 常数 = 0.915966 |
| ComplexInfinity | 复无穷 |
| DirectedInfinity | 有向的无穷 |
| EulerGamma | 欧拉常数 gamma = 0.5772216 |
| GoldenRatio | 黄金分割(Sqrt[5] -1)/2 |

　　Mathematica 尽可能在计算中保存精确结果。例如,我们输入有理数运算,得到的结果还是有理数,Mathematica 不会自作主张地帮我们转化成小数,因为这样可能会损失精度。

　　如果希望得到近似结果,可以使用内置的函数 N[ ]。参见表 1 - 3。

表 1 - 3

| 数的输出 | 意　义 |
|---|---|
| N[表达式] | 以实数形式输出表达式,有效位数由 Mathematica 决定 |
| N[表达式,n] | 以 n 位精度的实数形式表示表达式 |

　　例如:

　　输入 Sqrt[2] +3/2,这里的 Sqr[ ]计算平方根的函数,将得到 3/2 + Sqrt[2],Mathematica 什么也不做,仅仅是改变了次序就直接输出。如果希望得到近似结果,可以输入 N[Sqrt[2] +3/2],得到 2.91421,如果输入 N[Sqrt[2] +3/2,10]将得到 2.914213562。

## 1.2.2　算术运算

　　Mathematica 中的算术运算符 + , - , * , / , ^ 分别表示加号、减号(或负号)、乘号、除号和乘方;% (百分号)表示上一个计算结果;% % 表示上上个计算结果,但是在要处理的问题稍微复杂的时候,不建议用% 这样的符号,容易出错。可以把中间结果使用变量来保存。

　　在表达式中,乘号可用空格符号代替。在两个变量或数值之间放一个空格即表示求这两个量的乘积。在不引起歧义的情况下,乘号,甚至空格,可以省略。例如:2a,2＊a,2 a,a＊2,a 2 的意义是相同的,但是这个乘积不能写作 a2,Mathematica 会把 a2 看作一个变量。(a－b)(c＋d)与(a－b)＊(c＋d)意义也是相同的。

在 Mathematica 中,可以在输入的表达式末尾加上一个分号";",表示不显示计算结果。

## 1.2.3　变量

各种语言中都有变量,我们通过给变量赋值的方式保存某个数值或者计算结果,通过引用变量的方式来使用刚才保存的值或者结果。

### 1. 变量命名

变量名的长度不限,但是必须符合一些规范。首先,变量不能以数字开头;其次,变量不能用某些特殊的符号,比如加减乘除和百分号、美元符号等,这些符号都有特定含义;另外,用户定义的变量不能和已有的函数或者变量重名。比如 N 是得到近似值的函数,就不能用它再来表示一个变量。最后,需要特别注意的是,变量名最好不包含下划线。下划线用在变量名称中有特殊的含义。例如,作为一个函数的参数 n_Integer 这个变量包含了下划线,下划线之后的 Integer 说明,这个变量应该看作整数。在不清楚的情况下使用,会引起莫名其妙的问题。例如:abcdefghijk,x3 都是合法的变量名;而 2t 和 u v(u 与 v 之间有一空格)不能作为变量名。

在变量名中英文字母大小写意义不同,因此 A 与 a 表示两个不同的变量。区别于一般的编程语言,在 Mathematica 中变量即取即用,不需要先说明变量的类型。

在 Mathematica 中,一个变量可以表示一个数值、一个表达式、一个数组或一个图形。

在变量名符合规范的前提下,建议读者选择有意义、容易识别的变量名,方便理清计算流程。

### 2. 变量赋值

在 Mathematica 中,赋值有两种,即立即赋值和延时赋值,分别用"＝"和":＝"表示。如果仅仅是把一个常数赋值给某个变量,这两者没有区别。例如 x ＝ 10 和 x ：＝ 10 就没有区别。但是,如果是把一个表达式赋值给某个变量,这两种赋值却完全不一样。假设我们的赋值语句分别为 x ＝ y 和 x ：＝ y。这里 y 不见得是变量,而可能是一条表达式。立即赋值会立即计算表达式,并且把计算的结果(结果可能是数值,也可能还是一个表达式)赋值给 x,延时赋值不这么做,而是给全局规则库中增加一条规则,以后每当遇到 x 的时候,就计算 y 在当前的值来作为 x 的值。计算当前的值,意味着这个值会变换,这是很自然的,因为 y 是一个表达式,涉及了某些函数和变量,而变量会发生变化。延时赋值可以计算出一个"最新的"x 的值。编程时这两者的区别必须注意。下面我们举例来说明它们的区别。

可以把数值赋给一个(或多个)变量,如:

a = Random[ ]; b:=Random[ ];

这是同一行的两条语句,第一条是立即赋值,第二条是延时赋值。Random[ ] 函数的作用是产生一个随机数,每次都会返回不同的结果。第一条立即赋值语句会立即调用 Random[ ] 函数,得到结果,把这个结果赋值给 a,从此以后,除非重新赋值,a 就不会改变。而 b 就不是这样,执行延时赋值语句以后,系统会记住 b 和 Random[ ] 是一个意思,当需要用到 b 的时候,系统会用 Random[ ] 代替,这样每次得到的结果都会不一样。读者尝试 Print[b] 多次,会发现每次都显示不同的值。Print[b] 的作用就是把 b 的值显示出来。

取消变量 x 的赋值,可用使用以下两种方法之一。

x = .

Clear[x]

取消赋值的作用在于,防止要用到的变量和已经用过的变量混淆。

变量赋值,或者参与一些运算之后,我们可能需要查看变量的值,只要输入变量名,然后按下 Shift + Enter 即可,也就是计算一个最简单的表达式。

**3. 表达式中的变量替换**

可以使用

表达式 / .x→x0

把表达式中的 $x$ 用 $x0$ 替换,从而得到一个值或者新的表达式。如果表达式中有多个变量需要替换,可以在 / . 之后使用一个替换的列表:

表达式 / .{x→x0, y→y0}

花括号括起来的部分称作列表,后面会介绍。在这里,这个列表的作用就是,告诉 Mathematica 替换规则有两条,也就是要分别用 $x0$, $y0$ 替换表达式中的 $x, y$。例如:

f1 = x^2 +2x y +y^2 (将表达式赋给变量 $f1$)

f1 / .{x→1,y→2} (求 $f1$ 当 $x=1,y=2$ 时的值)

f1 / .x→x +1 (在 $f1$ 中用 $x+1$ 替换 $x$ 得到 $f1(x+1,y)$)

## 1.2.4　列表(List)

实际运算时,仅仅对单个变量进行操作是远远不够的,我们可能会遇到很多

10

很多的变量,这些变量很相似,比如是一个数列中的元素,而且很多,这时候给它们都单独命名,不但麻烦,而且没有必要,我们就可以把这些元素放在一个列表中。列表类似于 C 语言中的数组,但是却要灵活得多。C 语言中的数组,其中的元素必须是相同类型的。而 Mathematica 的列表,可以容纳不同类型的元素,像一个万能容器。和 C 语言中的数组类似的地方就是,列表中的元素是有顺序的,可以通过下标来找到元素。列表是最常用的数据结构之一,可以表示数列、集合等。

在形式上,列表是用花括号括起来的若干元素,元素之间用逗号分隔。当然,元素本身也可以是一个列表。下面是一个列表的例子:

```
MyList = {1, {}, Sin}
```

这个列表有 3 个元素,其中第二个元素本身还是列表,而且是一个没有元素的列表,就是空列表,第三个元素是一个函数。

在运算中,可对列表作整体操作,也可对单个元素操作。整体操作的意思是,把列表看作一个整体,对所有的元素执行相同的操作,例如:

```
a = {1, 10, 100};
b = a + 3;
```

执行之后,b 就是列表 {4,13,103}。

我们也可以对单个元素进行操作,例如:

```
a = {0, 10, 100};
a[[1]] = 1;
b = a[[1]] + 2 * a[[2]] + 3 * a[[3]];
```

这里第二条语句是给 a 中的第一个元素赋值,C 语言中用方括号作为下标运算符,得到数组元素,在 Mathematica 中,方括号用来表示函数的参数,而双层方括号才表示列表的元素,a[[1]] 就代表列表 a 的第一个元素,列表的元素下标从 1 开始,而不是从 0 开始。

上面我们用花括号来定义列表,如果要定义一个有上千个元素的列表,这种方法就不太适合。我们可以使用函数 Range 和 Table 来生成列表,这是两个 Mathematica 内嵌的函数,根据传递给它们的参数,返回一个符合条件的列表。

Range 的功能相对简单,来看几个例子。提醒读者,类似 In[1]:=、Out[1]=⋯都是 Mathetmaica 自动生成的,下面例子中粗体部分是被输入的。方括号内的数字是运算后产生的编号,与运算内容无关。

```
In[1]:= Range[10]
Out[1]= {1, 2, 3, 4, 5, 6, 7, 8, 9, 10}
In[2]:= Range[3, 10]
Out[2]= {3, 4, 5, 6, 7, 8, 9, 10}
```

```
In[3]:= Range[2, 10, 3]
Out[3]= {2, 5, 8}
In[4]:= Range[10, 1, -3]
Out[4]= {10, 7, 4, 1}
```

Range[start, end, step]返回一个列表,这个列表第一个元素为 start,第二个元素为 start + step,第二个元素再加上 step 得到第三个元素,等等,但是最后一个元素不会越过 end,比如 Range[2, 10, 3]返回的列表就从 2 开始,依次增加 3,故到 8 结束。如果省略最后的 step 参数,就得到 Range[3, 10]这样的用法,默认 step 为 1,如果再省略 start,就得到 Range[10]这样的用法,默认 start 为 1。还有一种情况,就是 step 可以小于 0,就是上面的最后一个例子,这时列表中的元素是递减的。

另一个常用来产生列表的函数是 Table,请看下面的例子。

```
In[5]:= Table[(1/2)^n, {n, 0, 10, 3}]
Out[5]= {1, 1/8, 1/64, 1/512}
```

Table 的基本用法为 Table[expr, {n, min, max, step}],这里 expr 是一个表达式,会包含变量 $n$,比如上面的例子中 expr 就是 $\frac{1}{2^n}$,而 $n$ 的取值范围以及次序由{n, start, end, step}给出,这里的参数 start, end, step 的含义类似于 Range 中的参数。上面的例子就会先定出 $n$ 的取值,然后依次代入 expr,结果按次序做成列表返回。常见的变形情况是省略 step,那么默认 step 就是 1,或者同时省略 start,那么 start 默认也是 1。比起 Range,Table 函数明显能产生更复杂的列表。实际上 expr 中还可以使用多个变量,例如:

```
In[6]:= Table[x^i /y^j, {i, 2}, {j, 3}]
```

$$Out[6]= \left\{\left\{\frac{x}{y}, \frac{x}{y^2}, \frac{x}{y^3}\right\}, \left\{\frac{x^2}{y}, \frac{x^2}{y^2}, \frac{x^2}{y^3}\right\}\right\}$$

可以看到,结果是一个列表,其中的每个元素又是一个列表。

另一个常用的生成列表的函数是 NestList,调用形式为

```
NestList[f, expr, n]
```

作用是产生一个列表:

```
{expr, f[expr], f[f[expr]], ⋯, f[⋯f[expr]⋯]}
```

例如:

```
In[7]:= NestList[Sin, x, 3]
Out[7]= {x, Sin[x],
Sin[Sin[x]], Sin[Sin[Sin[x]]]}
```

　　列表可以作为一个整体使用,还可以取出其中一个元素使用,例如 a
[[2]],实际上我们还可以取出列表的一部分来使用。表 1 -4 列出了一部分方
法,其中的 t 代表一个有定义的列表。

表 1 - 4

| 引用方法 | 意　义 |
| --- | --- |
| t[[n]]或 Part[t,n] | 引用列表 $t$ 中的第 $n$ 个子元素,$n$ 从 1 开始 |
| t[[-n]]或 Part[t,-n] | 倒数第 $n$ 个元素 |
| First[t] | 列表 $t$ 中的第一个元素,相当于 $t[[1]]$ |
| Last[t] | 列表 $t$ 中的最后一个元素,相当于 $t[[-1]]$ |
| t[[{n1,n2,…}]]<br>或 Part[t,{n1,n2,…}] | 由 $t$ 的第 $n1,n2,\cdots$ 个元素组成的表 |
| t[[i,j]] | $t$ 的第 $i$ 个子表的第 $j$ 个元素,这样使用的前提是 $t[[i]]$ 仍然是一个列表,并且有至少 $j$ 个元素 |

例如:

```
In[8]: = t = Range[13, 1, -2];
In[9]: = t[[{3, -1, 5}]]
Out[9] = {9, 1, 5}
```

　　列表非常灵活,有时候我们需要判断某个列表是不是我们需要的结构,甚至
某个变量是不是列表,Mathematica 提供了一组函数来进行判断。表 1 - 5 列出
对表的结构进行判断的部分函数。读者会注意到很多函数都有一个字母 Q,
Mathematica 中用于判断的函数多具有这样一个特征。这样的函数返回值为
True 或者 False。

表 1 - 5

| 表的结构 | 意　义 |
| --- | --- |
| VectorQ[t] | $t$ 是否为向量结构,也就是说,$t$ 本身是一个列表,而且其成员都不是列表 |
| MatrixQ[t] | $t$ 是否为矩阵结构 |
| MemberQ[t,m] | $m$ 是否为 $t$ 的元素 |
| FreeQ[t,m] | $m$ 是否不是 $t$ 的元素 |
| Length[t] | $t$ 中元素的数目 |
| ArrayDepth[t] | $t$ 的深度 |
| Dimensions[t] | $t$ 作为向量或矩阵的维数 |

（续）

| 表的结构 | 意　义 |
|---|---|
| Count[t,m] | $m$ 在 $t$ 中出现的次数 |
| Position[t,m] | $m$ 在 $t$ 中的位置 |
| Join[t1, t2,…] | 连接表 $t1$, $t2$,… |

例如我们定义：

In[10]:= t = {{2,1},3};

那么

In[11]:= VectorQ[t]

将会返回 False,这不是一个向量。而

In[12]:= MemberQ[t,3]

会返回 True,3 确实是 $t$ 中的一个元素。请读者判断以下函数将返回什么结果：

In[13]:= MemberQ[t,2]

In[14]:= Length[t]

In[15]:= ArrayDepth[t]

In[16]:= Dimensions[t]

In[17]:= Position[t,3]

C 语言的数组基本是固定的,而 Mathematica 的列表却灵活多变。表 1 – 6 列出的是在表中增加、取出和删除元素的常用函数。

表 1 – 6

| 表中增加/ 取出/ 删除元素 | 意　义 |
|---|---|
| Insert[t,elem, n] | 在列表 $t$ 正数第 $n$ 个位置插入 elem |
| Insert[t,elem, – n] | 在列表 $t$ 倒数第 $n$ 个位置插入 elem |
| Prepend[t,elem] | 在列表头加 elem(PrependTo 函数修改 $t$) |
| Append[t,elem] | 在列表尾加 elem(AppendTo 函数修改 $t$) |
| Take[t,n] | 取列表 $t$ 中的前 $n$ 个元素,返回的结果是一个元素组成的列表 |
| Take[t,{m,n}] | 取列表从 $m$ 到 $n$ 的元素(包括 $m$,$n$ 在内),返回的结果是这些元素组成的列表 |
| Drop[t,{m,n}] | 删掉 $m$ 到 $n$ 个元素后的集合 |

例如：

Prepend[{a,b,c},x]

将会返回列表

{x, a, b, c}

我们也可以把 $x$ 插入到列表的第 2 个位置

```
Insert[{a,b,c},x,2]
```

将会返回列表

```
{a, x, b, c}
```

列表还有一些常用操作,见表 1-7。

表 1-7

| 函数 | 意　义 |
|---|---|
| Select[t, crit] | 从列表 $t$ 中选出满足 crit 的元素 |
| Apply[Plus, t] | 把列表 $t$ 中的所有元素加在一起 |
| Apply[Times, t] | 把列表 $t$ 中的所有元素乘在一起 |
| Union[t] | 去掉列表 $t$ 中重复的元素后对元素排序 |
| Sort[t] | 将列表 $t$ 排序 |
| Reverse[t] | 倒序 |
| Flatten[t] | 将列表 $t$ 所有层变为一层 |
| Flatten[t,n] | 将列表 $t$ 的最上面 $n$ 层变为一层 |
| Partition[t,n] | 将列表 $t$ 分成由 $n$ 个元素组成的块 |
| Permutations[t] | 给出列表 $t$ 一切可能的排列 |

例如我们可以简单地算出 $1+2+\cdots+100$

```
Apply[Plus, Range[100]]
```

## 1.2.5　函数

### 1. Mathematica 函数

前面我们已经见到了很多 Mathematica 内置的函数,表 1-8～表 1-11 列出了更多常用的函数。

表 1-8

| 实变量函数 | 意　义 |
|---|---|
| Round[x] | 最接近 $x$ 的整数 |
| Floor[x] | 不大于 $x$ 的最大整数 |
| Ceiling[x] | 不小于 $x$ 的最大整数 |
| Abs[x] | $x$ 的绝对值 |
| Sign[x] | 符号函数 |

（续）

| 实变量函数 | 返回值 |
|---|---|
| Max[x1,x2,…]或Max[s] | 取 $x1, x2, \cdots$ 中的最大值, $s$ 为一集合或数组 |
| Min[x1,x2,…]或Min[s] | 取 $x1, x2, \cdots$ 中的最小值, $s$ 为一集合或数组 |

表 1 – 9

| 复变量函数, $z = x + I\, y$ | 意 义 |
|---|---|
| Re[z] | $z$ 的实部 |
| Im[z] | $z$ 的虚部 |
| Conjugate[z] | $z$ 的共轭 |
| Abs[z] | $z$ 的模 |
| Arg[z] | $z$ 的幅角 |

表 1 – 10

| 变量可为实数或复数的函数 | 意 义 |
|---|---|
| Exp[z] | 指数函数, $e^z$ |
| Log[z] | 以 e 为底的对数函数, $\ln z$ |
| Log[b,z] | 以 b 为底的对数函数, $\log_b z$ |
| Sin[z], Cos[z], Tan[z],<br>Cot[z], Csc[z], Sec[z] | 三角函数 |
| ArcSin[z],ArcCos[z],ArcTan[z],<br>ArcCot[z],ArcCso[z],ArcSec[z] | 反三角函数 |
| Sinh[z],Cosh[z],Tanh[z],<br>Coth[z],Csch[z],Sech[z] | 双曲函数 |
| ArcSinh[z],ArcCosh[z],ArcTanh[z],<br>ArcCoth[z],ArcCsch[z],ArcSech[z] | 反双曲函数 |

表 1 – 11

| 整数和组合函数 | 意 义 |
|---|---|
| Mod[m,n] | $m$ 被 $n$ 除的正余数 |
| Quotient[m,n] | $m$ 被 $n$ 除的整数部分 |
| GCD[n1,n2,…]或GCD[s] | $n1, n2, \cdots$ 的最大公因子, $s$ 为一数据集合 |
| LCM[n1,n2,…]或LCM[s] | $n1, n2, \cdots$ 的最小公倍数, $s$ 为一数据集合 |

（续）

| 整数和组合函数 | 意　义 |
|---|---|
| Prime[k] | 第 $k$ 个素数 |
| PrimeQ[n] | 当 $n$ 为素数时为 True,否则为 False |
| n! | $n$ 的阶乘 $n(n-1)(n-2)\cdots 1$ |
| n!! | $n$ 的双阶乘 $n(n-2)(n-4)\cdots$ |
| Binomial[n,m] | 二项式系数 $C_n^m$ |
| Multinomial[n1,n2,…] | 多项式系数 |
| BernoulliB[n] | 伯努利系数 $B_n$ |
| BernoulliB[n,x] | 伯努利多项式 $B_n(x)$ |

## 2. 自定义函数

Mathematica 自带的函数再多,也不可能完成所有的功能,我们可以在需要的时候自定义函数。例如:自定义一个一元函数

f[x_]:=expr

在这里 f 是函数名,可以任取,只要符合命名规则即可。expr 是一个表达式,$x$ 必须在表达式中出现,这就是变量,但是请读者注意,方括号中的 $x$ 需要连接一个下划线,也就是 x_,而表达式 expr 中出现的变量 $x$ 不要下划线。例如:

f[x_]:=2*x-1

这是一个简单的一元函数,函数名为 f,自变量为 $x$,映射规则为把 $x$ 映射为 2 * x-1。当我们需要调用的时候,只要输入类似 f[10.1],f[(x+y)^2] 或者 f[f[a]] 这样的表达式。注意定义函数使用 := 而不是 =,f[x_] 这里有一个下划线,下划线告诉 Mathematica,$x$ 是一个"抽象的"符号,以后当调用函数的时候 $x$ 可以被任何值或者表达式替换;如果在本函数定义式之外的其他地方用 $x$ 代表另一个变量进行运算,那个 $x$ 与我们在函数定义中使用的 $x$ 没有任何关系。类似地,可以定义多元函数。例如:

f[x_,y_]:=(x+2y)^2

函数被定义以后就可以使用,例如输入

f[1,2]

将得到结果 25。我们可以使用语句

f[x_]=.

或者

Clear[f]

来取消某个函数的定义。

有些函数比较复杂,需要依次用几个语句才能完成,可将这些按次序排列,

语句之间用分号分隔,用圆括号把首尾命令括起来,最后一个语句就是函数将会返回的结果。例如:

(1) 定义函数 $h(x)$ 返回列表 $x$ 中的最大元素和最小元素的平方之和:

h[x_] := (y = Max[x]; z = Min[x]; y^2 + z^2)

(2) 定义函数 $f(x, n)$ 用于计算 $(\sin x + \cos x)^n + 2(\sin x + \cos x)$,可避免重复计算:

f[x_,n_] := (t = Sin[x] + Cos[x]; t^n + 2t);

### 3. 求函数多次自复合的命令 Nest

Mathematica 提供了一些能实现循环和迭代的函数,使用这些函数可以避免使用循环语句重新编程,并且效率更高。表1-12列出了常用迭代函数及其意义。

表 1-12

| 函　数 | 意　义 |
|---|---|
| Nest[f,expr,n] | 对 expr 重复使用函数规则 $f$ 共 $n$ 次 |
| NestList[f,expr,n] | 对函数规则 $f$ 迭代 $n$ 次,形成迭代产生的函数集 |
| FixedPoint[f,expr] | 从 expr 开始,重复运用函数 $f$,直到结果不变 |
| FixedPointList[f,expr] | 形成迭代产生的函数集,直到结果不变 |

例如,定义 $f(x)$ 为 $\sin\sin\sin x$ :

f[x_] := Nest[Sin,x,3]

再例如,可以利用 $g(x) = (x + 3/x)/2$ ,迭代计算 $\sqrt{3}$ :

In[1] := newton[x_] := N[(x + 3/x)/2]

In[2] := FixedPoint[newton,1.0]

Out[2] = 1.73205

In[3] := FixedPointList[newton,1.0]

Out[3] = {1.,2.,1.75,

1.73214,1.73205,1.73205,1.73205}

### 4. 分段函数

可用条件控制语句 If、Which 和 Switch 语句来定义一个分段函数。例如:

(1) 使用 If 语句定义函数 $S(x) = \begin{cases} 1, & x \geq 0 \\ -1, & x < 0 \end{cases}$:

s1[x_] := If[x > = 0, 1, -1, 0]

当把参数传递给函数 s1 之后,If 语句会检查逻辑表达式 x > =0 返回什么逻辑值,如果为 True,则用 1 作为 s1 的返回值,如果为 False,则用 -1 作为函数的返回值,当 x > =0 既不是 True,也不是 False,则用 0 作为 s1 的返回值。在一般的编程语言中,一个逻辑表达式只会返回 True 或者 False 两个结果,非此即彼。但是 Mathematica 更严格一些,如果我们给 s1 传入的参数不是实数,那么就不能比较大小,这时候,第三种情况就会出现。如果读者确定这种情况在你的程序中不会出现,也可以简单地定义成

s1[x_]:=If[x>=0,1,-1]

当条件多于两个时,用 If 的嵌套方式来处理是一种方法,如果要提高程序可读性,我们可以使用下面介绍的方式。

(2)用条件赋值来定义分段函数

s2[x_]:=1/;x>=0; s2[x_]:=-1/;x<0

/;表示条件赋值,当 /; 之后的条件为 True 的时候才进行赋值。具体到这个例子,当 x>=0 的时候,s2[x]=1,当 x<0 的时候,s2[x]=-1。这里我们在同一行写了两个语句,使用分号分隔,也可以分成两行写,作用相同。

(3)用 which 来定义分段函数:

h[x_]:=Which[x<0,x^2,x<=5,0,x>5,x^3]

$$h(x) = \begin{cases} x^2 & x < 0 \\ 0 & 0 \leq x \leq 5 \\ x^3 & x > 5 \end{cases} ;$$

Which 的参数中条件语句和赋值表达式交替出现,which 函数检查每一个条件语句是否为 True;如果是,按照这个条件语句之后的表达式来给函数赋值,然后返回;如果是 False,那么检查下一条。也有可能,所有的条件语句都是 False,那么 Which 函数返回 Null。读者应该可以意识到,这样定义分段函数的时候,必须注意分界点的次序,不能打乱。

Mathematica 中的函数 InverseFunction 可以计算一个函数的反函数,但是有条件,而且 Mathematica 也不保证总是能给出来反函数的解析表达式,有时候只给出一个抽象的符号。如:

In[1]:= InverseFunction[Log]

Out[1]= Exp

In[2]:= InverseFunction[g[x]]

Out[2]= g⁻¹[x]

# 1.3  在 Mathematica 中作图

## 1.3.1  二维函数作图

图形是让数据可视化的重要手段,好的图形能直观地说明问题,帮助发现问

19

题的线索。Mathematica 有丰富的作图函数,这些函数的名字中多包含单词 Plot,使用命令?? * Plot * 可以找到几十个相关的函数。这些函数都有丰富的作图选项,比如设置线宽、颜色、填充等,可以先忽略选项,熟悉之后根据需要添加。

**1. 直角坐标函数作图**

Plot 是直角坐标系下作图最常用的函数,表 1 – 13 列出了用法。

表 1 – 13

| 表示方法 | 意　义 |
| --- | --- |
| Plot[f[x],{x,xmin,xmax}] | 在{x,xmin,xmax}间,画出函数 $f(x)$ 的图形 |
| Plot[{f1[x], f2[x]}, {x, xmin, xmax},选项] | 在区间{x,xmin, xmax}上,按选项的要求,同时画出两个函数的图形 |
| Plot [ Evaluate [ f ], {x, xmin, xmax}] | $f$ 的表达式很复杂时,直接用 Plot 计算量大,可以先求 $f$ 的值,再画图 |

如果 Plot 的第一个参数是一个函数,比如 f[x],那么就绘制这个函数的图像,如果第一个参数是一个函数的列表,比如{f1[x], f2[x]},那么就同时绘制多个函数的图形,这个列表可以任意长,但是其中每个函数的自变量必须一致,在这里都是 $x$。

Plot 函数的第二个参数类似{x,xmin,xmax},这是一个列表,第一个元素是 $x$,就是函数的自变量,$x$min 和 $x$max 指定了一个区间,Plot 仅仅绘制这个区间上的图像。例如:

Plot[x Sin[1/x],{x,-1/2,1/2}]

绘制出的图像如图 1 – 9 所示。

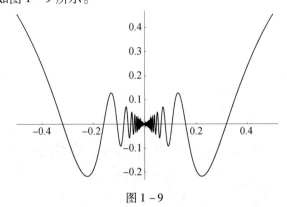

图 1 – 9

我们可以使用选项对绘制图形的细节提出各种要求和设置。例如:要求取消坐标轴,给图形加框线等。每个选项都有一个确定的名字,以"选项名→选项值"的形式放在 Plot 语句的最后边位置。一次可设置多个选项,选项依次排列,用逗号隔开。例如:

```
Plot[(x^2 - x)Sin[x],{x,2,16},
AxesLabel→{"x","f(x)"}]
```

这里的选项 AxesLabel→{"x", "f(x)"} 将给 $x,y$ 坐标轴分别加标记"$x$""$f(x)$"。又例如:

```
Plot[Sin[x],{x,0,3},Frame→True,
GridLines→Automatic]
```

会给图形加上框线和网格线,请上机尝试。

下面列出部分选项及其意义。

AspectRatio 图形的高宽比,默认值 $1 / $ GoldRatio $= 0.618$。这样的图形比较好看,但是不符合实际比例。如果要图形按实际情况显示,设置的选项是 Automatic。

Axes 是否画坐标轴,默认值是 True;Axes→False 是不设坐标轴。

AxesOrigin 坐标轴的原点,AxesOrigin→{x0,y0} 设置坐标轴中心为 {x0,y0}。

AxesLabel 设置坐标轴上的标记符号,默认值是 None,不做标记。用 {"字符串 1","字符串 2"} 的形式定义横坐标和纵坐标标记。

Frame 设置在图形周围是否加框,默认值是 False,Frame→True 是画出边框。

Ticks 设置坐标轴上的刻度,默认值是 Automatic,由系统自动定位。Ticks→None 是不标坐标刻度;Ticks→{xi,yi} 给定 $x$ 轴和 $y$ 轴的刻度值,Ticks→{t1,t2,⋯} 表示要按 $t1,t2,⋯$ 设置坐标轴刻度。

FrameLabel 是否在框的周围加标志,默认值是 None。

PlotLabel 图形的名称标志,默认值是 None,不列标志。

PlotPoints 画图时计算的点数,默认值是 25。

PlotRange 指定画图的范围 {ymin,ymax} 或 {{xmin,xmax},{ymin,ymax}},默认值是 Automatic。例如:

```
Plot[Sin[x^2],{x,0,3},PlotRange→{0,1.2}]
```

用?? Plot 可以看到 Plot 所有的选项以及选项的值。

PlotStyle 用于设置曲线样式。曲线的颜色、曲线的线形和线的宽度等特性被称为曲线样式。例如:

```
Plot[Sin[x],{x,0,2Pi},PlotStyle→{Red,Dotted}]
```

将绘制出一段正弦曲线,颜色为红色,线型为点状线。{Red, Dotted}这样的列表称为绘图指令列表,其中每个元素都是一种指令;当只有一条指令的时候,可以省略列表的花括号。例如:

```
Plot[Sin[x],{x,0,2Pi},PlotStyle→Red]
```

常用指令:

GrayLevel[g]灰度比值,g取0到1之间的数。0为白色,1为黑色。

RGBColor[r,g,b]红、绿、蓝三色的强度,r、g和b取0到1之间的数。把颜色分解成红、绿、蓝3种分量按照不同比例的混合,这是最常用的色彩模型。

Thickness[t]线的宽度为$t$,以占整个图的宽度的比来度量。

Dashing[{d1,d2,…}]用虚线段画线。

PointSize[d]给出一个点的大小为$d$。

如果我们绘制的曲线的样式只有一种,用类似PlotStyle→s1就对所有曲线同时生效。如果要为不同的曲线指定不同的样式,可以按照

```
PlotStyle→{{s1},{s2},…}
```

这样的方式调用,每条曲线将循环地使用线型样式。

请上机操作,看看下面的语句会产生什么样的结果,然后修改参数,找到自己喜欢的绘图风格。请注意区分下面几条语句,不要一下子连在一起输入:

```
Plot[{x,x^2},{x,-10,10},
PlotStyle→{{GrayLevel[0.5]},{RGBColor[0,1,1]}}]
Plot[{x,2x},{x,1,3},
PlotStyle→{{Thickness[0.01]},
{Thickness[0.05]}}]
Plot[{Sin[2x],x},{x,-1.5,1.5},
AspectRatio→Automatic,
PlotStyle→ Dashing[{0.02,0.02,0.01,0.02}]]
```

如果遇到复杂的问题,想用一条绘图语句画出所有的图形,可能不方便,这时候我们可以把图形的各个部分分别绘制,最后合成为一个图形。例如:

```
g1 = Plot[x^2,{x,0,1}];
```

把绘制的结果存放在变量g1中,语句的末尾有分号,这样执行时不显示图形。

再绘制另一个图形

```
g2 = Plot[1/x, {x,1/3,1}];
```

最后,把这两个图形显示出来

```
Show[g1,g2, PlotRange → Automatic]
```

读者注意 Show 语句后没添加分号,执行时显示出一组图形。Show 语句可以方便地组合图形,它的参数为图形对象,可以是一个,也可以是多个,还可以加上选项,如上面的 PlotRange。

有时候,绘制结果不理想,就需要了解图形使用的选项,以再对其进行修改,这可以使用函数 Options[ ] 来实现。例如对上面已经生成的图形对象 $g1$,输入

```
p = Options[g1];
```
获取绘制图形的选项,并保存在变量 $p$ 中,直接打印 $p$,也可以使用

```
InputForm[p]
```
看看这些选项到底是什么。这个语句将 $p$ 的值显示为可以输入格式:

```
{AspectRatio → GoldenRatio^( -1),
Axes → True,
AxesOrigin → {0, 0},
PlotRange → {{0, 1}, {0., 0.9999999591836739}},
PlotRangeClipping → True,
PlotRangePadding → {Scaled[0.02],
Scaled[0.02]}}
```
读者操作的时候,具体数值可能不同。

**2. 参数方程作图**

平面上的曲线也可以由一个参数方程来表示,$\begin{cases} x = x(t) \\ y = y(t) \end{cases}$, $t_0 \leq t \leq t_1$ ,相应地可以使用函数语句。

```
ParametricPlot[{x[t],y[t]},{t,t0,t1},选项]
```
来绘制曲线,这个函数有与 Plot 类似的选项。

例如:

```
r[t_]:=1 +Cos[t];
ParametricPlot[{r[t] Cos[t],r[t] Sin[t]}, {t,0,2 * Pi},AspectRatio
→Automatic]
```
绘制出了心形线(图 1 – 10)。如果有多条参数曲线需要一同绘制,可以使用

```
ParametricPlot[{{x1[t],y1[t]},{x2[t],y2[t]}},{t,t0,t1}]
```
例如:

```
ParametricPlot[{{2 Cos[t], 2 Sin[t]}, {2 Cos[t], Sin[t]}, {Cos[t], 2
Sin[t]}, {Cos[t], Sin[t]}}, {t, 0, 2 Pi},  PlotLegends → Automatic]
```
则绘制出如图 1 – 11 所示图形。

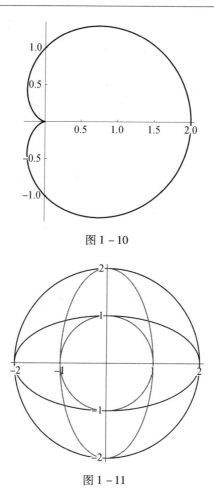

图 1 – 10

图 1 – 11

## 1.3.2　三维函数作图

### 1. 直角坐标函数作图

二元函数 $z = f(x,y)$，$(x_0 \leqslant x \leqslant x_1, y_0 \leqslant y \leqslant y_1)$ 的图形可以使用函数 Plot3D 来绘制,这个函数的用法类似于 Plot。

```
Plot3D[f[x,y],{x,x0,x1},{y,y0,y1},选项]
```

例如:图 1 – 12 为 $z = x^2 + y^2$ 和 $z = 16 - x^2 - y^2$ 两个旋转抛物面在区域 $-3 \leqslant x \leqslant 3$，$-3 \leqslant y \leqslant 3$ 上的图形。

```
Plot3D[{x^2 +y^2,16 -x^2 -y^2},{x, -3,3},{y, -3,3},BoxRatios→1]
```

BoxRatios 设置为 1,可以使 3 个坐标轴使用相同的单位长度。如果没有这一项,绘制出来的结果将稍扁平。

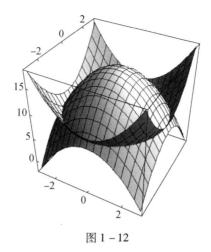

图 1 – 12

Mathematica 生成三维图形自动完成透视、消隐、光照等复杂的工作, 而且做的不止于此。请读者移动鼠标光标到图像上, 点击左键, 按住不放开, 然后移动鼠标, 会发现绘制的图形随着鼠标移动而旋转, 方便从各个角度进行观察, 是真正的三维图形。图 1 – 13 是旋转以后的效果。

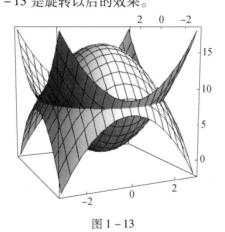

图 1 – 13

三维作图选项同样有很多。如: PlotRange 决定绘制区域, Axes 决定是否绘制坐标轴, AxesLabel 设置坐标轴上的文字标签, Ticks 设置刻度, PlotLabel 设置图片标注, Boxed 设置是否绘制线框, HiddenSurface 决定是否隐去曲面被挡的部分, Shading 决定是否绘制阴影, Mesh 决定是否在曲面上绘制网格, LightSources 设置光源, FaceGrids 设置坐标网格, View-Point 设置视点, 也就是用户从什么地方观看三维场景, 等等。

25

**2. 曲面的参数方程作图**

三维参数曲面

$$x = x(u,v), \ y = y(u,v), \ z = z(u,v), \ u_0 \leqslant u \leqslant u_1, \ v_0 \leqslant v \leqslant v_1$$

的图形可以用 ParametricPlot3D 函数来绘制。

```
ParametricPlot3D[{x,y,z},{u,u0,u1},{v,v0,v1},选项]
```

例如：

```
ParametricPlot3D[{Cos[u], Sin[u] + Cos[v], Sin[v]},{u, 0, 2 Pi},
{v, -Pi, Pi}]
```

绘制出图 1 - 14。

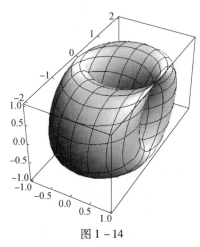

图 1 - 14

三维参数曲线也可以类似作图,区别在于只有一个参变量,例如下面的语句绘制了一条空间的螺旋线,如图 1 - 15 所示。

```
ParametricPlot3D[{Sin[u], Cos[u], u/10}, {u, 0, 20}]
```

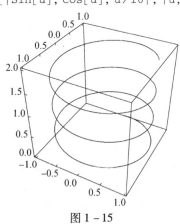

图 1 - 15

### 3. 隐函数／等值面／等高线作图

隐函数往往很难显化,我们可以直接使用 ContourPlot 函数作图。这个函数有两种基本的使用方法:第一种是传入一个二元函数作为第一个参数,可以绘制这个二元函数的一族等高线;第二种是传入一个二元方程作为第一个参数,将会绘制相应的隐函数的图形。

例如图 1 – 16:

```
ContourPlot[x^2 y^2 -(y +1)^2 (4 -y^2),{x, -10,10},{y, -2,2}]
```

和图 1 – 17:

```
ContourPlot[x^2 y^2 = =(y +1)^2 (4 -y^2),{x, -10,10},{y, -2,2}]
```

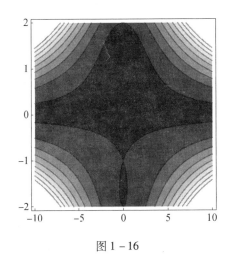

图 1 – 16

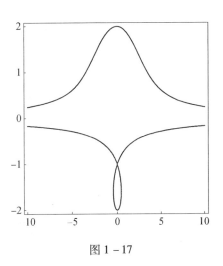

图 1 – 17

上面的例子中,x^2 y^2 = =(y +1)^2(4 -y^2)表示一个方程,注意这里是两个等号放在一起,表示方程的等号,而不是赋值的等号。

类似地,对三元函数和三元方程,ContourPlot3D 可以绘制出等值面和相应的隐函数的图形。例如:

```
ContourPlot3D[x^3 +y^2 -z^2,{x, -2,2}, {y, -2,2}, {z, -2,2}]
```

和

```
ContourPlot3D[x^3 +y^2 -z^2 = 0,{x, -2,2}, {y, -2,2}, {z, -2,2}]
```

分别产生图 1 – 18 中的两个图形。

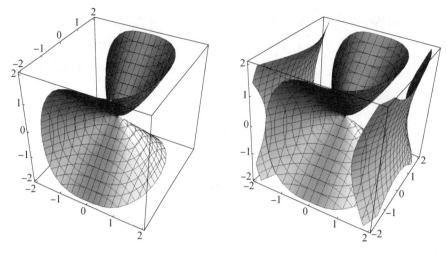

图 1 – 18

### 1.3.3 数据绘图

有时候,图形不是由函数产生的,而是由一组数据产生的,这些数据可能是测量的结果,也可能是模拟计算的结果,可以做各种图形来可视化这些数据。最简单的是散点图,就是把数据点在平面或者空间画出来,表 1 – 14 列出了一些函数。

表 1 – 14

| 表示方法 | 意 义 |
|---|---|
| ListPlot[{y1,y2,…}] | 画点$(1,y1),(2,y2),$… |
| ListPlot[{{x1,y1},{x2,y2},…}] | 画点$(x1,y1),(x2,y2),$… |
| ListPlot[{{x1,y1},{x2,y2},…}, Joined→True] | 过点$(x1,y1),(x2,y2),$… 连线 |
| ListPlot3D[array] | 用数据画出三维图 |
| ListContourPlot[array] | 用数据画出等值线图 |

请读者尝试以下例子:

```
T0 =Table[i^2,{i,10}]
ListPlot[T0,Prolog→AbsolutePointSize[8]]
```

其中 Prolog→AbsolutePointSize[8]是画点的尺寸。

```
ListPlot[t0,Joined→True]
t1 =Table[Mod[y,x],{x,20},{y,20}]
```

```
ListPlot3D[t1,ViewPoint→{1.5,-0.5,1}]
```

除了散点图外,常见的图形还有柱状图和饼图,利用函数 BarChart 和 PieChart 可以绘制,如图 1-19 和图 1-20 所示。

```
t2 = Table[Prime[n],{n,10}];
BarChart[t2]
PieChart[t2]
```

这里的 Prime 函数产生的是第 $n$ 个素数,t2 列表完全可以替换为其他内容。

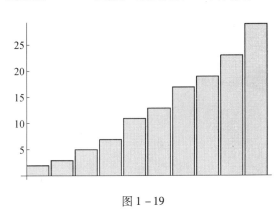

图 1-19　　　　　　　　　　　　图 1-20

## 1.3.4　用图形元素作图

在这一部分我们讨论如何绘制基本的几何元素,如点、线段、圆弧等。我们需要先定义出一些几何元素,如点可以使用函数 Point 来定义,然后显示出来,这一步通过函数 Graphics 或者 Graphics3D 来完成。

**1. 二维基本图元的定义和显示**

（1）点$(x,y)$:Point[{x,y}],注意内层是花括号,这是一个列表,Mathematica 会把第一个元素作为横坐标,第二个元素作为纵坐标。

（2）一组首尾相接的直线段:Line[{{x1,y1},{x2,y2},…}],这里的参数是点点列表,当然也可以只有 2 个点。

（3）矩形:Rectangle[{xmin,ymin},{xmax,ymax}]

（4）任意多边形:Polygon[{{x1,y1},{x2,y2},…}]

（5）圆心在$(x,y)$、半径为 $r$ 的空心圆 Circle[{x,y},r]

（6）实心圆盘:Disk[{x,y},r]

（7）椭圆弧:Circle[{x,y},{rx,ry},{a1,a2}],参数{x,y}指定中心坐标,两个半轴长度分别为 $rx,ry$,起始角 $a1$,终止角 $a2$。

（8）椭圆盘:Disk[{x,y},{rx,ry},{a1,a2}]

29

(9) 文字:Text[String,{x,y}],文本字符串,从坐标$(x,y)$开始输出。

请上机尝试下面的例子(图1-21):

```
lines = Line[Table[{n, (-1)^n}, {n, 6}]];
text = Text["f(x)", {4.5, 1.4}];
rect = Rectangle[{0, 1}, {1, 2}];
poly = Polygon[{{1, 0}, {3, 1},
{4, 0.5}, {5, 1}}];
Graphics[{Red, lines, Gray, rect,
Blue, text, Black, poly}]
```

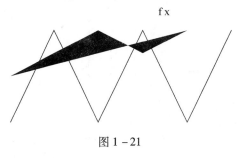

图1-21

### 2. 三维基本图元

三维的基本图形元素和二维类似,但是点的坐标都有3个分量。并且应该使用 Graphics3D 函数而不是 Graphics 来生成图形。

点:Point[{x,y,z}]

折线段:Line[{{x1,y1,z1},{x2,y2,z2},…}]

多边形:Polygon[{{x1,y1,z1},{x2,y2,z2},…}]

立方体:Cuboid[{xmin,ymin,zmin},{xmax,ymax,zmax}](立方体)

文本:Text[expr,{x,y,z}]

# 1.4　代数运算和方程求根

## 1.4.1　多项式运算

Mathematica 提供了许多关于多项式运算的函数,如:Expand 将多项式按升幂次序展开成单项之和;FactorTerms 提取每个元素的公因子;Factor 做因式分解,将多项式写成尽可能小的因式之积;Simplify 化简多项式使其包含的项数最少意义下的最简形式。现列出较常用的一些,见表1-15和表1-16。

表 1－15

| 多项式展开函数 | 意　义 |
|---|---|
| Expand[expr] | 按幂次展开多项式 expr |
| Factor[expr] | 对多项式 expr 因式分解 |
| FactorTerms[expr] | 提出多项式 expr 各项中的公因子 |
| Collect[expr,x] | 把 expr 写成 $x$ 的幂次之和 |
| Collect[expr,{$x,y,\cdots$}] | 把多项式写成 $x,y,\cdots$ 的幂次之和 |
| Simplify[多项式] | 把多项式写成最简形式 |

例如展开多项式：

```
P = Expand[(x + 2y + 1)^2]
```

因式分解：

```
Factor[x^6 - y^6]
```

按 $y$ 的幂次排列前面展开过的多项式：

```
Collect[p,y]
```

计算多项式中有多少个单项式：

```
Length[p]
```

取表达式 p 的第 2 项

```
p[[2]]
```

表 1－16

| 有理多项式展开函数 | 意　义 |
|---|---|
| ExpandNumerator[expr] | 只展开有理式的分子 |
| ExpandDenominator[expr] | 只展开有理式的分母 |
| Collect[expr] | 合并 |
| Factor[expr] | 完全分解 |
| Together[expr] | 通分 |
| Apart[expr] | 将表达式分解成部分分式之和 |
| Cancel[expr] | 约去分子分母的公因式 |
| Coefficient[expr, form] | 表达式中 form 项的系数 |
| Exponent[expr, form] | form 的最高幂次 |

　　多项式的加法、减法和乘法的运算符号与代数中运算符号的相同，除号略有不同。如果用除号"／"做多项式除法，最多约去明显分子分母的公因子。在做多项式除法时要用函数 PolynomialQuotient 或 PolynomialRemainder

才能得到商式或余式,见表 1 – 17。

表 1 – 17

| 多项式运算函数 | 意  义 |
|---|---|
| PolynomialQuotient[p,q,x] | 计算关于 $x$ 多项式 $p$ 和 $g$ 相除的商式 |
| PolynomialRemainder[p,q,x] | 计算多项式 $p$ 和 $g$ 相除的余式 |
| PoliyomialQuotientRemainder[q,p,x] | 计算多项式 $p$ 和 $g$ 相除的商式和余式 |
| PolynomialGCD[多项式1,多项式2,…] | 计算多项式1,多项式2,…的最大公因子 |
| PolynomialLCM[多项式1,多项式2,…] | 计算多项式1,多项式2,…的最小公倍数 |

例如对这两个多项式:

```
p1 = (1 +2x +3y)^3
p2 = x^2 +2x -3
```

计算商式:

```
PolynomialQuotient[p1, p2, x]
```

计算余式:

```
PolynomialRemainder[p1, p2, x]
```

## 1.4.2  方程求根

方程和方程组的求根是常见的问题,Mathematica 中方程表示为

```
Lhs = = rhs
```

这是两个用 = = 号连接的表达式。方程组表示为一组方程的列表

```
{lhs1 = = rhs1, lhs2 = = rhs2, …}
```

或者

```
lhs1 = = rhs1 && lhs2 = = rhs2 && …
```

求根问题可以分为两种,一种是求解析解;另一种是方程的解析解不可求,只能求数值近似解。用 Solve 给出解析解,基本用法为

```
Solve[{lhs1 = = rhs1,lhs2 = = rhs2,…},{x,y,…}]
```

这是求解关于 $x,y,\cdots$ 的方程组。例如:

```
Solve[a x + y = = 7 && b x - y = = 1, {x, y}]
```

给出的计算结果:

$$\left\{\left\{x \to \frac{8}{a + b}, y \to -\frac{a - 7b}{a + b}\right\}\right\}$$

是解析解。也允许方程组中只有一个方程,这时候可以省略两侧的花括号。

但是,求解下面的方程

```
Solve[x^5 - x - 6 = = 0, x]
```

会发现给出的结果没有任何意义,这是因为没有已知的解析解;还有些方程,例如 5 次和 5 次以上的代数方程,已经被证明,没有通用的解析解。在这种情况下,就只能去求数值近似解。NRoots 就是这样的函数,名称中的 N 代表数值解。我们试试

```
NRoots[x^5 - x - 6 = =0,x]
```

会得到结果:

```
x = = -1.13772 - 0.772999 I ||
x = = -1.13772 + 0.772999 I ||
x = = 0.389655 - 1.40282 I ||
x = = 0.389655 + 1.40282 I ||
x = = 1.49612
```

函数 NRoots 适合求多项式方程根的数值解。

对超越方程,可以使用 FindRoot,基本用法为

```
FindRoot[lhs = =rhs,{x, x0}]
```

多了一个参数 $x0$,是求方程根的初始迭代点。例如:

```
FindRoot[x = = Tan[x],{x, 3}]
```

得到 $x = 3$ 附近的根

```
{x → 4.49341}
```

方程 x = Tan[x]有无穷多的解,找到的解在给定的初值附近。

求解方程组时,输入

```
FindRoot[{Exp[x-2] = =y,y^2 = =x},{{x,1},{y,1}}]
```

会给出结果:

```
{x → 0.019026, y → 0.137935}
```

使用函数 Eliminate 可以消去方程组中的某些变量。基本方法为

```
Eliminate[{lhs1 = =rhs1,lhs2 = =rhs2,…},{x,y,…}]
```

第二个参数为列表,其中的元素就是希望从方程组中消去的变量。例如:

```
Eliminate[{x = = 2 + y, x + y = = z},y]
```

消去了 $y$,得到

```
2 + z = = 2 x
```

函数 Reduce 可用来化简方程,或者给出显式解。例如:

```
Reduce[x^2 - y^3 = = 1,{x,y}]
```

得到了等价条件:

```
y = = ( -1 + x^2)^(1/3) ||
y = = -( -1)^(1/3) ( -1 + x^2)^(1/3) ||
y = = ( -1)^(2/3) ( -1 + x^2)^(1/3)
```

需要说明的是,Reduce 还可以处理不等式或者不等式组。

33

　　一个函数 $y = f(x)$ 可以看作是一个二元方程,对其进行求根,解出 $x$ 表示为 $y$ 的函数,其实就得到了反函数。例如,计算函数 $y = x^2 + x + 3$ 的反函数。

```
Solve[y = = x^2 + 3 + x, x]
```

得到

$$\{\{x -> \frac{1}{2}(-1 + \sqrt{-11 + 4y})\}, \{x -> \frac{1}{2}(-1 - \sqrt{-11 + 4y})\}\}$$

可以根据需要选取其中一个分支。

# 1.5　微积分运算

## 1.5.1　求极限

　　计算函数极限 $\lim\limits_{x \to x_0} f(x)$ ,可输入

```
Limit[f[x],x→x0]
```

单侧极限为

```
Limit[f[x],x→x0,Direction→1]
Limit[expr,x→x0,Direction→-1]
```

-1 和 1 分别对应左极限和右极限。例如:

```
Limit[1/x,x→0,Direction→-1]
Limit[(x^2-1)/(4x^2-7x+1),x→Infinity]
```

求线性渐近线(图 1 - 22):

```
f[x_]: = (x^2 + 2 Sin[x])/(2 x + 1);
a = Limit[f[x]/x,x→Infinity];
b = Limit[f[x]-a x,x→Infinity];
Plot[{f[x],a x + b},{x,0,20}]
```

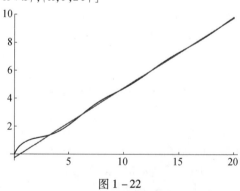

图 1 - 22

### 1.5.2　导数与微分

Mathematica 能方便地计算函数的任意阶(偏)导数。如果 $f$ 是一元函数,D[f,x]表示 $\dfrac{\mathrm{d}f(x)}{\mathrm{d}x}$;如果 $f$ 是多元函数,D[f,x]表示 $\dfrac{\partial}{\partial x}f$。多元函数 $f$ 的高阶纯偏导 $\dfrac{\partial^n}{\partial x^n}f$ 可以通过 D[f,{x,n}]来计算,而高阶混合偏导可以通过 D[f,{x,n},{y,n},…]这样的形式来计算,注意末尾的省略号并不是要真正输入的省略号,而是其他自变量没有写出的意思。例如:

```
D[z Sin[x^2 y^2],x,y]
```

会得到

```
4x y z Cos[x² y²] -4x³y³ Sin[x² y²]
```

计算(全)微分的函数是 Dt,它也是同时适用于一元函数和多元函数。Dt[f]用来计算全微分,例如

```
Dt[x +2y]
```

得到

```
Dt[x] +2 Dt[y]
```

而 Dt[f,x]用来计算全导数 $\dfrac{\mathrm{d}f}{\mathrm{d}x}$,例如

```
Dt[x +2y, x]
```

得到

```
1 +2 Dt[y, x]
```

现在结果中的 Dt[y,x]理解为 $y$ 对 $x$ 的全导数。

### 1.5.3　积分

计算不定积分和定积分使用的都是 Integrate 函数,区别在于传入的参数不同,这个函数还可以计算多重积分。需要说明的是,计算多重积分的时候,放在最前面的自变量对应的积分最后被计算。常见的不定积分计算为

Integrate[f,x] 用于计算 $\int f(x)\,\mathrm{d}x$。

Integrate[f,x,y] 用于计算 $\int \mathrm{d}x \int f(x,y)\,\mathrm{d}y$。

Integrate[f,x,y,z] 用于计算 $\int \mathrm{d}x \int \mathrm{d}y \int f(x,y,z)\,\mathrm{d}z$。

例如我们可以用

```
Integrate[1/(x^2 -1),x]
```

来计算 $\int \dfrac{1}{x^2 - 1} \mathrm{d}x$ ，得到

$$\frac{\mathrm{Log}[-1+x]}{2} - \frac{\mathrm{Log}[1+x]}{2}$$

Mathematica 给出的结果并未包括任意常数。又例如计算 $\iint (3x^2 + y) \mathrm{d}x \mathrm{d}y$：

```
Integrate[3x^2 +y,x,y]
```

得到

$$x^3 y + \frac{1}{2} x y^2$$

计算定积分的时候，传递给 Integrate 的参数，除了函数、自变量，还有积分的上下限。需要说明的是，常用的调用方式为

Integrate[ f,{x,a,b} ] 用于计算 $\displaystyle\int_a^b f(x)\, \mathrm{d}x$。

Integrate[ f,{x,a,b},{y,c,d} ] 用于计算 $\displaystyle\int_a^b \mathrm{d}x \int_c^d f(x,y)\, \mathrm{d}y$。

例如，为了计算 $\displaystyle\int_b^a \mathrm{d}x \int_0^x (x + y)\, \mathrm{d}y$，可以输入

```
Integrate[x +y,{x,b,a},{y,0,x}]
```

得到

$$\frac{a^3}{2} - \frac{b^3}{2}$$

有些函数的原函数并不是初等函数，也不是有简单形式的非初等函数，这时候，计算不定积分，不会得到简单的结果；计算定积分，也没有精确的结果。以 $\mathrm{e}^{-x^2}$ 为例：

```
Integrate[E^ -x^2, x]
```

会得到

$$\frac{1}{2} \sqrt{\pi}\, \mathrm{Erf}[x]$$

但是这个 Erf 到底是什么函数呢？查找帮助，我们发现

$$\mathrm{Erf}(z) = \frac{2}{\sqrt{\pi}} \int_0^z \mathrm{e}^{-t^2} \mathrm{d}t$$

也就是说，Mathematica 其实什么也没有做，这时候我们可以用 NIntegrate 计算定积分的近似值。这个函数的调用方法和 Integrate 是类似的，请参考 1.7.3 节。

## 1.5.4　幂级数

### 1. 和与积

Mathematica 系统中计算和与积的函数见表 1 – 18。

表 1 – 18

| 和与积的函数 | 数学意义 |
|---|---|
| Sum[ f_i, {i,min,max} ] | 计算和式：$\sum\limits_{i=min}^{max} f_i$ |
| Sum[ f_i, {i,min,max,di} ] | 以步长 di 计算和式 |
| Sum[ f_{i,j}, {i,i0,i1}, {j,j0,j1} ] | 计算两重和式：$\sum\limits_{i=i0}^{i1}\sum\limits_{j=j0}^{j1} f_{i,j}$ |
| Product[ f_i, {i,min,max} ] | 计算乘积式：$\prod\limits_{i=min}^{max} f_i$ |
| Product[ f_i, {i,min,max,di} ] | 以步长 di 计算 $f_i$ 的乘积 |
| Product[ f_{i,j}, {i,i0,i1,is}, {j,j0,j1,js} ]<br>注:is 和 js 为步长,其值是 1 时可省略 | 计算两重乘积式：$\prod\limits_{i=i0}^{i1}\prod\limits_{j=j0}^{j1} f_{i,j}$ |

　　还有函数 NSum[ fn,循环范围] 和 NProduct[ fn,循环范围]。Sum 与 NSum 的区别正如 Solve 与 NSolve 的区别一样,Sum 用于计算和式的精确值,NSum 计算和式的近似数值;Product 与 NProduct 的关系也是类似的。

例如,计算 $\sum\limits_{n=0}^{5} \dfrac{x^n}{n!}$

　　Sum[x^n/n!,{n,0,5}]

得到

$$1 + x + \frac{x^2}{2} + \frac{x^3}{6} + \frac{x^4}{24} + \frac{x^5}{120}$$

计算 $\sum\limits_{k=1}^{10} \dfrac{1}{k^3}$

　　Sum[1/k^3,{k,1,10}]

得到

$$\frac{19164113947}{16003008000}$$

这是精确值。

Mathematica 还可以计算某些无穷级数求和,例如 $\sum\limits_{k=1}^{\infty}\dfrac{1}{k^2}$:

Sum[1/k^2,{k,1,Infinity}]

得到

$$\dfrac{\pi^2}{6}$$

这个结果在高等数学中可通过傅里叶级数得到。把 Sum 替换为 NSum 就可以得到近似结果:1.64493。

**2. 幂级数展开**

与求和相对的是展开问题,Series[expr,{x,x0,n}] 将表达式 expr 在 $x=x0$ 点展开到 $n$ 阶多项式。

Series[expr,{x,x0,n},{y,y0,m}] 将 expr 先对 $y$ 展开到 $m$ 阶,再对 $x$ 展开 $n$ 阶多项式。

用 Series 展开后,展开项中含有截断误差项 $O[x]^n$,例如:

In[1]:=Series[Sin[2x],{x,0,6}]

Out[1]:=$2x-\dfrac{4x^3}{3}+\dfrac{4x^5}{15}+O[x]^7$

In[2]:=Series[f[x],{x,0,3}]

Out[2]=$f[0]+f'[0]x+\dfrac{f''[0]x^2}{2}+\dfrac{f^{(3)}[0]x^3}{6}+O[x]^4$

In[3]:=Series[Cos[x]Cos[y],{x,0,3},{y,0,3}]

Out[3]=$\left(1-\dfrac{y^2}{2}+O[y]^4\right)+\left(-\dfrac{1}{2}+\dfrac{y^4}{4}+O[y]^4\right)x^2+O[x]^4$

## 1.5.5　常微分方程

Dsolve 函数可以求解一些常微分方程和常微分方程组,常用的调用形式为

DSolve[eqns,y[x],x] 求解 $y(x)$ 的微分方程(组)eqns。

NDSolve[eqns,y[x],{x,xmin,xmax}] 在区间{xmin,xmax}上求常微分方程(组)eqns 的数值解。

例如:求解 $y'(x)=ay(x)$

DSolve[y'[x]==a y[x],y[x],x]

得到

{{y[x]→E$^{ax}$C[1]}}

这个结果中有一个任意常数,很明显就是通解。现在增加边界条件 $y(0)=1$ 来求特解:

```
DSolve[{y'[x] = =a y[x],y[0] = =1},y[x],x]
```

得到

　　$\{\{y[x]\rightarrow E^{ax}\}\}$

又例如:我们求解微分方程组 $\begin{cases} x'(t) &= y(t) \\ y'(t) &= x(t) \end{cases}$:

```
DSolve[{x'[t] = =y[t],y'[t] = =x[t]},{x[t],y[t]},t]
```

得到

$$\{\{x[t] - > \frac{C[1] + E^{2t}C[1] - C[2] + E^{2t}C[2]}{2E^{t}},$$

$$y[t] - > \frac{- C[1] + E^{2t}C[1] + C[2] + E^{2t}C[2]}{2E^{t}}\}\}$$

# 1.6　矩阵与方程组计算

## 1.6.1　矩阵的计算

### 1. 构造向量和矩阵

前面提到过 Mathematica 中的列表数据类型(List),列表可以是一维的或者多维的,它可以用来表示向量或者矩阵。构造矩阵最简单的方法是手工输入各个元素,例如输入

```
A ={{0,2,1},{ -1,0,1},{2,1,0}}
```

就定义了一个矩阵 $A$,这个列表的每个元素都是长度相同的列表,分别是矩阵的第一行到第三行,这样的表示形式不方便阅读,用 MatrixForm[A]或者 A//MatrixForm 可以显示出符合习惯的矩阵格式。

Mathematica 已经内置了一些可以直接调用的矩阵,例如 $n$ 阶单位矩阵 IdentityMatrix[n],对角矩阵 DiagonalMatrix[list],常数矩阵 ConstantArray[c,n],等等。例如 DiagonalMatrix[1,2,3,4]将会返回一个 4 阶矩阵,对角线元素分别为 1,2,3,4,其余元素都是 0。

对于元素排列有规律的矩阵,可以使用 Table 函数构造出来,这个函数的基本用法是 Table[f,{i,m},{j,n}],其中 $f$ 是关于 $i$ 和 $j$ 的函数,返回值是一个 $m \times n$ 矩阵,位于 $(i,j)$ 位置的元素就是 $f[i,j]$。例如:

```
Table[10i +j,{i,4},{j,3}]//MatrixForm
```

就会生成矩阵

$$\begin{pmatrix} 11 & 12 & 13 \\ 21 & 22 & 23 \\ 31 & 32 & 33 \\ 41 & 42 & 43 \end{pmatrix}$$

在这里 $i$ 是行指标,从 1 变化到 4,$j$ 是列指标,从 1 变化到 3。

另一个常用来生成矩阵的函数是 Array,它的参数和 Table 不同,例如:

Array[f,{3,2}]//MatrixForm

将会给出

$$\begin{pmatrix} f[1,1] & f[1,2] \\ f[2,1] & f[2,2] \\ f[3,1] & f[3,2] \end{pmatrix}$$

向量是特殊的矩阵,也就是只有 1 列,或者只有 1 行的矩阵,可以用 List 等函数生成,请参考 1.2.4 节,不再单独说明。

**2. 矩阵的运算**

在我们假定 $A,B$ 是两个阶数符合要求的矩阵。常见的运算总结见表 1 - 19:

表 1 - 19

| Mathematica 表达式 | 相应的数学运算 | 含　义 |
|---|---|---|
| A + B | $A + B$ | 矩阵加法 |
| A - B | $A - B$ | 矩阵减法 |
| A.B | $AB$ | 矩阵乘法 |
| Inverse[A] | $A^{-1}$ | $A$ 的逆矩阵 |
| Transpose[A] | $A^T$ | $A$ 的转置矩阵 |
| Det[A] | $|A|$ | $A$ 的行列式 |
| MatrixPower[A,n] | $A^n$ | 方阵 $A$ 的 $n$ 次幂 |
| Eigenvalues[A] | | 方阵 $A$ 的特征值 |
| Eigenvectors[A] | | 方阵 $A$ 的特征向量 |

## 1.6.2　线性方程组求解

在 Mathematica 中用 LinearSolve[A,B],求解满足方程组 $AX = B$ 的一个解。如果 $A$ 的行列式不为零,那么这个解是方程组的唯一解;如果 $A$ 的行列式是零,那么这个解是方程组的一个特解,方程组的全部解由基础解系向量的线性组合加上这个特解组成。

NullSpace[A]计算方程组 $AX = 0$ 的基础解系的向量表,用 Linear-Solve[A,B]和 NussSpace[A]联手解出方程组 $AX = B$ 的全部解。

Mathematica 中还有一个有用的函数 RowReduce[A],它用初等变换将 $A$ 的行向量化简成梯形。用 RowReduce 可计算矩阵的秩,判断向量组是线性相关还是线性无关,还可以计算极大线性无关组。方程组求解中的常用函数见表 1 - 20。

表 1 - 20

| 解方程组函数 | 意　　义 |
| --- | --- |
| RowReduce[A] | 作行的线性组合化简 $A$,$A$ 为 $m$ 行 $n$ 列的矩阵 |
| LinearSolve[A,B] | 求解满足方程组 $AX = B$ 的一个解,$A$ 为方阵 |
| NullSpace[A] | 求解方程组 $AX = 0$ 的基础解系的向量表,$A$ 为方阵 |

例如:已知 $A = \begin{pmatrix} 1 & 1 & 1 & 1 \\ 1 & 0 & -1 & 1 \\ 3 & 1 & -1 & 3 \\ 3 & 2 & 1 & 3 \end{pmatrix}$,计算 $A$ 的秩及计算 $AX = 0$ 的基础解系。

$A = \{\{1,1,1,1\},\{1,0,-1,1\},\{3,1,-1,3\},\{3,2,1,3\}\};$

从 RowReduce[A]中找出非 0 行的个数就是秩,而 NullSpace[A]则给出基础解系。

## 1.7　数值计算方法

### 1.7.1　插值多项式

函数 InterpolatingPolynomial 可以根据给定的数据,生成一个插值多项式。如果给定自变量为 1,2,3,…处的函数值,可以使用

InterpolatingPolynomial[{f1,f2,…},x]

来生成插值多项式,例如:

InterpolatingPolynomial[{1, 4, 9, 16}, x]

将会得到多项式

$$1 + (-1 + x)(1 + x)$$

如果数据并不是在 1,2,3… 这些点取得,可以同时指定自变量和函数值,例如:

InterpolatingPolynomial[{{-1, 4}, {0, 2}, {1, 6}}, x]

将返回一个插值多项式:

$$4 + (1 + x)(-2 + 3x)$$

我们还可以指定每个点的导数或者高阶导数值,来求解插值多项式,只要把传入的参数改为

```
{{x0, {y0, dy0}}, {x1, {y1, dy1}},…}
```

这样的形式。

函数 InterpolatingPolynomial 返回的结果是一个插值多项式,但是很多时候,我们并不关心这个多项式的系数到底是什么,而是需要计算这个函数在某个指定点的函数值。这时候,可以使用函数 Interpolation,这个函数的参数和刚才介绍的函数 InterpolatingPolynomial 的参数是类似的,它返回的结果是一个 InterpolatingFunction 类型的函数,可以像普通函数一样调用,例如:

```
f = Interpolation[{1, 2, 3, 5, 8, 5}]
```

现在 $f$ 就是一个函数,我们可以计算它在某点的函数值,绘制它的图像,例如

```
Plot[f[x], {x, 1, 5}]
```

就可以绘制出如图 1–23 所示的图像。

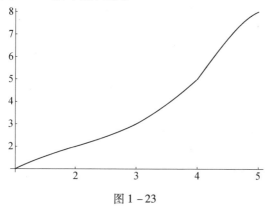

图 1–23

又例如,由插值条件 $f(0) = 0, f(1) = 2, \dfrac{\mathrm{d}f}{\mathrm{d}x}\Big|_{x=0} = 1, \dfrac{\mathrm{d}f}{\mathrm{d}x}\Big|_{x=1} = 1$ 求插值多项式在 $0.2$ 处的函数值:

```
d = {{{0}, 0, 1}, {{1}, 2, 1}};
h = Interpolation[d];
h[0.2]
```

得到

```
0.304
```

## 1.7.2　曲线拟合

函数 Fit 根据一组数据,通过最小二乘法,拟合出一个函数。Fit 可以处

理一维数据,也可以处理多维数据。常见的调用形式为

```
Fit[data,Table[x^i,{i,0,n}],x]
```

data 为一组需要拟合的数据,Table[x^i,{i,0,n}]生成了一个函数列表,其中的元素分别为 $1, x, x^2, \cdots, x^n$,告诉 Fit 用这一组函数构造拟合函数,当然我们也可以指定另一组函数,最后一个参数是指定自变量。例如我们给定一组数据:

```
fp = {2,3,5,7,11,13,17,19,23,29,31,37,41,43,47,53,59,61,67,71}
```

使用 $1, x$ 来拟合:

```
Fit[fp, {1, x}, x]
```

得到

```
-7.67368 + 3.77368 x
```

使用 $1, x, x^2, x^3$ 拟合

```
Fit[fp, {1, x, x^2, x^3}, x]
```

得到

$$0.160784 + 1.14189x + 0.19826x^2 - 0.00392334x^3$$

拟合的另一种方法是使用 FindFit 函数,它的调用形式为

```
FindFit[data, expr,pars,vars]
```

data 是要拟合的数据,expr 是一个表达式,其中含有待定参数,pars 就指明这些参数是什么,vars 指定了自变量,FindFit 函数会寻找一组合适的参数,这些参数代入 expr 之后得到的函数就是最佳的拟合。

例如,我们还是用刚才的数据,这次希望用 $ax\ln(b + cx)$ 来拟合,需要确定系数 $a, b, c$:

```
FindFit[fp,a x Log[b+c x],{a,b,c},x]
```

得到

```
{a → 1.42076, b → 1.65558, c → 0.534645}
```

## 1.7.3　数值积分

在 1.5.3 节我们介绍过积分计算函数 Integrate,这个函数总是试图通过符号计算求出积分的准确值,对于原函数不是初等函数的情形,它实际上做不了什么。这时候需要计算数值积分:

$$\text{NIntegrate}[f,\{x,a,b\}]$$

这个函数的调用方式和参数含义类似于 Integrate,区别仅仅在于它计算数值积分,而不是精确结果。

类似地,NIntegrate[f,{x,a,b},{y,c,d}] 用于计算数值积分

$\int_a^b \mathrm{d}x \int_c^d f(x,y)\,\mathrm{d}y$。

以一元函数为例:

```
NIntegrate[Sin[Sin[x]],{x,0,1}]
```

得到

```
0.430606
```

NIntegrate 还可以处理广义积分,例如被积函数有奇点的广义积分 $\int_{-1}^{1} \dfrac{1}{\sqrt{|x|}}\mathrm{d}x$:

```
NIntegrate[1/Sqrt[Abs[x]],{x,-1,1}]
```

结果为 4。

无穷区间的广义积分,例如:

```
NIntegrate[1/x^2,{x,2, +\[Infinity]}]
```

结果为 0.5。

此外,NIntegrate 还可以计算复平面上的线积分,例如我们选择积分曲线为从 $-1$ 起到 $-i,1,i$ 再回到 $-1$ 的闭曲线,被积函数为 $\dfrac{1}{x}$:

```
NIntegrate[1/x,{x,-1,-I,1,I,-1}]
```

结果为 $-4.440 \times 10^{-16} + 6.28319i$ 是 $2\pi i$ 的近似值。

## 1.7.4　函数的极小值

FindMinimum 给出一个函数 f 的极小值,调用方式有 4 种,见表 1-21。

表 1-21

| 函数 | 意　义 |
| --- | --- |
| FindMinimum[f,{x,x0}] | 以初始点为 x = x0 计算 f 的一个局部极小值点 |
| FindMinimum[f,{x,{x0,x1}}] | 以 x0,x1 为初始值计算 f 极小值,当找不到 f 的显式导数表示时使用 |
| FindMinimum[f,{x,{xs,x0,x1}}] | 以 x = xs 为初值,在[x0,x1]区间计算 f 的极小值 |
| FindMinimum[f,{x,x0},{y,y0},…] | 计算多元函数的极小值,初值为{x0,y0,…} |

例如:

```
FindMinimum[x^4 +3x^2 y +x y,{x,0.1},{y,0.2}]
```

得到

　　$\{-0.832579,\{x\rightarrow-0.886325,y\rightarrow-0.335672\}\}$

即在 $x=-0.886325$，$y=-0.335672$ 处，$f(x,y)$ 取得极小值 $-0.832579$。

## 1.7.5　离散傅里叶(Fourier)变换和逆变换

　　Mathematica 可在复数域内进行离散的傅里叶变换和逆变换。对于长度为 $n$，元素为 $a_r$ 的表 $A$，其 Fourier 变换是表 $B$，其中的元素 $b_r=\dfrac{1}{\sqrt{n}}\sum_{i=1}^{n}a_r\mathrm{e}^{2\pi i(r-1)(s-1)/n}$，注意零频率项在位置 1。傅里叶变换将数据的时间序列变成数据的频率分量。用傅里叶逆变换可以重新得到时间序列，公式为 $a_r=\dfrac{1}{\sqrt{n}}\sum_{i=1}^{n}b_r\mathrm{e}^{-2\pi i(r-1)(s-1)/n}$。

　　快读傅里叶变换要求数据表的长度 $n$ 为 2 的乘幂，普通的离散傅里叶变换并没有这个要求。常用的傅里叶变换函数见表 1 - 22。

表 1 - 22

| 常用的傅里叶变换 | 意　义 |
| --- | --- |
| Fourier[{a$_0$,a$_1$,…,a$_n$}] | 傅里叶变换 |
| InverseFourier[{b$_0$,b$_1$, …,b$_n$}] | 反傅里叶变换 |
| Fourier[{{a$_{00}$,a$_{01}$, …},{a$_{10}$,a$_{11}$, …}…}] | 二维变换 |

　　例如对一组方形脉冲做傅里叶变换：
　　Ft = Fourier[{-1,-1,-1,-1,1,1,1,1}]
得到

　　{0. + 0.I,
　　-0.707107 - 1.70711 I,
　　0. + 0.I,
　　-0.707107 - 0.292893 I,
　　0. + 0.I,
　　-0.707107 + 0.292893 I,
　　0. + 0.I,
　　-0.707107 + 1.70711 I}
然后我们对这个结果进行逆变换：

```
InverseFourier[Ft]
```
得到
```
{-1., -1., -1., -1., 1., 1., 1., 1.}
```

## 1.7.6　常微分方程数值解

在1.5.5节我们介绍过用Dsolve函数求解微分方程,这个函数使用符号运算的方法求解析解,当解析解难以找到的时候,我们可以用NDSolve函数求微分方程的数值解,这个函数一般的调用方式为
```
NDSolve[eqn,y,{x,xmin,xmax}]
```
eqn是待求解的方程或者方程组,$y$是未知函数,$x$是自变量,[xmin,xmax]为求数值解答区间。这个函数也可以求有多个未知函数的微分方程组:
```
NDSolve[{eqn1,enq2,…},{y1,y2,…},{x,xmin,xmax}]
```
其中$y1,y2,…$是未知函数,$x$是自变量,求解在区间[xmin,xmax]上进行。

方程或方程组的初始条件也必须作为方程列出,并和方程放在一起。要解$n$阶的常微分方程,必须同时给出$n-1$个导数的初始值。NDSolve返回的结果是一个InterpolatingFunction类型的函数。

例如:求方程组 $\begin{cases} x'(t) = -y(t) - x^2(t) \\ y'(t) = 2x(t) - y(t), \ t \in [0,1] \\ x(0) = y(0) = 1 \end{cases}$ 的数值解在 $t = 1.2$ 的

取值:
```
sln = NDSolve[{x'[t] = = -y[t] -x[t]^2,
y'[t] = =2x[t] -y[t],
x[0] = =y[0] = =1},{x,y},{t,0,3}]
```
得到
```
{{x→InterpolatingFunction[{0.,3.},< >]},
{y→InterpolatingFunction[{0.,3.},< >]}}
```
我们"提取"这两个解
```
p =x/.First[sln]; q =y/.Last[sln];
```
现在就可以计算函数值:
```
{p[1.2], q[1.2]}
```
得到
```
{-0.301149, 0.432898}
```

## 1.7.7　线性规化与非线性规划

数学规划问题可以表述为

46

$$\min(\text{or max})z = f(\boldsymbol{x}),\boldsymbol{x} = (x_1, x_2, \cdots, x_n)^{\mathrm{T}}$$

$$\text{s. t. } g_i(\boldsymbol{x}) \leqslant 0, i = 1, 2, \cdots, m$$

也就是在给定的一组约束条件下求某个函数的最小值或者最大值。

Mathematica 集成了很多函数来解决规划问题。如:用 Maximize 求函数的最大值,调用形式为

```
Maximize[{目标函数,约束条件},{变量}]
```

例如

```
Maximize[{x - 2 y, x^2 + y^2 < = 1},{x, y}]
```

得到结果:$\left\{\sqrt{5}, \left\{x \to -\dfrac{4}{\sqrt{5}} + \sqrt{5}, y \to -\dfrac{2}{\sqrt{5}}\right\}\right\}$。即函数 $x - 2y$ 在单位圆内的最大

值为 $\sqrt{5}$,取到最大值的点为 $\left(-\dfrac{4}{\sqrt{5}} + \sqrt{5}, -\dfrac{2}{\sqrt{5}}\right)$。

Minimize 是一个完全类似的函数,区别仅仅在于是求最小值而不是最大值。Maximize,Minimize 这两个函数是求最值的精确值,NMaximize,NMinimize 是求最值的近似解,它们的作用和用法基本一样。

另一组函数是 FindMaximum,FindMinimum,它们分别求函数在一点附近的极大值、极小值。例如:

```
FindMinimum[Sin[x] +x/5,{x,1}]
```

在 1 附近寻找函数 $\sin x + x/5$ 的最小值,得到

```
{-2.59086,{x → -8.05534}}
```

求解线性规划问题常用的函数是 LinearProgramming,调用形式为

```
LincarProgramming[c, M, b]
```

这里 **C** 和 **M** 是矩阵,**b** 是向量。该函数的作用:寻找一个向量 **x**,在 M.x > = b 和 x > =0 的前提下,使得 c.x 取得极小值。例如:

```
c ={2,3};M ={{-1,-1},{1,-1},{1,0}};b ={-10,2,1};
    LinearProgramming[c,M,b]
```

得到

```
x^T ={2,0}
```

最后介绍函数 LeastSquares,调用形式为

```
LeastSquares[M,b]
```

求得矩阵方程 M.x = =b 的一个最小二乘解 x。

## 1.8　循环语句与编程

我们现在已经了解了 Mathematica 的基本用法,知道了如何作图,如何调用

各种内置的函数。这一节学习循环语句、全局变量、输入输出,可以综合运用一些技巧,编写程序解决稍微复杂的问题。

## 1.8.1　关系表达式与逻辑表达式

关系表达式简单地说就是比较运算,不同于算数运算,返回的结果是 True 或者 False,表示这种关系是不是成立。关系表达式的一般形式:

　　< 表达式 > < 关系运算符 > < 表达式 >

关系运算符包括 ＝＝,！＝,＞,＞＝,＜,＜＝,分别表示等于、不等于、大于、大于或等于、小于、小于或等于。例如 x ＜＝ 6 就是一个关系表达式,如果运行到这里的时候 $x$ 的值为 1,这个表达式的值就为 True,如果执行到这里的时候 $x$ 的值为 10,这个表达式的值就是 False。

我们把关系表达式用逻辑运算符组合起来,就形成逻辑表达式,它的一般形式是

　　< 关系表达式 > < 逻辑运算符 > < 关系表达式 >

逻辑运算符有:！(逻辑非),&&(逻辑与、and),||(逻辑或、or)。

通常认为逻辑表达式的值非真即假。在 Mathematica 中,逻辑表达式的值有 3 个:真、假和非真非假。当判定条件成立时,逻辑表达式的值为 True(真);当判定条件不成立时,逻辑表达式的值为 False;当判定条件无法判断时,逻辑表达式的值非真非假。非真非假的逻辑值仍然是一个逻辑表达式,例如:

　　In[1]:＝x＝3;z＝1;

　　In[2]:＝x＞y

　　Out[2]＝x＞y(y 尚未赋值,无法判断 $x$ 是否大于 $y$)

　　In[3]:＝x＞0 && z！＝x

　　Out[3]＝True

　　In[4]:＝x ＞ 10 ||z ＞ 10(由两个条件表达式组成的逻辑表达式)

　　Out[4]＝False

## 1.8.2　条件语句

Mathematica 涉及条件选择的常用 3 种语句:If 语句、Which 语句及 Switch 语句。

### 1. If 语句

If 语句的结构与一般程序设计语言结构类似,由于 Mathematica 的逻辑表达式的值有 3 个:真(True)、假(False)和非真非假。因此,条件语句的转向也有 3 种情况。

　　If[逻辑表达式,表达式1,表达式2,表达式3]

当逻辑表达式的值是 True 时,执行表达式 1,当逻辑表达式的值是 False 时,执行表达式 2,当逻辑表达式的值非 True 非 False 时(无法判定时),计算表达式 3,并将所计算表达式的值作为整个 If 结构的值。这个语句也可以简化为

  If[逻辑表达式,表达式 1,表达式 2]

或者

  If[逻辑表达式,表达式 1]

例如

  g[y_]:=If[y>0,"Positive","nonPositive","Undetermined"];
  {g[7],g[-1],g[z]}

给出结果

  {"Positive","nonPositive","Undetermined"}

**2. Which 语句**

  If 语句最多只能按 3 种不同的情况分别执行不同的操作,适合于简单的判断和操作,而 Which 语句可以有多个判断,Which 语句的一般形式:

  (1) Which[条件 1,表达式 1,条件 2,表达式 2,…,条件 n,表达式 n]

  由条件 1 开始按顺序依次判断相应的条件是否成立,若第一个成立的条件为条件 k,则执行对应的语句 k,然后结束,不再判断后续的表达式是否成立。

  (2) Which[条件 1,表达式 1,…,条件 n,表达式 n,True,表达式]

  由条件 1 开始按顺序依次判断相应的条件是否成立,若第一个成立的条件为条件 k,则执行对应的语句 k;若直到条件 n 都不成立,用 True 作为 Which 的最后一个条件时,可用于处理其他情况。

  例如:计算

$$\begin{cases} -x, & x < 0 \\ \sin x, & 0 \leqslant x < 6 \\ x/2, & 16 \leqslant x < 20 \\ 0, & \text{其他} \end{cases}$$

  h[x_]:=Which[x<0,-x,x>=0&&x<6,Sin[x],
  x>=16&&x<20,x/2,True,0];
  {h[5],h[16.2],h[100]}

产生输出

  {Sin[5],8.1,0}

而另一个 Which 语句

  k[x_]:=Which[x>1,u=1,x>=2,v=2,x>3,w=3];
  k[6]

产生的输出是 1,这是因为 $x=6$ 满足第一个条件,因此 $u=1$ 被执行,这个赋值

返回的值就是 1,同时作为整个 Which 表达式的最终返回值。

**3. Switch 语句**

Switch 语句也有多条执行分支,区别在于执行的条件,不是像 Which 那样有多个逻辑判断,而是先计算一个表达式的值,然后根据这个值决定执行哪一个分支。一般的调用形式是

Switch[ expr,form1,expr1,form2,expr2,⋯]

expr 就是先要计算的表达式,它会返回一个值,然后,依次用这个值和 form1,form2,⋯进行比较,若首次匹配为 formN,则执行 exprN,其返回值作为 Switch 语句的返回值。若没有匹配的模式,则 Switch 语句返回 Null。例如,用函数描述任给一个整数 $x$,显示它被 3 除的余数。

In[1]:= g[x_]:= Switch[Mod[x,3],0,a,1,b,2,c];
In[2]:= {g[7],g[8],g[9]}
Out[8]= {b,c,a}

## 1.8.3 循环控制

循环语句常用于解决某些迭代求解的问题,或者在某个范围内搜索解的问题,Mathematica 的循环控制语句有:Do 语句、For 语句及 While 语句。

**1. Do 语句**

Do[ 循环体,{循环范围}]

具体形式有:

(1) Do[ expr,{n}]（循环计算 expr 式子 $n$ 次）

(2) Do[ expr,{i,imin,imax}]（按循环变量 $i$ 为 $imin$,$imin+1$,$imin+2$,⋯,$imax$ 循环执行 $imax-imin+1$ 次 expr）

(3) Do[ expr,{i, imin, imax,d}]（按循环变量 $i$ 为 $imin$,$imin+d$,$imin+2d$,⋯,$imin+nd$,循环执行$(imax-imin)/d+1$ 次 expr）

(4) Do[ expr,{i, imin, imax},{j, jmin, jmax}]（对循环变量 $i$ 为 $imin$,$imin+1$,$imin+2$,⋯,$imax$ 每个值,再按循环变量 $j$ 的循环执行表达式 expr,这是二重循环命令）

例如,我们计算一个连分式:

t = x;Do[ t =1/(1 +k t),{k,2,6,2}];t

结果为

$$\cfrac{1}{1+\cfrac{6}{1+\cfrac{4}{1+2x}}}$$

又例如

Do[Print[i,″,″,j],{i,3},{j,i}]

将会输出

1,1

　　2,1

　　2,2

　　3,1

　　3,2

　　3,3

## 2. For 语句

For 语句的调用形式为

For[start,test,incr,body]

start 语句一开始就被执行,并且只执行一次,这是一个最适合设置变量初值的地方,随后 test,body,incr 语句将被依次执行。body 为循环体,习惯上,最主要的计算工作在这里完成,incr 语句用来修正循环变量的值,常用的方法是让循环变量递增或者递减,用来标记循环了多少次,test 语句用于判断循环是不是可以结束了,比如循环变量是不是已经超过了预设值,或者迭代的两次结果之差的绝对值足够小。如果 test 语句返回结果为 True,循环将会再执行一次,依次是 body,incr,test;如果 test 语句返回结果为 False,则退出循环。

在循环进行的过程中,如果执行了 Break[] 语句,则会立即彻底地退出循环,如果执行了 Continue[] 语句,则会提前结束本轮循环,body 中在 Continue[] 之后的语句不会被执行,但是循环不会退出,按 incr,test 继续执行。

For 循环允许 body 部分为空,也就是变成了 For[start,test,incr] 这样的简化形式。这时候,实际需要循环执行的代码可以安排在 incr 部分。

For 循环可以嵌套,这时候内外两层不能使用相同的循环变量,否则会引起逻辑上的混乱。

For 循环的各个部分之间使用逗号分隔,而不是使用分号,所有的部分都在一对方括号之内,需要和 C/C++ 语言的习惯区别开来。

我们通过一个例子来了解 For 的工作流程,下面的代码将打印出 2 到 30 之间的素数:

For[i = 2, i < 30, i + +, If[PrimeQ[i], Print[i]]]

初始化的部分设置循环变量 $i$ 的初值,判断是否进行循环的条件是 $i < 30$,每次循环之后 $i$ 增加 1,循环体中,检查 $i$ 是否为素数,是则打印输出。

**3. While 语句**

While 是又一种循环语句,调用形式为

```
While[test,body]
```

这里 test 为条件,body 为循环体。它的工作流程为,重复检查 test 表达式,当 test 为 True 时,计算 body,重复这个过程,直到 test 不为 True 时终止。通常由 body 控制某个变量值的变化,在 test 中检查。如果一开始 test 就不为 True,则循环体不做任何工作,直接结束。例如,下面的语句,每次让 $n$ 除以 2 然后向下取整,打印输出,直到 $n$ 减小到 0:

```
n =19; While[(n =Floor[n/2])! =0,Print[n]]
```

除此之外,还有其他用于循环的语句,比如 Nest 和 FixedPoint,它们和前面几种循环都有明显的区别,但是能完成近似的功能。Nest 可以让函数迭代作用于某个表达式若干次,调用形式为

```
Nest[ f,expr,n]
```

这里函数为 $f$,$n$ 为迭代次数,例如:

```
Nest[ f, x, 3]
```

将会产生结果:

```
f[f[f[x]]]
```

FixedPoint 并不指定迭代的次数,而是重复将函数 $f$ 作用于表达式,直到找到近似的不动点,调用形式为

```
FixedPoint[f,expr]
```

例如可以用这条语句来计算 2 的代数平方根:

```
FixedPoint[(# + 2/#)/2 &,1]
```

**4. 退出循环结构**

在 Mathematica 中退出循环结构可用下列函数:

Return[ expr]退出函数中的所有过程和循环,返回值 expr。

Break[ ]结束本层循环,并以 Null 为结构的值。

Continue[ ]转向本层 For 或 While 结构中的下一次循环。

如果你用过 C 语言,你会发现 Return、Break 和 Continue 在 Mathematica 中的工作方式与 C 语言中的相同。

## 1.8.4　全局变量、局部变量

在 Mathematica 中键入的各种命令或在 Mathematica 的程序语句中,变量被赋值后,必须用 Mathematica 清除变量的命令才能使其还原为符号的变量,称为全局变量。

全局变量有这样的特点,一旦赋值可作用于以后的计算,则容易造成混乱,在复杂的程序设计中需要引进一些局部变量。

在程序中,经常需要用工作变量保存计算的中间结果,称这类变量为局部变量。局部变量可以在过程中得到任何想要的值,而不会影响过程外部的值。

在 Mathematica 中使用局部变量很简单,实现的方法是使用 Module 语句:

Module[｛局部变量表｝,表达式列]

**例 1 – 1**　使用局部变量的简单例子

Module[｛s,u,x｝,s = Sin[x];u = Cos[x];D[s * u,x]]

此时命令中的变量 $s$, $u$ 是局部变量,它们的值将不会影响随后的命令。

**例 1 – 2**　定义一个函数,自变量为一个数组,求出这个数组的最大值、最小值、平均值及方差。

f[x_List]: = Module[｛M,m,E,D,t｝,

M = Max[x];m = Min[x];

E = Apply[Plus,x]/Length[x];

t = (x – E)^2;

D = Sqrt[Apply[Plus,t]]/Length[x];

｛M,m,E,D｝];

f[｛1,2,3,4,5,6,7,8｝]

输出:$\left\{8,1,\dfrac{9}{2},\dfrac{\sqrt{21/2}}{4}\right\}$。

在 f 的定义中,自变量使用了符号 x_List,这是声明,这个自变量是 List 类型的。

**例 1 – 3**　给定平面 3 个点的坐标,定义一个函数求这 3 个点组成的三角形的面积。

s[x_List,y_List,z_List]: = Module[｛a,b,c｝,

a = Prepend[x,1];b = Prepend[y,1];c = Prepend[z,1];

Abs[Det[｛a,b,c｝]]];

s[｛1,2｝,｛0.4,5｝,｛3,7.6｝]

结果为 9.36。

## 1.8.5　输入和输出

为了和用户交互,使用已有的数据,保存计算结果,必须使用输入、输出功能。

### 1. 输入

常用的输入函数调用方式为

Input[ ] 要求用键盘输入完整表达式。

Input[提示] 显示提示,接受输入。

InputString[ ] 输入字符串,与 Input[ ]类似。

Read[文件名,类型描述]按类型描述读入文件。

**2. 输出**

Print[expr1,expr2,…] 在屏幕上输出 expr1,expr2,…这是最常用的输出方式。

StringForm[string,expr1,expr2,…] 将 string 中成对的重音符号 ″,依次用 expr1,expr2,…代替。注意重音符号不是单引号,对应的键在 PC 主键盘上的 Esc 的下方,1 的左方。例如:

StringForm["The value of x is ″.", 5]

将会返回字符串

"The value of x is 5."

可以认为这就是完成了一次替换。

这个函数还有另一种使用方式,即如果配对的两个重音符号之间有一个正整数,不妨设为 $N$,那么这个位置将会被参数 exprN 替代,例如:

StringForm["The values are x = ′2′ and y = ′1′.",10,5]

将会返回字符串

"The values are x = 5 and y = 10."

这样格式化以后的字符串可以打印出来,也可以保存在文件中。

**3. 表达式输出到文件**

expr > > file 把表达式的值写入新文件 file,如果文件原来已经存在,则被覆盖。

expr > > > file 把表达式的值追加到 file 中,如果文件已经存在,追加的数据位于末尾,原有内容被保留。

!! file 显示文件。

# 第 2 章　微积分实验

## 2.1　函数与极限

高等数学的研究对象是函数,图像能全面地反映函数性质,对"形"的分析和使用,"数形结合"容易建立概念。利用数学软件作出函数图像,"数"与"形"的依存关系一目了然,可以利用图像研究函数的连续和间断,研究方程(组)、不等式的解。

本实验学习在 Mathematica 环境下定义函数的方法,掌握函数的直角坐标方程、参数方程、极坐标方程作图法,以及复合函数、隐函数和分段函数的作图法。学习利用图像分析函数的性质及求方程(组)的解。

### 2.1.1　函数作图

**例 2 - 1**　演示图形,请上机观看。

(1) 直角坐标方程作图。

```
Plot[Log[2,x],{x,0,5},PlotLabel→Log[2,x]]
Plot[{Exp[-x],Exp[x]},{x,-2,2},PlotRange→{0,10},PlotStyle→
{Green,Blue},AxesLabel→{"x value","y value"}]
```

(2) 参数方程作图。

```
ParametricPlot[{Sin[2*t],Cos[3*t]},{t,0,2*Pi}]
Show[%,AspectRatio→Automatic]
ParametricPlot3D[{6Cos[t],6Sin[t],3*t},{t,-8,8},AspectRatio→1]
```

(3) 极坐标方程作图。

```
PolarPlot[2*(1+Cos[t]),{t,0,2*Pi},PlotStyle→Red]
```

(4) 简单动画制作。

```
Animate[Plot[Sin[x+t*Pi],{x,0,10Pi}],{t,0,5/3,1/3}]
Animate[Plot[Sin[x+a],{x,0,10}],{a,0,5},AnimationRunning→False]
Manipulate[Plot[Sin[x(1+a x)],{x,0,6}],{a,0,2}]
```

**例 2 - 2**　(1) 分别作出函数 $y = \sin\dfrac{1}{x}$ 在区间 $[-1,1]$,$[-0.1,0.1]$,$[-0.01,0.01]$ 的图像,观察图像在 $x = 0$ 附近的形状。在同一坐标系中作出

点集 $t = \left\{ \left( \dfrac{1}{k}, \sin k \right) \backslash 1 \leqslant k \leqslant 2000 \right\}$，观看点集中隐藏了什么图像。

**解:**

```
Plot[Sin[1/x],{x,-0.1,0.1},PlotStyle→Red];
t=Table[{1/k,Sin[k]},{k,1,2000}];
ListPlot[t,PlotStyle→Green]
ListLinePlot[t,PlotStyle→Blue](图2-1)
```

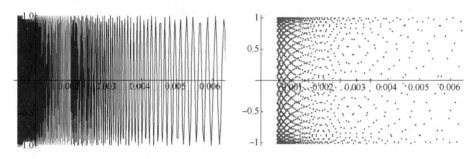

图 2 - 1

通过实验我们直观地看到函数 $y = \sin(1/x)$，在 $x = 0$ 附近的振荡现象，从图像分析点集 $t = \left\{ \left( \dfrac{1}{k}, \sin k \right) \backslash 1 \leqslant k \leqslant 2000 \right\}$ 呈现的规律。

（2）试研究点集 $tt = \left\{ (1/(44k+j), \operatorname{Sin}[44k+j]) \backslash 1 \leqslant k \leqslant 500 \right\}$ 的图像，及当 $j$ 取 $500 \sim 543$ 中所有数，所得到的 44 条离散点曲线的情况。（图 2 - 2 显示其中 2 条曲线）

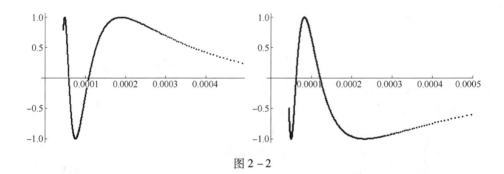

图 2 - 2

**解:**

```
tt[x_]:=Table[{1/(44k+x),Sin[44k+x]},{k,1,500}];
Manipulate[ListPlot[tt[x],PlotStyle→Green],{x,500,543}]
```

**例 2 - 3** 等高线与隐函数作图。

ContourPlot[ f,{x,xmin,xmax},{y,ymin,ymax}]（画曲面的等高线）

ContourPlot[ f,{x,xmin,xmax},{y,ymin,ymax},PlotPoints→300,Con-tours→{0},ContourShading→False]（隐函数作图）

ContourShading 是指不同等高线间区域是否用明暗不同的色彩区分,为了突出分界线 $f(x,y) = 0$,取了 False,就得到隐函数图像。如：

ContourPlot[x^3 + y^3 - 6x y,{x, - 4,4},{y, - 4,4}, PlotPoints→300, Contours→{0},ContourShading→False]

ContourPlot[(x^2 + y^2)^2 - 5(3x y^2 - x^3),{x, - 5,5},{y, - 5,5},Plot-Points→300,Contours→{0},ContourShading→False]（图 2 - 3）

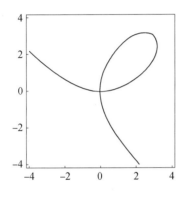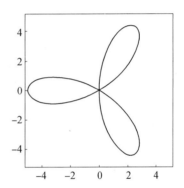

图 2 - 3

**例 2 - 4** 三维立体图形的画法

（1）空间曲面。

Plot3D[ Exp[ - (x^2 + y^2)],{x, - 2,2},{y, - 2,2}]

Show[% ,Boxed→False,AxesLabel→{"x","y","z"}]

Plot3D[ Sin[ Sqrt[x^2 + y^2]],{x, - 5,5},{y, - 5,5},

Boxed→False,Axes→False,PlotPoints→50,Mesh→False]

（2）单位球。

ParametricPlot3D[{Sin[u] * Cos[v],Sin[u] * Sin[v],Cos[u]},{u,0,Pi},{v,0,2Pi},Lighting→{{"Point",RGBColor[1,0.25,0.5],{2,2,2}},{"Point",RGBColor[0.2,0.5,1],{3,0,4}}},ViewPoint→{1.4,2.6,1.7}]

（3）画直交的两圆柱面。

g1 = ParametricPlot3D[{Sin[t],Cos[t],u},{t,0,2 * Pi},{u, - 2,2}];

g2 = ParametricPlot3D[{u,Sin[t],Cos[t]},{t,0,2 * Pi},{u, - 2,2}];

Show[ g1,g2]

(4)用程序包作图。

作单位球：

```
SphericalPlot3D[1,{u,0,Pi},{v,0,2Pi}]
```

作单叶双曲面：

```
RevolutionPlot3D[{1,t,t},{t,-Pi/2,Pi/2},PlotPoints→30,View-
Point→{1.510,-2.711,1.349}]
```

作贝塞尔函数曲面的动画显示：

```
Animate[Plot3D[BesselJ[0,Sqrt[x^2+y^2]+t],{x,-10,10},{y,-10,
10},Axes→False,PlotPoints→30,PlotRange→{-0.5,1.0}],{t,0,8}]
```

## 2.1.2　函数运算

Mathematica 系统中的数学函数是根据定义规则命名的。就大多数函数而言，其名字通常是英文单词的全写。对于一些非常通用的函数，系统使用传统的缩写。如一些常用函数的函数名：Exp[x]以 e 为底的指数函数，Log[a,x]以 a 为底的对数函数，Sin[x]正弦函数，等等。

注：Mathematica 系统中的函数都以大写字母开头；函数的自变量都应放在方括号内，自变量可以是数值，也可以是算术表达式；计算三角函数时，要使用弧度制，如果要使用角度制，不妨把角度制先乘以常数 Degree($\pi/180$)，转换为弧度制。

**例2-5**　求表达式 log2 + ln3 的值。

**解：**

输入 Log[10,2]+Log[3]，输出 Log[2]/Log[10]+Log[3]；

输入 N[Log[10,2]+Log[3],6]或 Log[10.0,2]+Log[3.]，得到 1.39964。

（1）不带附加条件的自定义函数 f[x_]:=表达式。

**例2-6**　定义函数 $f(x)=x^3+2\sqrt{x}+\sin x$，先分别求 $x=1,5.1,\dfrac{\pi}{2}$时的函数值，再求 $f(x^2)$。

**解：**

```
In[1]:= f[x_]:=x^3+2Sqrt[x]+Sin[x]
In[2]:= f[1.]
Out[2]= 3.84147
In[3]:= f[5.1]
Out[3]= 136.242
In[4]:= f[N[Pi]/2]
Out[4]= 7.38241
```

In[5]: = f[x^2]

Out[5] = $x^6 + 2\sqrt{x^2} + \sin[x^2]$

在 Out[5] 中,由于系统不知道变量 $x$ 的符号,所以没有对 $\sqrt{x^2}$ 进行开方运算。

(2) 带附加条件的自定义函数 f[x_]: = 表达式/;条件。

**例 2-7**　设有分段函数 $f(x) = \begin{cases} e^x \sin x, & x \le 0 \\ \ln x, & 0 < x \le e, \\ \sqrt{x}, & x > e \end{cases}$ 求 $f(-100), f(1.5),$

$f(2)$ 及 $f(100)$。

**解:**

In[1]: = f[x_]: = Exp[x]Sin[x]/;x < = 0

In[2]: = f[x_]: = Log[x]/;(x > 0)&&(x < = E)

In[3]: = f[x_]: = Sqrt[x]/;x > E

In[4]: = f[-100.0]

Out[4] = 1.88372 $\times 10^{-44}$

In[5]: = f[1.5]

Out[5] = 0.405465

In[6]: = f[2.0]

Out[6] = 0.693147

In[7]: = f[100.0]

Out[7] = 10.

或用 Which 函数定义分段函数

f[x_]: = Which[x < = 0,Exp[x]Sin[x],0 < x < = E,Log[x],x > E,Sqrt[x]]

## 2.1.3　极限计算

**例 2-8**

(1) 试比较下面两条语句的区别。

Limit[E^(-1/x),x→0] 与 Limit[E^(-1/x),x→0,Direction → +1]。

(2) 运行 Limit[Sin[1/x],x→0],得到 Interval[{-1,1}],这是求无穷振荡点处的极限时,Limit 语句得到的是函数振荡时的取值范围。

(3) 试比较 Limit[(n+1)^(n+1)/((n+2)*n^n),n→Infinity] 与 Limit[((n+1)/n)^(n+1)*n/(n+2),n→Infinity] 的区别。

(4) 用 Limit 命令求下列极限: $\lim\limits_{x \to 0}\dfrac{\sin x}{x}$、$\lim\limits_{n \to \infty} n\sin\dfrac{1}{n}$、$\lim\limits_{n \to \infty}\sqrt{n}\sin\dfrac{1}{\sqrt{n}}$、$\lim\limits_{n \to \infty}\dfrac{n^2}{n+1}$

$\sin\dfrac{n+1}{n^2}$ 并指出它们之间的关系。

**例 2 - 9**　认识数列极限的定义。如:数列 $1, \sqrt{2}, \sqrt[3]{3}, \cdots \sqrt[n]{n}$ 用 Table 语句观察数列的前 100 项变化情况。

**解:**　定义散点集

```
an = N[Table[n^(1/n),{n,1,200}]]
```

用语句 ListPlot[an] 画出点集 an 的图形,观察点列 an→1 的变化(图 2 - 4)。

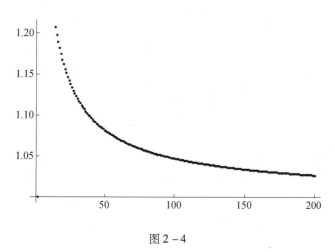

图 2 - 4

或编写如下程序观察点列 an 的变化过程。

```
Manipulate[ListPlot[Table[n^(1/n),{n,1,i}]],{i,1,200}]
```

实验可知,这个数列 $1, \sqrt{2}, \sqrt[3]{3}, \cdots \sqrt[n]{n}$ 收敛于 1,而不会收敛到大于 1 的某个数。例如,设该数列收敛于 $A = 1 + u, u \geqslant 0$,我们取 $u = 10^{-2}$,用程序检验数列 an: $1, \sqrt{2}, \sqrt[3]{3}, \cdots \sqrt[n]{n}$ 与数 $A = 1 + u$ 的接近程度。

输入:

```
u = 10^-2;A = 1 + u;m = 5;
For[n = 1,n < = 1000,n + + ;an = N[n^(1/n)];If[Abs[A - an] < 10^ - m,
Print["n =", n, " an =", an, "Abs[A - an] =", Abs[A - an]]]]
```

输出:

```
n = 651 an = 1.01 Abs[A - an] = 1.30983 10^-6
```

这说明当 $n = 651$ 时,an = 1.01,an 与 $A = 1 + 10^{-2}$ 的距离小于 $10^{-5}$。

取 $u = 10^{-3}$ 时,当 $n = 9022$ 时,an = 1.00101,an 与 $A = 1 + 10^{-3}$ 的距离小于 $10^{-5}$。

试算一算取 $u = 10^{-4}$ 时的结果,想一想怎么说明极限为 1?

**例 2-10**  Fibonacci 数列是由 13 世纪的意大利数学家菲波纳契提出的,当时是和兔子的繁殖问题有关的,它是一个很重要的数学模型。这个问题是:有小兔一对,若第二个月它们成年,第三个月生下小兔一对,以后每月生产一对小兔,而所生小兔亦在第二个月成年,第三个月生产另一对小兔,以后亦每月生产小兔一对,假定每产一对小兔必为一雌一雄,且均无死亡,试问两年后共有小兔几对?

**解:** 从第一个月开始以后每个月的兔子总数是:$F_0 = 1, F_1 = 1, F_2 = 2, F_3 = 3, F_4 = 5, F_5 = 8, F_6 = 13, \cdots$,把上述数列继续写下去,得到的数列便称为 Fibonacci 数列。

因为,数列中每个数是前两个数之和,数列的最初两个数都是 1。故当 $n > 1$ 时,Fibonacci 数列满足 $F_{n+2} = F_{n+1} + F_n, F_0 = F_1 = 1$。

下面是产生前 24 个 Fibonacci 数的程序。

输入:

```
Clear[n,F];F[0]=1;F[1]=1;F[n_]:=F[n-1]+F[n-2];
fib=Table[F[n],{n,0,24}]
```

输出:

```
{1,1,2,3,5,8,13,21,34,55,89,144,233,377,610,987,1597,2584,
4181,6765,10946,17711,28657,46368,75025}
```

对应了在未来 24 个月中,每个月的兔子对数。

Fibonacci 数列的通项公式:$F_n = \dfrac{1}{\sqrt{5}}\left[\left(\dfrac{1+\sqrt{5}}{2}\right)^{n+1} - \left(\dfrac{1-\sqrt{5}}{2}\right)^{n+1}\right]$,当 $n > 0$ 时,$F_n$ 都是整数。

利用 Fibonacci 数列来做出一个新的数列:方法是把数列中相邻的数字相除,以组成新的数列如下:$\dfrac{1}{1}, \dfrac{1}{2}, \dfrac{2}{3}, \dfrac{3}{5}, \dfrac{5}{8}, \dfrac{8}{13}, \cdots, \dfrac{F_n}{F_{n+1}}$,当 $n$ 无限大时,数列的极限是:$\dfrac{\sqrt{5}-1}{2} \approx 0.618$,这个数值称为黄金分割比。

如果任意选择两个数为起始,比如 5、-2.4,然后两项两项地相加下去,形成 5、-2.4、2.6、0.2、2.8、3、5.8、8.8、14.6……你将发现,随着数列的发展,前后两项之比也越来越逼近黄金分割。

黄金分割比:$\dfrac{\sqrt{5}-1}{2} \approx 0.618$,它在造型艺术中具有美学价值,在科学实验中有优选价值,选取方案的 0.618 法称为优选法。计算的特点有:$1/0.618 =$

$1.618, (1-0.618)/0.618 = 0.618, \dfrac{\sqrt{5}-1}{2} \approx 0.618$ 是方程式 $x^2 + x - 1 = 0$ 的一个根。有趣的是,这个数字在自然界和人们生活中到处可见。

### 2.1.4 实验内容与要求

**实验 2-1**

(1) 在一张图中画出函数 $y = x^n$ 的图形,其中 $n = 1, 2, \cdots, 10; 0 \leqslant x \leqslant m$,分别研究 $m = 1, 2, 3$ 的情况。

(2) 作函数图形:$x = \cos 3t, \ y = \sin 5t, \ t \in [0, \pi]; f(x) = (256 - x^2)^{1/4}$。

(3) 作分段函数的图形 $F(x) = \begin{cases} x^3 - 2x + 1, & x \leqslant 1 \\ \sqrt[3]{x-1}, & x > 1 \end{cases}; f(x) = \begin{cases} x, & x < 0 \\ 2x, & 0 \leqslant x < 2 \\ \sin x, & x \geqslant 2 \end{cases}$。

(4) 作二元函数的等值线图:$z = \sin xy; z = x^2 + y^2 - 1$。

(5) 隐函数作图:$x^2 + y^2 = 4; x^3 + y^3 - 5xy + 15 = 0$。

(6) 用动画演示由曲线 $y = \sin z, z \in [0, \pi]$ 绕 $z$ 轴旋转产生旋转曲面的过程。

(7) 画出由曲面 $z = x^2 + y^2, x = y^2, x = 1$ 与 $z = 0$ 所围成的立体区域。

(8) 画出极坐标曲线 $r = (3\cos^2\theta - 1)/2, r = 2\sin 3\theta, r = \cos 8\theta$ 在 $[0, 2\pi]$ 上的图形。

**实验参考:**

(1) `Plot[Evaluate[Table[x^n,{n,1,10}]],{x,0,2}]`

再试一试:

`TableForm[Table[{m,Plot[Evaluate[Table[x^n,{n,1,10}]],{x,0,m}]},`
`{m,3}],TableHeadings→{None,{"m","Plot"}}]`

(2) 略。

(3)

`F[x_]:=If[x<=1,x^3-2x+1,(x-1)^1/3];`
`Plot[F[x],{x,-6,8}]`(图 2-5)

及

`f[x_]:=Which[x<0,x,0<=x<2,2*x,x>=2,Sin[x]]`
`Plot[f[x],{x,-2,20}]`

(4) `ContourPlot[Sin[x*y],{x,0,Pi},{y,0,Pi}]`
`ContourPlot[x^2+y^2-1,{x,-2,2},{y,-2,2}]`

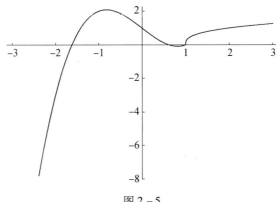

图 2 - 5

（5）ContourPlot[x^2 +y^2 ==4,{x, -2,2},{y, -2,2}]

ContourPlot[x^3 +y^3 -5x y +15 ==0,{x, -4,4},{y, -4,4}]

（6）动画演示由曲线 $y = \sin z$，绕 $z$ 轴旋转产生旋转曲面的过程。

给出旋转面的参数方程：$\begin{cases} x = \sin z\cos u \\ y = \sin z\sin u, z \in [0,\pi], u \in [0,2\pi] \\ z = z \end{cases}$，以下操作

可得到变化的 20 幅图形。

```
m =20;
Manipulate[ParametricPlot3D[{Sin[z]Cos[u],Sin[z]Sin[u],z},{z,0,
Pi},{u,0,2Pi*i/m},PlotRange→{{ -1,1},{ -1,1}}],{i,1,m,1}];
```

　　（7）

```
s1 =ParametricPlot3D[{u,v,u^2 +v^2},{u, -1,1},{v, -1,1}];
s2 =ParametricPlot3D[{u^2,u,v},{u, -1,1},{v,0,2}];
s3 =ParametricPlot3D[{1,u,v},{u, -1,1},{v,0,2}];
s4 =ParametricPlot3D[{u,v,0},{u, -1,1},{v, -1,1}];
Show[s1,s2,s3,s4,PlotRange→{0,2},AxesLabel→{"X","Y","Z"}]
```

　　或：

```
s1 =ParametricPlot3D[{{x,y,x^2 +y^2},{x,y,0}},{x, -1,1},{y, -1,
1}];
s2 =ParametricPlot3D[{{y^2,y,z},{1,y,z}},{y, -1,1},{z,0,2}];
Show[s1,s2]
```

　　（8）

```
r[t_]: =(3Cos[t]^2 -1)/2; ParametricPlot[{r[t] Cos[t], r[t] Sin
[t]},{t,0,2Pi}]
```

```
r[t_]:=2Sin[3t];ParametricPlot[{r[t] Cos[t],r[t] Sin[t]},{t,0,
2Pi}]
```

```
r[t_]:=Cos[8t];ParametricPlot[{r[t] Cos[t],r[t] Sin[t]},{t,0,
2Pi}]
```

或将三张图画在一起(图 2-6)。

```
PolarPlot[{(3 Cos[t]^2 - 1)/2, 2 Sin[3 t], Cos[8 t]},{t, 0, 2 \
[Pi]}]
```

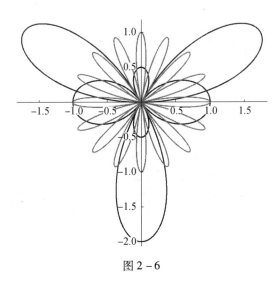

图 2-6

**实验 2-2**

(1) 观察指数函数 $\log_b x$ 当 $b=1/2,1/2,1/4$ 和 $b=2,3,4$ 时函数的变化特点,总结 $\log_b x$ 的图形特性。

(2) 考虑曲线族 $y=ae^{-bx}$,其中 $a,b$ 为正数。分析改变 $a,b$,会对该曲线图像的影响,用草图说明你的答案。

(3) 函数 $y=axe^{bx}$,其中 $a,b$ 为正数。

① 求极大值、极小值和拐点;②改变 $a,b$,将如何影响图像的形状? ③在同一坐标系下,对 $a,b$ 的几个值,作出该函数的图像。

(4) 设 $x\geqslant0$,且 $a>0$。①求用 $a$ 表示的函数 $y=e^{-ax}\sin x$ 的极大值和极小值;②如果 $a$ 增大,通过画图直观描述极大值和极小值的大小与位置如何改变。

**实验参考:**

(1)

```
Plot[{Log[2, x], Log[3, x], Log[4, x], Log[1/2, x], Log[1/3, x], Log
[1/4, x]},{x,0,4},
```

```
PlotStyle → {{Thickness[0.008]}, {Thickness[0.004]}, {Dashing[{0.
03, 0.02}]}}]
```

输出图 2-7 中最粗的实线是第一个函数,次粗的实线是第二个函数,虚线是第三个函数。通过这些图形,可以知道有关对数函数 $\log_b x$ 的如下特性:①对数函数 $\log_b x$ 总经过 $(1,0)$ 点;②对数函数 $\log_b x$ 当底 $b<1$ 时单调下降,当底 $b>1$ 时单调上升;③对数函数 $\log_b x$ 在底 $b<1$ 或底 $b>1$ 的范围内,当 $x<1$ 时,$b$ 越小函数值越小,而当 $x>1$ 时,$b$ 越小函数值越大。

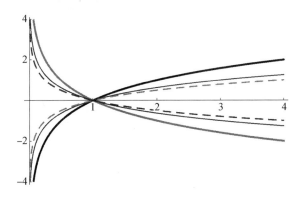

图 2-7

(2)

```
Manipulate[
Plot[a E^( -b x), {x, -5, 5}], {{a, 1}, -5, 5}, {{b, -0.5}, -5, 5}]
```

(3)

可以取不同的 $a,b$ 值试一试! 如:

```
f[x_]: = a x E^(b x); a = 2;b = 2;
```

计算极小值:

```
FindMinimum[f[x],{x,0}]
{ -0.367879,{x→ -0.5}}
```

计算拐点:

```
NSolve[f″[x] = 0,{x}]
{{x→ -3.81691},{x→2.15452},{x→ -1.33761}}
```

观察 $a,b$ 不同取值时,对应函数的图形(图 2-8)。

```
Plot[{3 x E^( -2 x), 3 x E^ - x, 2 x E^x, 2 x E^(2 x)}, {x, 0.0, 0.2},
PlotStyle → {{Thickness[0.001]}, {Thickness[0.005]}, {Thickness
[0.009]}, {Dashing[{0.03, 0.02}]}}]
```

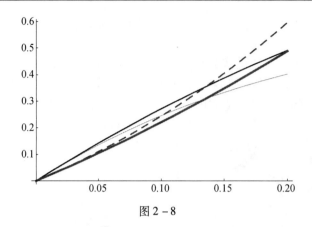

图 2 - 8

进一步研究如图 2 - 9 所示。

```
Manipulate[Plot[a x E^(b x),{x,-2,2}],{{a,1},0,2},{{b,1},0,2}]
Plot[Evaluate[Table[a x E^(b x),{a,{1/2,1,2}},{b,{1/2,1,2}}]],{x,
-2,2}]
```

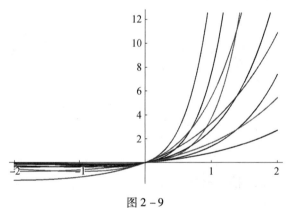

图 2 - 9

(4) 通过画图直观描述极大值和极小值的大小与位置如何改变。

```
Manipulate[Plot[E^(-a x) Sin[x],{x,0,16}],{a,0.1,2}]
```
输入
```
FindMinimum[E^(0.1 x)Sin[x],{x,3}]
f[x_]:=E^(a x)Sin[x];
D[f[x],x]
Reduce[E^(a x) Cos[x]+a E^(a x) Sin[x]==0,x]
```
得到极大值点和极小值点:

```
C[1] ∈ Integers&&((-1-a^2+a Sqrt[1+a^2]!= 0&& x==2 ArcTan[a
-Sqrt[1+a^2]]+2 Pi C[1])||(1+a^2+a Sqrt[1+a^2]!=0&&x==2 ArcTan
```

[a + Sqrt[1 + a^2]] + 2 Pi C[1]))

**实验 2 - 3**

（1）对 Fibonacci 数列，设 $g_n = f_n / f_{n+1}$，证明：① $g_n$ 满足迭代式 $g_{n+1} = 1/(g_n + 1), n = 0, 1, \cdots$；② 迭代收敛且 $\lim\limits_{n \to \infty} g_n = \dfrac{\sqrt{5} - 1}{2} \approx 0.618$；③ 黄金分割比

可以表示成连分数 $\cfrac{1}{1 + \cfrac{1}{1 + \cfrac{1}{1 + \ddots}}}$ 。

（2）药物的聚积——模拟体内某种药物的含量。

设最初体内药含量 $Q$ 为零，通过连续的静脉注射，随着药量开始慢慢增加，身体排泄这种药物的速率也在增加，说明最终药量 $Q$ 稳定为一个饱和值 $S$。

构造一个数学模型，用时间 $t$ 表示量 $Q$ 的公式。实际增加量是饱和水平 $S$ 与血液药物含量 $Q$ 之间的差

$$S - Q = S \times (0.3)^t \quad （差 = （差的初始值） \times (0.3)^t）$$

其中 $t$ 以小时为单位。解出 $Q = f(t) = S \times (1 - (0.3)^t)$，此函数的图像是一个倒置的指数函数。

画图说明 $t \to \infty$ 时，$Q \to S(1 - 0) = S$（$Q$ 稳定为一个饱和值 $S$）。

（3）一次事故中，例如切尔诺贝利（Chernobyl）核泄漏的主要污染之一是锶-90，它以每年大约 2.47% 的连续率呈指数衰减，切尔诺贝利核灾难后的初步估计显示该地区大约需要 100 年才可能再次成为人类居住的安全地区，到那时原有的锶-90 还剩百分之几？

（4）设某有机体死亡 $t$ 年后所剩放射性碳-14 含量为 $Q = Q_0 e^{-0.000121t}$，其中 $Q_0$ 是初始量。求：

① 考古挖掘出土的某头盖骨含有原来碳-14 含量为 15%，估计该头盖骨的年龄；② 说明你如何根据此方程计算碳-14 的半衰期。

（5）测定岩石的地质年代利用的是钾-40，而不是碳-14，因为钾具有更长的半衰期，钾衰变成氩，氩始终存留在岩石中，且能被测定出来，因而能计算出钾的原有含量，钾-40 的半衰期为 $1.28 \times 10^9$ 年，将钾-40 的剩余量 $P$ 表示为以年为单位的时间的函数，求其表达式，设初始量为 $P_0$。

① 利用 1/2 为底；② 利用 e 为底。

**实验 2 - 4**

自行车的辐条上安装一块美丽的饰物，自行车轮子在光滑的平面曲线 $y = f(x)$ 上作无滑动滚动，研究当车轮滚动时饰物的运动轨迹问题，并画出轨迹的

图形。

注:要使得自行车能够在轨道曲线 $f(x)$ 上无滑动滚动,车轮的半径应该小于曲线的曲率半径。

**实验参考:**

设轮子从曲线 $y = f(x)$ 的点 $A(x_0, f(x_0))$ 处开始滚动,轮子半径为 $r$,饰物 $P$ 位于圆心 $O$ 与点 $A$ 之间,离圆心距离为 $\rho$。当轮子旋转过角 $\theta$ 时,轮缘与曲线 $y = f(x)$ 切于点 $B$,轴 $\overline{OPA}$ 转到轴 $\overline{O'P'A'}$,如图 2 - 10( a)所示。

设 $B(x, f(x))$,$O'(X, Y)$,$P'(x_p, y_p)$,则有 $S_{\overparen{A'B}} = S_{\overparen{AB}}$,即

$$r\theta = \int_{x_0}^{x} \sqrt{1 + f'^2(x)}\, dx$$

曲线 $y = f(x)$ 上点 $B$ 的单位法向量为 $\left\{ \dfrac{-f'(x)}{\sqrt{1 + f'^2(x)}}, \dfrac{1}{\sqrt{1 + f'^2(x)}} \right\}$。

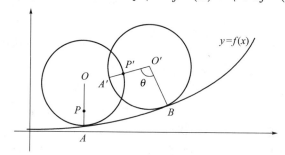

图 2 - 10( a)

因此 $X = x - \dfrac{rf'(x)}{\sqrt{1 + f'^2(x)}}$,$Y = f(x) + \dfrac{r}{\sqrt{1 + f'^2(x)}}$,自行车饰物轨迹的参数方程为

$$\begin{cases} x_p = X - \rho\sin(\theta - \varphi) = x - \dfrac{rf'(x)}{\sqrt{1 + f'^2(x)}} - \rho\sin(\theta - \varphi) \\[3mm] y_p = Y - \rho\cos(\theta - \varphi) = f(x) + \dfrac{r}{\sqrt{1 + f'^2(x)}} - \rho\cos(\theta - \varphi) \end{cases}$$

其中 $\theta = \dfrac{1}{r} \displaystyle\int_{x_0}^{x} \sqrt{1 + f'^2(x)}\, dx$,$\varphi = \arctan f'(x)$。

**特例:**

(1)自行车在水平街道上行驶的参数方程和轨迹图 2 - 10( b)。

当自行车在水平街道上行驶时,$f(x) = 0$;设启动点 $A(0, 0)$,则 $x = r\theta$,$\varphi = 0$,

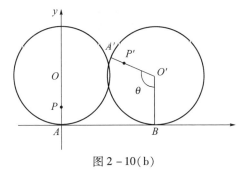

图 2 – 10( b )

此时自行车饰物的运动轨迹为

$$\begin{cases} x_p = r\theta - \rho\sin\theta \\ y_p = r - \rho\cos\theta \end{cases}, \quad \theta \geqslant 0$$

当 $0 < \rho < r$ 时,自行车饰物在轮辐上,饰物轨迹类似于摆线,如图 2 – 11( a )所示(其中取 $r = 1, \rho = 0.5$ )。

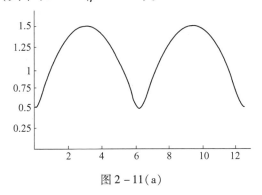

图 2 – 11( a )

当 $\rho = r$ 时,自行车饰物在车轮的边上,饰物轨迹为摆线 $\begin{cases} x_p = r(\theta - \sin\theta) \\ y_p = r(1 - \cos\theta) \end{cases}$ ,如图 2 –11( b )所示。

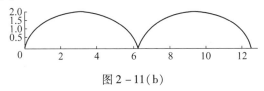

图 2 –11( b )

（2）自行车在抛物线轨道上行驶的参数方程和轨迹图。

当自行车轮在抛物线 $y = f(x) = 4 - 4x^2$ 上滚动时,可以用 Mathematica 软件画出优美的饰物轨迹图,如图 2 – 12 所示。

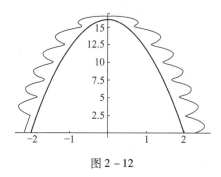

图 2 – 12

（3）自行车在正弦曲线上的行驶的参数方程和轨迹图。

如果自行车轮在正弦曲线 $y = f(x) = \sin x$ 上滚动,用 Mathematica 软件画出饰物轨迹图。

自行车饰物在车轮的边上,取 $r = 0.2$, $\rho = 0.2$ ;自行车饰物在车轮的辐条中间,取 $r = 0.2$, $\rho = 0.1$ ,如图 2 – 13 所示。

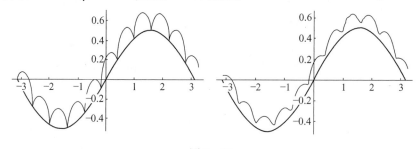

图 2 – 13

在自行车饰物轨迹的参数方程中, 当 $f(x)$ 为正弦曲线时, $\theta = \dfrac{1}{r} \displaystyle\int_{x_0}^{x}$ $\sqrt{1 + f'^2(x)}\,\mathrm{d}x$ 是椭圆积分,用 Mathematica 软件能够计算椭圆积分,从而画出了优美的饰物轨迹图。

Mathematica 程序。

自行车在水平轨道 $y = f(x) = 0$ 上时:

```
Clear[r,p,a,b,xp,yp]; r=1; p=1(或 p=0.5); a=0; b=4Pi;
xp[t_]:=r*t-p*Sin[t]; yp[t_]:=r-p*Cos[t];
ParametricPlot[{xp[t],yp[t]},{t,a,b},AspectRatio→Automatic]
```

自行车在抛物线轨道 $y = f(x) = 4 - 4x^2$ ,或正弦曲线 $y = f(x) = \sin x$ 上时:

```
Clear[f,r,p,a,b];
f[x_]:=4-4*x^2;(或 f[x_]:=Sin[x];)
r=0.2;p=0.2(或 0.1);a=-1;b=1;
```

(或 r = 0.2; p = 0.2(或 p = 0.1); a = - Pi; b = Pi;)
d = Evaluate[Integrate[Sqrt[1 + f′[t]^2],t]/.{t→#}]&;
Plot[f[x],{x,a,b},PlotStyle→{RGBColor[0,0,0]}]
ParametricPlot[{x - r * f′[x]/Sqrt[1 + f′[x]^2] - p * Sin[(d[x] - d
[a])/r - ArcTan[f′[x]]],f[x] + r/Sqrt[1 + f′[x]^2] - p * Cos[(d[x] - d
[a])/r - ArcTan[f′[x]]]},{x,a,b},PlotStyle→{RGBColor[1,0,0]}]
Show[% ,% % ,AspectRatio→1]

# 2.2　导数与导数的应用

　　导数研究的是函数自变量的变化所引起因变量变化的"快慢"程度。如求运动物体的速度、加速度,运动轨迹切线的斜率,反映曲线变化的平缓和陡峭等,通过导函数掌握函数"瞬时"变化特征。而函数的微分则研究在函数自变量有微小改变时,函数因变量大约改变了多少。

　　本实验在 Mathematica 环境下复习函数导数的概念,曲线的切线和法线的概念,可微函数单调性、凹凸性的问题,及极值点、拐点的概念。用 Mathematica 数学软件计算函数导数、高阶导数、偏导数、全微分,及求函数的最值等。

## 2.2.1　动画演示

　　函数的导数就是曲线切线的斜率。

　　**例 2 – 11**　动画演示曲线割线趋近于曲线切线(理解切线是割线的极限位置)。

　　f[x_]: - x^4 + x^2;
　　Animate[Plot[{f[x],f[1.5] + f′[1.5](x - 1.5),f[1.5] + (f[1.5 + 2/i] -
f[1.5])/(2/i)(x - 1.5)},{x,1,3},PlotRange→{ - 1,60},AspectRatio→1,
PlotStyle→{Blue,Green,Red}],{i,1,100}]

## 2.2.2　导数计算

　　**例 2 – 12**　求下列函数的导数。

　　(1) $y = \sqrt{\cos x} \cdot a^{\sqrt{\cos x}}$

　　**解:**

　　D[Sqrt[Cos[x]] a^Sqrt[Cos[x]],x]

　　(2) $\begin{cases} x = \ln(1 + t^2) \\ y = t - \arctan t \end{cases}$,求 $y''_{xx}$。

　　**解:** 由参数方程求导法 $y'_x(t) = \dfrac{y'(t)}{x'(t)}$,$y''_{xx}(t) = \dfrac{y''_{xt}(t)}{x'(t)}$,得

```
dy[t_]: = Simplify[D[t - ArcTan[t],t]/D[Log[1 + t^2],t]]
    Simplify[D[dy[t],t]/D[Log[1 + t^2],t]]
```

（3）函数 $y = y(x)$ 由方程 $xy - e^y = 0$ 确定，求隐函数的二阶导数。

**解：**

D[xy[x] - E^y[x] = = 0,x]；（方程两端对 $x$ 求导数）

Solve[%,y'[x]]；（从上计算解出 $\{\{y'[x] \to y[x]/(e^{y[x]} - x)\}\}$）

dy = %[[1,1,2]]/.y[x]→y；（把上计算结果中 $y(x)$ 换成 $y$ 得到 $y'[x] \to y/(e^y -$

$x)\}\}$）

D[%%%,x]；（对关于 $y'(x)$ 的方程两端求导）

Solve[%,y''[x]]；（从上计算解出 $y'' \to - y'[x](-2 + e^{y[x]} y'[x])/(e^{y[x]} - x)$）

y'' = %[[1,1,2]]/.{y[x]→y,y'[x]→dy} //Simplify（化简上结果）

得到 $y'' = \dfrac{y(-2e^y + 2x + e^y y)}{(x - e^y)^3}$

（4）设 $f(x) = \begin{cases} (x - 2)\arctan\dfrac{1}{x - 2}, & x \ne 2 \\ 0, & x = 2 \end{cases}$，求 $f'_-(2), f'_+(2)$。

**解：**

f[x_]: = (x - 2) * ArcTan[1/(x - 2)]，由导数定义，运行

Limit[(f[x] - 0)/(x - 2),x→2,Direction→ -1]

Limit[(f[x] - 0)/(x - 2),x→2,Direction→1]

得到 $f'_-(2) = -\dfrac{\pi}{2}, f'_+(2) = \dfrac{\pi}{2}$。

**例 2 – 13**  $u = \sqrt{x^2 + y^2 + z^2}$，求 $\dfrac{\partial^2 u}{\partial x^2} + \dfrac{\partial^2 u}{\partial y^2} + \dfrac{\partial^2 u}{\partial z^2}$。

**解：**

u[x_,y_,z_]: = Sqrt[x^2 + y^2 + z^2]

Simplify[D[u[x,y,z],{x,2}] + D[u[x,y,z],{y,2}] + D[u[x,y,z],{z,2}]]

可得 $\dfrac{\partial^2 u}{\partial x^2} + \dfrac{\partial^2 u}{\partial y^2} + \dfrac{\partial^2 u}{\partial z^2} = \dfrac{2}{\sqrt{x^2 + y^2 + z^2}}$

**例 2 – 14**  设 $\begin{cases} z = x^2 + y^2 \\ x^2 + 2y^2 + 3z^2 = 0 \end{cases}$，求 $\dfrac{dy}{dx}, \dfrac{dz}{dx}$。

**解：** 由方程组确定的隐函数求导运算。

D[x^2 + y^2 - z,x,NonConstants→{y,z}]（第一个方程两边对 $x$ 求导）

equation1 = % /.{D[y,x,NonConstants→{y,z}]→y',D[z,x,NonConstants

→{y,z}]→z'}（符号替换）

D[x^2 + 2y^2 + 3z^2,x,NonConstants→{y,z}]（第二个方程两边对 $x$ 求导）

equation2 = % ／.｛D［y,x,NonConstants→｛y,z｝］→y′,D［z,x,NonConstants

→｛y,z｝］→z′｝（符号替换）

　　Solve［｛equation1 = = 0,equation2 = = 0｝,｛y′,z′｝］（解出 y′,z′: y′→

$-\dfrac{x - 6xz}{2y(1 + 3z)}, \quad z'→\dfrac{x}{(1 + 3z)}$ )

## 2.2.3　导数的应用

### 1. 几何应用

**例 2 - 15**　确定函数 $y = x^3 - 3x^2 - 9x + 14$ 的单调区间。

**解:**

y［x_］: = x^3 - 3 * x^2 - 9 * x + 14;

Solve［y′［x］ = 0,x］（求出函数的驻点:｛｛x → -1｝,｛x → 3｝｝）

Plot［｛y［x］,y′［x］｝,｛x, -6,6｝,PlotStyle→｛RGBColor［1,0,0］,RGBColor

［0,1,0］｝］（图 2 - 14 画出函数与导数函数图形,单调区间为( -∞, -1),( -1,3),

(3, +∞))

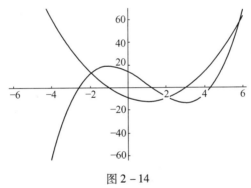

图 2 - 14

**例 2 - 16**　求螺旋线 $\begin{cases} x = 2\cos t \\ y = 2\sin t \\ z = t \end{cases}$ 在 $t = \dfrac{\pi}{4}$ 处的切线方程和法平面方程,并画

出图形。

**解:**

求切点坐标:

P = ｛2Cos［t］,2Sin［t］,t｝／.t→Pi／4

求切线的方向向量:

s = Array［a,3］;

a［1］ = D［2Cos［t］,t］／.t→Pi／4;

a［2］ = D［2Sin［t］,t］／.t→Pi／4;

```
a[3] = D[t,t]/.t→Pi/4;
b = {x Sqrt[2],y - Sqrt[2],z - Pi/4};
b/s
```

求法平面方程:

$$b.s = = 0 \quad \left( -\frac{\pi}{4} - 2x + \sqrt{2}\,(\,-\sqrt{2} + y\,) + z = 0 \right)$$

Simplify[%] $\quad (\,\pi + 8x = 4(\,-2 + \sqrt{2}y + z\,)\,)$

**例 2 – 17** 求球面 $x^2 + y^2 + z^2 = 14$ 在点 $(1,2,3)$ 处的切平面及法线方程。

**解:**

```
Clear[p,n,m,F,f,x,y,z]; Clear[t1,t2,t3,t4]
F[x_,y_,z_] := x^2 + y^2 + z^2 - 14; p = {x→1,y→2,z→3};
n = Array[m,3]; m[1] = D[F[x,y,z],x]/.p;
m[2] = D[F[x,y,z],y]/.p; m[3] = D[F[x,y,z],z]/.p;
n (切平面的法向量);
f = {x - 1,y - 2,z - 3};
n.f = = 0; Simplify[%](切平面方程)
f/n(法线方程)
```

画曲面、切平面和法线的图形(图 2 – 15)。

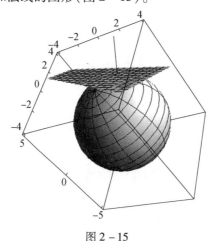

图 2 – 15

```
t1 = ParametricPlot3D[{Sqrt[14] Cos[t] Sin[s], Sqrt[14] Sin[t] Sin
[s], Sqrt[14] Cos[s]},{t,0,2Pi},{s,0,Pi}];
    t2 = ParametricPlot3D[{1 + t,2 + 2t,3 + 3t},{t,-1,1}];
    t3 = ParametricPlot3D[{x,y,(14 - x - 2y)/3},{x,-4,4},{y,-4,4}];
    t4 = Graphics3D[{RGBColor[1,0,0],Point[{1,2,3}]}];
```

Show[t1,t2,t3,t4,PlotRange→{-5,5}](图 2-15)

**例 2-18**　试证曲面 $\sqrt{x}+\sqrt{y}+\sqrt{z}=\sqrt{a}$ 上任何点处的切平面在各坐标轴上的截距之和等于常数 $a$。

**解：**

输入曲面方程：

F[x_,y_,z_]:=Sqrt[x]+Sqrt[y]+Sqrt[z]-Sqrt[a];

计算曲面切平面的法向量：

p={x→x0,y→y0,z→z0};

n=Array[a,3];a[1]=D[F[x,y,z],x]/.p;

a[2]=D[F[x,y,z],y]/.p;a[3]=D[F[x,y,z],z]/.p;

计算切平面在各坐标轴上的截距：

eq={{x-x0,y-y0,z-z0}.n==0};

b1=Solve[eq/.{y→0,z→0},x];

b2=Solve[eq/.{x→0,z→0},y];

b3=Solve[eq/.{x→0,y→0},z];

截距之和：

(x/.b1[[1]])+(y/.b2[[1]])+(z/.b3[[1]])//Simplify

**2. 函数的极值**

用 Mathematica 软件,先画出函数的图形,观察升降变化,找出极值点的大致位置 $x0$,将 $x0$ 作为迭代的初始值,利用 FindRoot、FindMinimum 函数找出极值点。

如：

Plot[f,{x,a,b}]

FindRoot[f'[x]==0,{x,x0}]（求在初始点 $x0$ 附近驻点近似值）

FindMinimum[f,{x,x0}]（在选取的初始点 $x0$ 附近求 $f(x)$ 的极小值）

FindMinimum[f,{x,x0,x1}]（在选取的两个不同的初始点 $x0$ 与 $x1$ 附近求 $f(x)$ 的极小值,当 $f$ 的微分符号形式求不出时,必须用这种命令形式）

FindMinimum[f,{x,x0},{y,y0}]（寻找二元函数在点 $(x0,y0)$ 附近的极小值）

**例 2-19**　求函数 $f(x)=x+\sin 5x$ 在区间 $(0,2)$ 的极值。

**解 1：**

f[x_]:=x+Sin[5*x];Plot[f[x],{x,0,2}]（画图 2-16）

计算驻点：

FindRoot[y'[x]==0,{x,0.4}];

FindRoot[y'[x]==0,{x,1}];

FindRoot[y'[x]==0,{x,1.6}];

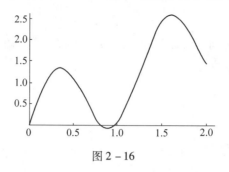

图 2 - 16

得到

$\{x \to 0.354431\};\{x \to 0.902206\};\{x \to 1.61107\}$

计算极值:y[0.354431],y[0.902206],y[1.61107];得极大值1.33423,极小值 $-0.0775897$,极大值2.59086。

**解2:**

利用命令FindMinimum[f[x],{x,x0}]求极小值,用 - FindMinimum[ - f[x], {x,x0}]求极大值。

如: - FindMinimum[ -y[x],{x,0.4}],得到极大点:(0.354431,1.33423)。

**例2 - 20** 　求出圆 $x^2 + y^2 - 2x - 4y = 0$ 上距离点 $P(4,4)$ 的最近点。

**解:**首先用如下语句画出圆和点的位置(图2 - 17)。

```
circ = ContourPlot[x^2 +y^2 -2 * x -4 * y = =0,{x, -2,5}, {y, -2,5}];
P =Graphics[{PointSize[.02],Point[{4,4}]}];
Show[circ,P,Axes→True,Frame→False]
```

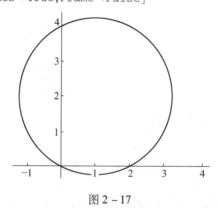

图 2 - 17

令:$(x,y)$ 为圆上一点,d2 为从点 $(x,y)$ 到点(4,4)距离的平方。输入

```
Solve[x^2 +y^2 -2x -4y = =0,y]//Simplify
```

得 $y = 2 \pm \sqrt{4 + 2x - x^2}$,从图上可知离 $P$ 点最近点在上半圆周。故有

76

y[x_] = 2 + Sqrt[4 + 2x - x^2] (圆周线)

　　d2[x_] = (x - 4)^2 + (y - 4)^2; (距离函数)

计算驻点：

Solve[D[d2[x],x] = = 0];得 $x = \dfrac{1}{13}(13 + 3\sqrt{65})$。

{x,y[x]}/.x→(13 + 3 * Sqrt[65])/13 //Simplify;

% //N

得到距离 $P$ 点的最近点为 $\left\{1 + 3\sqrt{\dfrac{5}{13}}, 2 + 2\sqrt{\dfrac{5}{13}}\right\} = \{2.86052, 3.24035\}$。

**例 2 - 21**　求函数 $f(x,y) = x^3 - y^3 + 3x^2 + 3y^2 - 9x$ 的极值。

**解：**先求驻点，再利用极值的充分条件判断出极值点。

清除一些符号的值和定义，如 Clear[x,y,z,…]，令：

f[x_,y_]: = x^3 - y^3 + 3x^2 + 3y^2 - 9x;

a = D[f[x,y],{x,2}]; b = D[f[x,y],x,y]; c = D[f[x,y],{y,2}]; d = a * c - b^2;

t = Solve[{D[f[x,y] = = 0,x], D[f[x,y] = = 0,y]},{x,y}];

tab1 = Table[(d1 = d/.i;a1 = a/.i;z = f[x,y]/.i;{i,z,Which[d1 > 0&&a1 < 0,"fmax",d1 > 0&&a1 > 0,"fmin",d1 = = 0,"Notsure",d1 < 0,"No"]}),{i,t}];

TableForm[tab1,TableHeadings→{None,{"Point","f[x,y]","?"}}]

计算结果为

| "point" | "f[x,y]" | "?" |
|---|---|---|
| x→ -3<br>y→0 | 27 | "No" |
| x→1<br>y→0 | -5 | "fmin" |
| x→ -3<br>y→2 | 31 | "fmax" |
| x→1<br>y→2 | -1 | "No" |

**例 2 - 22**　求函数 $f(x,y) = x^2 + y^2 - 12x + 17y$ 在 $x^2 + y^2 \leqslant 25$ 上的最值。

**解：**

求在圆域内的最值：

Clear[f,F,tt,t,x,y,s]

f[x_,y_]: = x^2 + y^2 - 12x + 16y;

tt = Solve[{D[f[x,y] = = 0,x], D[f[x,y] = = 0,y]},{x,y}]

x^2 + y^2 - 25/.tt[[1]]

得出圆内无驻点。下面用拉格朗日数乘法求圆 $x^2 + y^2 = 25$ 上的最值。

```
F[x_,y_,t_]: = f[x,y] +t(x^2 +y2 -25);
s = Solve[{D[F[x,y,t] = = 0,x], D[F[x,y,t] = =0,y], D[F[x,y,t] = =0,
t]},{x,y,t}]
f[x,y]/.s[[1]]
f[x,y]/.s[[2]]
```

得到 $\{t = -3, x = -3, y = 4\}$ 或 $\{t = 1, x = 3, y = -4\}$;得最大值 $125$;最小值 $-75$。

## 2.2.4　实验内容与要求

**实验 2 - 5**

(1) 由中值定理可知: $f(x) = f(a) + f'(\xi)(x - a)$, $\xi$ 是 $x$ 与 $a$ 之间的一个数。若 $\xi = (x + a)/2$,我们可得到 $f^*(x) = f(a) + f'((x + a)/2)(x - a)$。设 $f(x) = \sin x$ 和 $f(x) x^2 e^{-x^2}$,用作图法观察 $f^*(x)$ 对 $f(x)$ 的近似程度。或用其他函数做这个试验。

(2) 函数 $f(x) = x^2$ 在一点 $(1, f(1))$ 处的局部线性化表达式为 $y = f(1) + f'(1)(x - 1)$,与原函数的图形画在一起比较"以直代曲"思想——局部线性化,能看出什么?

(3) 已知 $e^x > x^n$ 对任意的 $n$ 和充分大 $x$ 的成立。试求 $n = 10, 15, 20$ 时 $e^x - x^n = 0$ 的所有(数值)根。求 $f(x) = x^n / e^x$ 的最大值点和最大值。

(4) 求函数 $f(x) = 2x^3 - 6x^2 - 18x + 7$ 的极值,并作图。

(5) 求函数 $Z = (x^2 - 4y)^2 + 120(1 - 2y)^2$ 的最小值。

(6) 求出被积函数 $f(x) = \dfrac{x + 1}{x^2 + 3x + 5}$ 的原函数、导函数,并画出被积函数、原函数和导函数的图形,试分辨出哪一条曲线属于哪个函数。

(7) 在同一坐标系中画函数 $f(x), f'(x), f''(x)$ 的图像,并求 $f(x)$ 的单调区间、凹凸区间、极值和拐点,其中 $f(x) = x^2 \ln x; x^3/(x^2 + 12); (e^x - e^{-x})/2$。

**实验参考**

(1) 任选函数,如: $f(x) = x^2 e^{-x^2}$,用做图法观察 $f^*(x)$ 对 $f(x)$ 的近似程度。或再用其他函数试一试。

```
f[x_]: = x^2 E^ -x^2;
Manipulate[Plot[{f[x],f'[(x+a)/2](x-a)},{x, -5,5}],{{a,1/4}, -
5,5}]
```

(2)

```
f[x_] = x^2;
g1 = Plot[f[x],{x, -1,3},PlotStyle→{RGBColor[1,0,0]}];
g2 = Plot[f[1] + f'[1]*(x-1),{x, -1,3}];
Show[g1,g2]
```

将图形显示范围缩小：

```
g1 = Plot[f[x],{x,1/2,3/2},PlotStyle→{RGBColor[1,0,0]}];
g2 = Plot[f[1] + f'[1] * (x - 1),{x,1/2,3/2}];
Show[g1,g2]
```

可以看出，在 $(1,f(1))$ 点附近，$f(x)$ 和它的切线几乎重合。

一元函数的局部线性化几何解释：将函数在一点附近的图形用其在此点处的切线代替。

（3）

```
Table[FindRoot[E^x == x^n,{x,1}],{n,{10,15,20}}]
{{x→1.11833},{x→1.07424},{x→1.05412}}
TableForm[Table[{n,FindRoot[E^x == x^n,{x,1}],FindMaximum[x^n/E^x,{x,5}]},{n,{10,15,20}}],TableHeadings→{None,{"n","e^x - x^n = 0","x^n/e^x Max"}}]
```

（4）

```
points = .; pointsX = .;
f[x_] := 2 x^3 - 6 x^2 - 19 x + 7;
pointsX = Solve[D[f[x], x] == 0, {x}]
points = {x, f[x]} /. pointsX;
Plot[f[x], {x, - 3, 5}, Epilog → {PointSize[Medium], Point[points]}]
```

（5）、（6）略。

（7）

```
f[x_] := x^2 Log[x];
Plot[{f[x],f'[x],f''[x]},{x,0,3}]
g[x_] := x^3/(x^2 + 12);
Plot[{g[x],g'[x],g''[x]},{x, - 3,3}]
```
（图2 - 18）

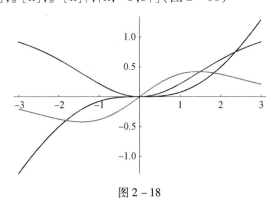

图 2 - 18

```
f[x_]:=(E^x-E^-x)/2;
Plot[{f[x],f'[x],f''[x]},{x,-2,2}](图2-19)
```

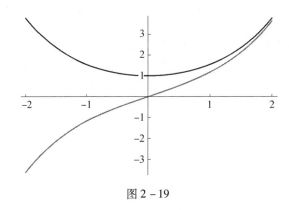

图 2 - 19

**实验 2 - 6**

用函数 $y = x\cos(x^2)$ 在 $x_0 = 2.0$ 的增量 $\Delta y$ 与微分 $dy$ 的取值情况,探索函数增量与微分的关系,以及近似计算公式使用的注意事项。

**实验参考**

```
In[1]:=f[x_]:=x*Cos[x^2]
In[2]:=f1[x_]:=f'[x]
In[3]:=x0=2.0
In[4]:=Table[f[x0+h] f[x0] f1[x0]*h,{h,0.1,0,-0.005}]
Out[4]={0.141826,0.126511,0.115785,0.103663,0.092156,0.0812772,
0.0710377,0.0614484,0.525198,0.0442618,0.0366837,0.0297945,0.236024,
0.0181154,0.133407,0.0092852,0.00595522,0.00335659,0.0149467,
0.000374342,0.}
```

计算结果给出的一组数表是按自变量增量 $\Delta x = h$ 来取值,由 $h = 0.1$ 开始,每次减少 0.005 直到 $h = 0$ 算出的函数 $y = x(\cos(x^2))$ 在 $x_0 = 2.0$ 的增量 $\Delta y$ 与微分 $dy$ 的差值,从计算结果可以看到,当自变量增量 $\Delta x = h$ 数值越小时,函数的增量 $\Delta y$ 与微分 $dy$ 的值越接近。因此,得到近似计算公式

$$f(x + \Delta x) \approx f(x) + f'(x)\Delta x$$

**实验 2 - 7**

(1) 共振的研究得出了下列函数族

$$y = \frac{1}{(1 - x^2)^2 + 2ax^2}, \quad x \geqslant 0, a > 0$$

① 求临界点,并将它们分类,再解释为什么对于 $0 < a < 1$,该曲线族最令人感兴趣。

② 证明对于 0 近旁的 $a$,在大约 $\left\{1, \dfrac{1}{2a}\right\}$ 处有一个临界点。

③ 在同一坐标系下,画出 $a = 0.05, 0.10, 1.0$ 和 $3.0$ 的曲线,且一并画出 $a = 0$ 的曲线 $y = \dfrac{1}{(1 - x^2)^2}$。

④ 参数 $a$ 的几何意义是什么?

(2) 考虑一个任意函数 $f(t)$ 在 $0 \sim T$ 之间的平均值 $a(T)$,解释为什么 $a(t)$ 的局部极小值和极大值发生在 $a(t)$ 和 $f(t)$ 两图像相交的值 $T$ 处。

**实验参考**

首先观察函数随 $a$ 的变化而变化的情况。

(1) `f[x_,a_]:=1/((1-x^2)^2+2a x^2)`

`Manipulate[Plot[f[x,a],{x,-(3/2),3/2},PlotRange→{0,3}],{{a,1},0,2}]`

或:

`Manipulate[Plot[f[x,a],{x,0,5}],{a,0,3}]`(图 2-20)

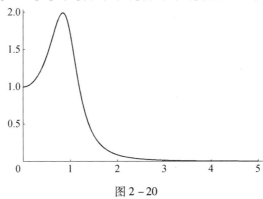

图 2-20

① `Plot[Evaluate[Table[f[x,a],{a,0.1,1,0.1}]],{x,0,2}]`

② 略。

③ `Plot[Evaluate[Table[f[x,a],{a,{0.05,0.10,1.0,3.0,0}}]],{x,0,2}]`

④ 观察图 2-21,图 2-22,图 2-23 知:$f[x,a] = 1/((1-x^2)^2+2a x^2)$ 在 $0 <= a < 1$ 时,是双峰函数,$a > 1$ 时,是单峰函数,曲线在 $a = 1$ 附近发生突变。

`Manipulate[Plot[f[x,a],{x,-(3/2),3/2},PlotRange→{0,5}],{{a,1},0,2}]`

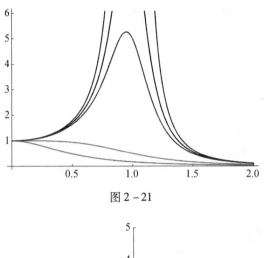

图 2 - 21

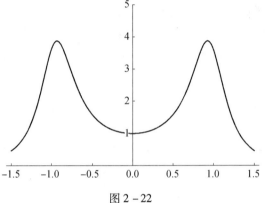

图 2 - 22

(2)

```
a[t_]:=(1/t) Integrate[x Sin[x],{x,0,t}]
f[t_]:=t Sin[t];
Plot[{a[t],f[t]},{t,0.01,2 Pi},PlotStyle→{{Thickness[0.005]},
{Dashing[{0.03,0.02}]}}]
```

**实验 2 - 8　梯子长度问题**

(1) 一幢楼房的后面是一个很大的花园。在花园中紧靠着楼房有一个温室,温室伸入花园宽 2m,高 3m,温室正上方是楼房的窗台(图 2 - 24)。清洁工打扫窗台周围,他得用梯子越过温室,一头放在花园中,一头靠在楼房的墙上。因为温室是不能承受梯子压力的,所以梯子不能太短。现清洁工只有一架 7m 长的梯子,你认为它能达到要求吗? 能满足要求的梯子的最小长度为多少?

(2) 设温室宽为 $a$,高为 $b$,梯子倾斜的角度为 $x$,当梯子与温室顶端 $A$ 处恰好接触时,梯子的长度 $L$ 只与 $x$ 有关。试写出函数 $L(x)$ 及定义域。

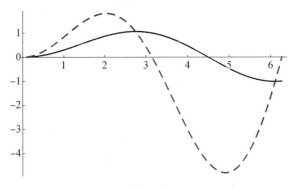

图 2-23

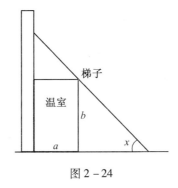

图 2-24

（3）在 Mathematica 环境, 先用命令 Clear[x]清除 $x$ 的值, 再定义函数 $L(x)$, 并求导。

（4）将 $a$、$b$ 赋值, 画出 $L(x)$ 的图形。注意自变量 $x$ 的范围选取。

（5）求驻点, 即求方程 $L'(x)=0$ 的根, 并计算函数在驻点的值。

（6）观测图形, 选取初始点, 用 FindMinimum 直接求 $L(x)$ 的极小值。并与 （5）的结果比较。

（7）取 $a=2, b=2.8$, 重新运行程序, 结果如何?

**实验参考**

（1）动态观测梯子长度随倾角变化的变化情况, 输入程序（画温室棚子和 梯子）

```
Peng = Graphics[{RGBColor[0,0,1],Rectangle[{0,0},{2,3}]}];
Manipulate[x0 = 2 + 3/Tan[0.6 + 0.01 n]; y0 = 3 + 2 * Tan[0.6 + 0.01 n];
long = Sqrt[x0 * x0 + y0 * y0];long0 = 100;Which[long < long0,long0 = long];
ti = Graphics[{RGBColor[1,0,0],Line[{{0,y0},{x0,0}}]}]; Show[Peng,ti,
Axes→True,PlotRange→{{0,7},{0,7}},AspectRatio→1],{n,1,50}]
```

```
Print["the shortest = = = = ",long0]
```

(2)～(7)略。

**实验 2 – 9**

(1) 取 $a = 1.8$,在只用 6.5m 长梯子的情况下,温室最多能修建多高?

(2) 一条 1m 宽的通道与另一条 2m 宽的通道相变成直角,一个梯子需要水平绕过拐角,试问梯子的最大长度是多少?

(3) 在医院的外科手术室,往往需要将病人安置到活动病床上,沿走廊推到手术室或送回病房。然而有的医院走廊较窄,病床必须沿过道推过直角拐角(图 2 – 26)。设标准病床长 2 米,宽 1 米,拐弯前的过道宽 1.5 米,拐弯后的过道宽 1.2 米,问标准的病床能否安适地推过拐角?

**实验参考:**

(1) 略。

(2) 设绕过拐角的只是梯子的一条边而忽略其宽度。携梯绕过拐角时,为了通过尽可能长的梯子,梯子不仅恰好触到通道边墙($A$ 与 $C$ 处),而且要恰好触到 $B$ 处的拐角。为此我们来画出几条线段(图 2 – 25)。

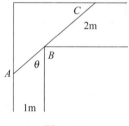

图 2 – 25

要求绕过通道拐角的最长梯子,解决方法就是求线段 $ABC$ 的最大长度,将长度 $L$ 表示成该线段与窄通道墙壁所成角度 $\theta$ 的函数。

$$l = AB + BC = \frac{1}{\sin\theta} + \frac{2}{\cos\theta}, \quad 0 < \theta < \frac{\pi}{2}$$

$\dfrac{\mathrm{d}l}{\mathrm{d}\theta} = -\dfrac{1}{\sin^2\theta}(\cos\theta) - \dfrac{2}{\cos^2\theta}(-\sin\theta)$,令 $\dfrac{\mathrm{d}l}{\mathrm{d}\theta} = 0$,有

$$2\sin^3\theta = \cos^3\theta \Rightarrow \tan\theta = \sqrt[3]{0.5}, \quad \theta \approx 0.67 \text{ 弧度}$$

因而 $l = \dfrac{1}{\sin(0.67)} + \dfrac{2}{\cos(0.67)} \approx 4.16$,梯子最长 4.16 米,否则不能绕过拐角。

(3)

$$p = (a - q\sin x)\sec x + (b - q\cos x)\csc x$$

令 $S = pq, S = q(a - q\sin x)\sec x + (b - q\cos x)\csc x$

令 $\begin{cases} \dfrac{\partial S}{\partial q} = 0 \\ \dfrac{\partial S}{\partial x} = 0 \end{cases}$，则 $\begin{cases} q = \dfrac{ab}{\sqrt{a^2 + b^2}} \\ p = \sqrt{a^2 + b^2} \end{cases}$。

设标准病床长 2m，宽 1m，即 $p = 2, q = 1$；拐弯后的过道宽 1.2m，而拐弯前的过道宽 1.5m，即 $a = 1.2, b = 1.5$。由方程得到能通过拐角的病床最大尺寸是：$p = 1.92m, q = 0.94m$，所以标准病床过不去。

或：

建立平面直角坐标系如图 2 – 26 所示，可得：

1）病床各顶点的坐标

$$A(d(\theta)\sin\theta, p\sin\theta + d(\theta)\cos\theta)$$
$$B(p\cos\theta + d(\theta)\sin\theta, d(\theta)\cos\theta)$$
$$C(p\cos\theta, 0)$$
$$D(0, p\sin\theta)$$

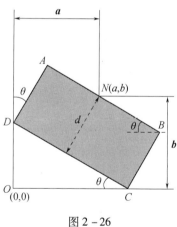

图 2 – 26

2）直线 $CD$ 的方程（$p$ 为病床长度）

$$\frac{x}{p\cos\theta} + \frac{y}{p\sin\theta} = 1$$

3）点 $N$ 到直线 $CD$ 的距离

$$d(\theta) = a\sin\theta + b\cos\theta - p\sin\theta\cos\theta$$

绘出的图像（$b = 1.2, a = 1.5, p = 2$ 时）

$d[\theta\_]:=a\mathrm{Sin}[\theta]+b\mathrm{Cos}[\theta]-p\mathrm{Sin}[\theta]\mathrm{Cos}[\theta]$

$\mathrm{Plot}[d[\theta],\{\theta,0,\pi/2\},\mathrm{PlotRange}\rightarrow\mathrm{Automatic}]$（图2-27）

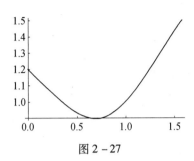

图2-27

计算拐角允许通过病床的最大宽度 $d$

$\mathrm{Minimize}[\{d[\theta],\theta>0\&\&<\pi/2\},\theta]$

结果：$d=0.8984$；$\theta=0.6833$（长为2米、宽为1米的病床不能通过拐角）。

利用函数 $\mathrm{Manipulate}$、$\mathrm{Graphics}$、$\mathrm{Line}$ 可绘出动态图形。如：

$\mathrm{Manipulate}[\mathrm{Graphics}[\{$

$\mathrm{Line}[\{\{d[\theta]\mathrm{Sin}[\theta],p\mathrm{Sin}[\theta]+d[\theta]\mathrm{Cos}[\theta]\},\{0,p\mathrm{Sin}[\theta]\}\}],$

$\mathrm{Line}[\{\{d[\theta]\mathrm{Sin}[\theta],p\mathrm{Sin}[\theta]+d[\theta]\mathrm{Cos}[\theta]\},\{p\mathrm{Cos}[\theta]+d[\theta]\mathrm{Sin}[\theta],d[\theta]$

$\mathrm{Cos}[\theta]\}\}],$

$\mathrm{Line}[\{\{p\mathrm{Cos}[\theta],0\},\{p\mathrm{Cos}[\theta]+d[\theta]\mathrm{Sin}[\theta],d[\theta]\mathrm{Cos}[\theta]\}\}],$

$\mathrm{Line}[\{\{p\mathrm{Cos}[\theta],0\},\{0,p\mathrm{Sin}[\theta]\}\}],$

$\mathrm{Line}[\{\{0,0\},\{a+1,0\}\}],$

$\mathrm{Line}[\{\{0,0\},\{0,a+1\}\}],\mathrm{Line}[\{\{a,b\},\{a,a+1\}\}],$

$\mathrm{Line}[\{\{a,b\},\{a+1,b\}\}]\}],\{\theta,0.01,0.683274\}]$

## 2.3　积分与积分的应用

本实验复习定积分的概念，在 Mathematica 环境下学习各种积分的计算，学习分析、解决实际应用问题。

### 2.3.1　动画演示

**例2-23**　以 $\int_0^2(x^2+1)\mathrm{d}x$ 为例，从图形观察积分和与定积分的关系。

用小矩形面积的和逼近曲边梯形的面积（图2-28）。

**解**：输入以下程序可以动画演示小矩形面积和逼近曲边梯形面积的情况。

```
Module[{f,a,b,g,l,t1,t2},
f[x_]:=x^2+1;
a=0;b=2;
g=Plot[f[x],{x,a,b},PlotStyle→{Red}];
Manipulate[l=(b-a)/n;
t1=Table[Graphics[{Green,Rectangle[{x,0},{x+1,f[x+1]}]}],{x,
a,b,1}];
t2=Table[Graphics[{Blue,Rectangle[{x,0},{x+1,f[x]}]}],{x,a,b,
1}];
Show[g,t1,t2,g,Axes→True,PlotLabel→n"Points Figure"],{{n,15},2,
30,1}]
]
```

15 Points Figure

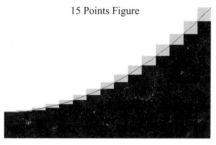

图 2 – 28

**例 2 – 24**　以 $\int_0^{\frac{\pi}{2}} \sin x \mathrm{d}x$ 为例, 从图形观察积分黎曼和与定积分的关系(图 2 – 29)。

**解:** 用小梯形的面积和逼近曲边梯形的面积。输入以下程序可以看见:将区间 $[0, Pi/2]$ 分成 10 等份时, 10 个小曲边梯形面积和的值已很接近曲边梯形面积 $\int_0^{\frac{\pi}{2}} \sin x \mathrm{d}x$。

```
Module[{f,a,b,g,l,t},
f[x_]:=Sin[x];a=0;b=Pi/2;
g=Plot[f[x],{x,a,b},PlotStyle→{Red}];
Manipulate[
l=(b-a)/n;
t=Table[Graphics[{Blue,Polygon[{{x,0},{x,f[x]},{x+1,f[x+1]},{x
+1,0}}]}],{x,a,b,1}];
Show[t,g,Axes→True,PlotRange→{{0,Pi/2},{0,1}},PlotLabel→n"in-
tervals"],{{n,3},2,10,1}]]
```

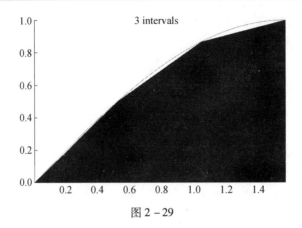

图 2 - 29

## 2.3.2　积分计算

例 2 - 25

(1) 计算二重积分 $\iint\limits_{D}(x+y)\mathrm{d}x\mathrm{d}y, D: x+y \leqslant 1, x \geqslant 0, y \geqslant 0$。

**解**:先画积分区域图,定出积分限,再计算积分值。

```
graph = Graphics[{RGBColor[0,0,0.8],Line[{{1,0},{0,1}}],RGBColor
[1,0,0],Text["x+y=1",{0.53,0.6}]}];
Show[graph,Axes→True]
x = .;y = .;(等于 Clear[x,y])
Integrate[x+y,{x,0,1},{y,0,1-x}]
```

(2) 求 $\iint\limits_{D}(x^2/y^2)\mathrm{d}x\mathrm{d}y$,其中 $D$ 由直线 $x = 2, y = x$ 及曲线 $xy = 1$ 所围的闭区域。

**解**:先画积分区域的图形,再求 $D$ 的边界曲线的交点,最后计算积分。

```
a = ParametricPlot[{2,y},{y,0,3}];
b = Plot[{y=x,y=1/x},{x,0.1,3}];
Show[a,b,PlotRange→{0,2.5},AspectRatio→Automatic]
x = .;y = .;Solve[{x-2 == 0,x-y == 0},{x,y}]
x = .;y = .;Solve[{x-2 == 0,xy-1 == 0},{x,y}]
x = .;y = .;Solve[{x-y == 0,xy-1 == 0},{x,y}]
Integrate[x^2/y^2,{x,1,2},{y,1/x,x}]
```

例 2 - 26　求导数 $\dfrac{\mathrm{d}}{\mathrm{d}x}\displaystyle\int_{\sin x}^{\cos x}\cos(\pi t)^2\mathrm{d}t$。

**解**:

```
In[1]: = D[Integrate[Cos[Pi t^2],{t,Sin[x],Cos[x]}],x]
```

$$Out[1] = \frac{-\sqrt{2}\,Cos[x]Cos[\pi Sin[x]^2] - \sqrt{2}\,Cos[\pi Cos[x]^2]Sin[x]}{\sqrt{2}}。$$

**例 2-27**　设 $f(x) = \begin{cases} 1/(1+x), & x \geqslant 0 \\ 1/(1+e^x), & x < 0 \end{cases}$，求 $\int_0^2 f(x-1)\,dx$。

**解:**

```
In[1]: = f[x_]: = If[x < 0,1/(1 + E^x),1/(1 + x)]
In[2]: = Integrate[f[x - 1],{x,0,2}]
Out[2] = Log[1 + e]
```

## 2.3.3　积分应用

**例 2-28**

（1）求由圆 $r = 3\cos\theta$ 和心形线 $r = 1 + \cos\theta$ 所围图形的面积（图 2-30）。

**解:** 先求出二曲线的交点，及画二曲线的图形。

```
Solve[{r - 3Cos[t] = = 0,r - 1 - Cos[t] = = 0},{r,t}]
f1 = ParametricPlot[{(1 + Cos[t])Cos[t],(1 + Cos[t])Sin[t]},{t,0,
2Pi}];
f2 = ParametricPlot[{3Cos[t]Cos[t],3Cos[t]Sin[t]},{t,0,2Pi}];
Show[f1,f2,AspectRatio→Automatic]
```

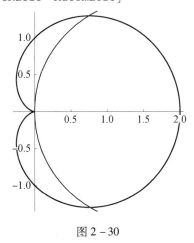

图 2-30

再利用定积分计算曲线所围面积。

```
s1 = Integrate[1 + Cos[t],{t,0,Pi/3}];
s2 = Integrate[3Cos[t],{t,Pi/3,Pi/2}];
s = 2(s1 + s2)//Simplify
```

(2) 求曲线 $\begin{cases} x = \arctan t \\ y = \ln \sqrt{1+t^2} \end{cases}$ 上相应于从 $t=0$ 到 $t=1$ 的一段弧长。

**解**:先画曲线的图形。

```
ParametricPlot[{ArcTan[t],(1/2)Log[1+t^2]},{t,-2,2},AspectRa-
tio→Automatic]
```

再用定积分计算曲线的弧长。

```
dx=D[ArcTan[t],t]; dy=D[Log[1+t^2]/2,t];
L=Integrate[Sqrt[dx^2+dy^2],{t,0,1}]//N
```

**例 2-29**　通过分割求体积。计算古埃及大金字塔的体积(以 $m^3$ 为单位)。设金字塔塔基的形状为一 230m×230m 的正方形,塔高为 125m。

**解**:因为塔基底边长为 $b$,高为 $h$ 的金字塔的体积公式为 $V = \dfrac{1}{3}b^2 h$。

视金字塔为从塔基开始一层层向上建造起来的,每一层都是厚度为 $\Delta h$ 的正方形($\Delta h$ 为 $h$ 的微小改变量)。设底层是厚度为 $\Delta h$ 的 230m×230m 的正方形平板,当我们向塔的顶端移动时,每一层正方形平板的边长 $s$ 变得越来越小,每一层的体积近似等于 $s^2 \Delta h$(因为平板的侧面不是垂直的),其中 $s$ 的变化范围是从底层的 230m 到塔顶的 0m(图 2-31)。

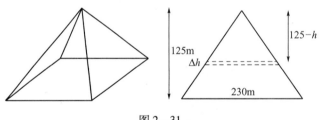

图 2-31

我们将每一薄层的体积 $s^2 \Delta h$ 加起来作为金字塔总体积 $V$ 的近似值,由如图 2-32 的相似三角形可知:$s/230 = (125-h)/125$,于是 $s = (230/125)(125-h)$,所以总体积就近似为

$$V \approx \sum_{i=1}^{n} s_i{}^2 \Delta h_i = \sum_{i=1}^{n} \Big[ \Big(\frac{230}{125}\Big)(125-h_i) \Big]^2 \Delta h_i \,(\mathrm{m}^3)$$

当每一层的厚度 $\Delta h_i = h/n$ 都趋于 0 时,上面的和式就是一个定积分(试取 $n$ 为某特定值时,计算和式的数值)。所以金字塔的体积为

$$V = \int_0^{125} \Big[ \Big(\frac{230}{125}\Big)(125-h) \Big]^2 \mathrm{d}h = \Big(\frac{230}{125}\Big)^2 \int_0^{125} (125-h)^2 \mathrm{d}h$$

$$= \left(\frac{230}{125}\right)^2 \left[-\frac{(125-h)^3}{3}\right]_0^{125} = \frac{1}{3}\left(\frac{230}{125}\right)^2 (125)^3 \approx 2.2 \times 10^6 (\text{m}^3)$$

即 $V = \frac{1}{3}(230)^2(125) = \frac{1}{3}b^2 \cdot h$，这是要求的结果。

**例 2 – 30**　研究无穷积分 $\int_1^\infty \frac{(\sin x)+3}{\sqrt{x}} \mathrm{d}x$ 的收敛性。

**解**：因为求被积函数的原函数很困难，因此，试一试比较法。考虑当 $x \to \infty$ 时被积函数的变化情况。由于 $\sin x$ 在 $-1$ 和 $1$ 之间振荡，所以

$$\frac{2}{\sqrt{x}} = \frac{-1+3}{\sqrt{x}} \leqslant \frac{(\sin x)+3}{\sqrt{x}} \leqslant \frac{1+3}{\sqrt{x}} = \frac{4}{\sqrt{x}}$$

被积函数在 $\frac{2}{\sqrt{x}}$ 和 $\frac{4}{\sqrt{x}}$ 之间振荡（图 2 – 32）。

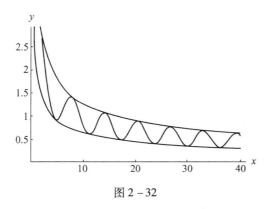

图 2 – 32

图像表明：不等式 $\frac{2}{\sqrt{x}} \leqslant \frac{(\sin x)+3}{\sqrt{x}}$ 在积分区间内处处成立，所以对于所有 $b \geqslant 1$，有 $\int_1^b \frac{2}{\sqrt{x}} \mathrm{d}x \leqslant \int_1^b \frac{(\sin x)+3}{\sqrt{x}} \mathrm{d}x$。

因为无穷积分 $\int_1^\infty \frac{2}{\sqrt{x}} \mathrm{d}x$ 发散，所以无穷积分 $\int_1^\infty \frac{(\sin x)+3}{\sqrt{x}} \mathrm{d}x$ 也发散。

## 2.3.4　实验内容与要求

**实验 2 – 10**

（1）将有理真分式 $f(x) = \frac{7x^{13}+10x^8+4x^7-7x^6-4x^3-4x^2+3x+3}{x^{14}-2x^8-2x^7-2x^4-4x^3-x^2+2x+1}$ 分解为

部分真分式之和,计算不定积分 $\int f(x)\,\mathrm{d}x$;并画图研究 $f(x)$ 与 $\int f(x)\,\mathrm{d}x$ 之间特征。

（2）计算

① $\int_0^{\pi/2} \sqrt{1 - 2\sin x^2}\,\mathrm{d}x$ , $\int_0^1 (\sin x / x)\,\mathrm{d}x$

② $\dfrac{1}{\sqrt{2\pi}} \int_{-\infty}^{+\infty} e^{-x^2/2}\,\mathrm{d}x$ ; $\quad \int_1^{+\infty} \dfrac{e^{-\sqrt{t}}}{t^{1/4}(1 - e^{-\sqrt{t}})}\,\mathrm{d}t$

③ 计算 $\iint\limits_D e^{-(x^2+y^2)}\,\mathrm{d}x\mathrm{d}y$ ,其中 $D: x^2 + y^2 \leqslant 1$。

④ 计算 $\iiint\limits_\Omega z\,\sqrt{x^2 + y^2}\,\mathrm{d}x\mathrm{d}y\mathrm{d}z$ ,其中 $\Omega$ 由 $2x = x^2 + y^2, z = 0, z - a > 0$ 及 $y > 0$ 围成。

⑤ 计算曲面积分 $\iint\limits_\Sigma z\mathrm{d}x\mathrm{d}y$ ,其中 $\Sigma$ 为球面 $x^2 + y^2 + z^2 = a^2$ 的上半部分外侧。

**实验参考:**

（1）

1）例:将有理分式作因式分解,再化成最简分式之和。

```
Factor[(x^3 + 2x + 1)/(x^3 + x^2 + x + 1)]
Apart[% ]
(1 +2 x +x^3)/((1 +x) (1 +x^2))
1 -1/(1 +x) +1/(1 +x^2)
```

2）思考:

```
Factor[(3 + 3 x − 4 x^2 − 4 x^3 − 7 x^6 + 4 x^7 + 10 x^8 +
    7 x^13)/(1 + 2 x − x^2 − 4 x^3 − 2 x^4 − 2 x^7 − 2 x^8 + x^14)]
 = (3 + 3 x − 4 x^2 − 4 x^3 − 7 x^6 + 4 x^7 + 10 x^8 + 7 x^13)/(1 + 2
x − x^2 − 4 x^3 − 2 x^4 − 2 x^7 − 2 x^8 + x^14)
```

输入

```
Integrate[(3 +3 x −4 x^2 −4 x^3 −7 x^6 +4 x^7 +10 x^8 +7 x^13)/(1 +2
x −x^2 −4 x^3 −2 x^4 −2 x^7 −2 x^8 +x^14),x](或简单输入 Apart[% ])。
```

输出

```
1/2 ((1 + Sqrt[2]) Log[
    1 + x + Sqrt[2] x + Sqrt[2] x^2 − x^7] − (−1 + Sqrt[
    2])Log[ −1 + (−1 + Sqrt[2]) x + Sqrt[2] x^2 + x^7])
```

3）画图研究 $f(x)$ 与 $\int f(x)\,\mathrm{d}x$ 之间特征(图 2 - 33):

```
f[x_] := (3 + 3 x - 4 x^2 - 4 x^3 - 7 x^6 + 4 x^7 + 10 x^8 +
    7 x^13)/(1 + 2 x - x^2 - 4 x^3 - 2 x^4 - 2 x^7 - 3 x^8 + x^14)
df[x_] :=
  1/2 ((1 + Sqrt[2]) Log[
        1 + x + Sqrt[2] x + Sqrt[2] x^2 - x^7] - (-1 + Sqrt[
        2]) Log[ -1 + (-1 + Sqrt[2]) x + Sqrt[2] x^2 + x^7]);
Plot[{f[x], df[x]}, {x, 0, 5.},
PlotStyle → {{Thickness[0.004]}, {Dashing[{0.03, 0.02}]}}]
```

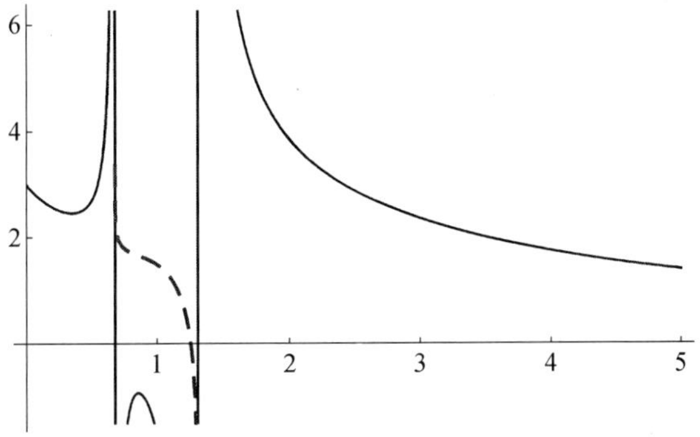

图 2 - 33

这图说明了什么?

(2)

①②略。

③ 用换元法

```
x = r * Cos[t]; y = r * Sin[t]; z = E^(-x^2 - y^2);
Integrate[z * r, {r, 0, 1}, {t, 0, 2 Pi}]
```

④ 用换元法

```
x = r * Cos[t]; y = r * Sin[t]; f = z * Sqrt[x^2 + y^2];
Integrate[f * r, {t, 0, Pi/2}, {r, 0, 2 Cos[t]}, {z, 0, a}]
```

⑤ 用换元法

```
x = r * Cos[t]; y = r * Sin[t]; z = Sqrt[a^2 - x^2 - y^2]; f = Simplify[z *
r];
  Integrate[f, {t, 0, 2 Pi}, {r, 0, a}]
```

**实验 2 - 11**

(1) 将星形线 $\begin{cases} x = a\cos^3 t \\ y = a\sin^3 t \end{cases}, 0 \leqslant t \leqslant 2\pi$ 所围成的图形绕 $x$ 轴旋转一周,计算所得旋转体体积。

93

(2) 利用极坐标计算 $\int_0^1 \mathrm{d}x \int_{1-x}^{\sqrt{1-x^2}} (x^2 + y^2) \,\mathrm{d}y$。

(3) 求由曲面 $z = x^2 + 2y^2$ 及 $z = 6 - 2x^2 - y^2$ 所围立体体积。

**实验参考：**

(1) 给出星形线参数方程,计算旋转体体积。

```
x[t_]:=a*(Cos[t])^3;y[t_]:=a*(Sin[t])^3;
dx=D[x[t],t]
v=2 Integrate[Pi*(y[t])^2*dx,{t,0,Pi/2}]
```

(2) 画图确定积分区域,确定极坐标系下的积分限。

```
f1=Sqrt[1-x^2];f2=1-x;
Plot[{f1,f2},{x,-1,2},AspectRatio→Automatic,AxesLabel→{"x","y"}]
Integrate[r^3,{t,0,Pi/2},{r,1/(Cos[t]+Sin[t]),1}]
```

(3) 给出两曲面的双参数方程,并画图,求两曲面所围立体在 *xoy* 面的投影(图 2 - 34)。

```
t1=ParametricPlot3D[{u*Sin[v],u*Cos[v]/Sqrt[2],u^2},{u,0,2},
{v,0,2 Pi}]
t2=ParametricPlot3D[{u*Sin[v]/Sqrt[2],u*Cos[v],6-u^2},{u,0,
2},{v,0,2 Pi}]
Show[t1,t2]
```

利用柱坐标计算立体体积。

```
z1=x^2+y^2;z2=6-2x^2-y^2;Simplify[z2-z1==0];
x=r Cos[t];y=r Sin[t];
V=Integrate[(z2-z1)*r,{t,0,2 Pi},{r,0,Sqrt[2]}]=7Pi.
```

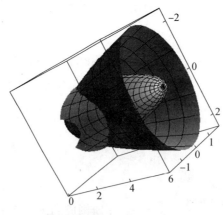

图 2 - 34

**实验 2 - 12**

（1）探索定积分的近似计算方法。

定积分的基本思想是分割、近似（以不变代变）、求和（积零为整）、取极限四个部分。$\int_a^b f(x)\,\mathrm{d}x$ 的几何意义是由 $y=f(x)$，$y=0$，$x=a$，$x=b$ 所围成的曲边梯形面积（代数和）。矩形方法就是用小矩形面积代替小曲边梯形的面积，然后求和，以获得定积分的近似值。试选择一个简单的定积分题目。利用定积分近似计算的矩形公式计算之，观察后者随着节点的增多，计算值与准确值的误差变化。

（2）求通信卫星覆盖面积。

一颗地球同步轨道卫星的轨道位于地球的赤道平面内，且可以近似认为是圆形轨道，卫星与地球同步运行，卫星运行的角速度与地球自转的角频率相同 $\left(\omega=\dfrac{2\pi}{24\times3600}\right)$。设地球半径 $R=6.4\times10^6\mathrm{m}$，试计算卫星距离地表面的高度 $h$ 及通信卫星的覆盖面积。

**实验参考**

（1）

如果定积分 $\int_a^b f(x)\,\mathrm{d}x$ 存在，可用积分和计算其近似值，如：

$$\int_a^b f(x)\,\mathrm{d}x \approx \frac{b-a}{n}\sum_{i=1}^n f(x_i), \quad x_i=a+ih, h=\frac{b-a}{n}$$

下面对定积分 $\int_0^1 x\sin x\,\mathrm{d}x$，观察用矩形公式计算的情况。

```
In[1]:= f[x_]:= x * Sin[x]
In[2]:= a = 0; b = 1; h = b - a; s1 = NIntegrate[f[x],{x,0,1}];
In[3]:= s[n_]:= h * Sum[f[a + i * h/n],{i,1,n}]/n
In[4]:= Table[{n,N[s[n] - s1,10]},{n,100,250}]
Out[4]= {{100,0.004218869744},{101,0.004176985876},…
```

计算使用了细分积分区间，份数为 $100\sim250$，然后采用矩形公式进行计算。从输出结果的列表中可以看到：随着积分区间份数的增多，用矩形公式进行计算的定积分近似值与准确值的误差是越来越小的，但减小的速度很慢。如果读者想得到更好的计算定积分的近似计算公式，可以参考数值积分的内容。

（2）

设地球的质量为 $M$，通信卫星的质量为 $m$，地表的重力加速度为 $g=9.8\mathrm{m/s^2}$，由万有引力定律知通信卫星所受到的引力为 $G\dfrac{Mm}{(R+h)^2}$，其中 $G$ 为万有引力常数。于是,由牛顿定律有 $F = m\omega^2(R+h) = G\dfrac{Mm}{(R+h)^2}$,从而 $(R+h)^3 = \dfrac{R^2 g}{\omega^2}$,$h = \sqrt[3]{\dfrac{R^2 g}{\omega^2}} - R$。

此时通信卫星覆盖地球面积为 $A = \iint\limits_{\Sigma}\mathrm{d}s$,其中 $\Sigma$ 为球面 $x^2 + y^2 + z^2 = R^2(z \geqslant 0)$ 被圆锥面(圆锥半顶角 $\alpha$)所截的部分,如图 2 – 35 所示。

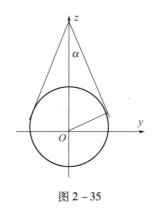

图 2 – 35

由于 $\Sigma$ 在 $xoy$ 面上的投影区域为 $D{:}x^2 + y^2 \leqslant R^2 \cos^2\alpha\,(\alpha + \beta = \pi/2)$,故

$$A = \iint\limits_{D}\sqrt{1 + z_x^2 + z_y^2}\,\mathrm{d}x\mathrm{d}y = \iint\limits_{D}\frac{R}{\sqrt{R^2 - x^2 - y^2}}\mathrm{d}x\mathrm{d}y$$

$$= \int_0^{2\pi}\mathrm{d}\theta\int_0^{R\cos\alpha}\frac{R}{\sqrt{R^2 - r^2}}r\mathrm{d}r \approx 2.18458 \times 10^{14}\,\mathrm{m}^2$$

其中 $\sin\alpha = \dfrac{R}{R+h}$,$\cos\alpha = \sqrt{1 - \left(\dfrac{R}{R+h}\right)^2}$,故 $A = 2\pi R^2\dfrac{h}{R+h}$,记 $S = 4\pi R^2$ 为地球的表面积,$k = \dfrac{h}{2(R+h)}$ 为卫星覆盖地球面积与地球表面的比例系数。将 $R,g,\omega$ 的值代入,可得 $h = 3.594 \times 10^7$,$k = 0.424$,即一颗卫星可以覆盖地球表面积的 42.4%,使用三颗相间 $2\pi/3$ 的卫星可以覆盖全部地球表面。

操作参考

```
In[1]: = R = 6.4 * 10^6;
w = 2 * Pi/(24 * 3600); g = 9.8;
h = (g * R^2/w^2)^(1/3) - R;
L = R * Sqrt[1 - R^2/(R + h)^2];
A1 = Integrate[2 * Pi * R * r/Sqrt[(R^2 - r^2)],{r,0,L}]
```

```
A2 = 2 * Pi * h * R^2 / (R + h)
Out[1] =
A1 = 2.18458 ×10^14
A2 = 2.18458 ×10^14
```

**实验 2 - 13**　最速降线问题

$A, B$ 是重力场中给定的两点, $A$ 点高于 $B$ 点(图 2 - 36)。一个在 $A$ 点静止的质点在重力作用下沿着怎样的路线 $L$ 无摩擦地从 $A$ 点滑到 $B$ 点, 才能使所花费的时间 $T$ 最短?

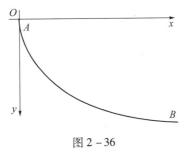

图 2 - 36

**实验参考:**

对从 $A$ 到 $B$ 的任一条曲线 $L : y = f(x), x \in [0, a]$, 计算质点沿此曲线由 $A$ 到 $B$ 所花的时间 $T$。不妨以 $A$ 为原点, 以向下的方向为 $y$ 轴正方向, 建立平面直角坐标系如图 2 - 37 所示。

设质点从 $A$ 到 $B$ 沿着曲线 $L : y = f(x) (x \in [0, a])$ 滑动; 所花的时间为 $T = T(L)$ (依赖于 $L$ 的选取), 在曲线 $L$ 上点 $P(x, y)$ 的速度为 $v_p = \sqrt{2gy}$ (也可取 $v_p = \sqrt{y}$, 这样使质点沿每条路线运行的总时间都扩大了 $\sqrt{2g}$ 倍, 最速降线仍然是最速降线)。

**注:** 若沿直线段 $\overline{AB}$ 是匀加速运动, 点 $A, B$ 的速度分别是 $v_A = 0$ 与 $v_B = \sqrt{2gh}$, 则质点在整个直线段 $\overline{AB} y = \dfrac{h}{a} x$ 的平均速度为 $\bar{v} = (v_A + v_B) / 2$, 质点滑过直线 $\overline{AB}$ 的时间为 $T = \dfrac{|AB|}{\bar{v}} = \dfrac{2 \sqrt{a^2 + h^2}}{\sqrt{v_a + v_b}} = \sqrt{\dfrac{2(a^2 + h^2)}{gh}}$。

采用定积分的积分元素法计算时间:

(1) 分割 $x$ 的取值区间 $[0, a]$, 在 $(0, a)$ 内插入 $n - 1$ 个分点 $x_i (1 \leq i \leq n - 1)$ 使 $0 = x_0 < x_1 < \cdots < x_{n-1} < x_n = a$, 将 $[0, a]$ 区间分成了 $n$ 个小区间段 $\Delta_i = [x_{i-1}, x_i]$, 若是 $n$ 等分, 则所有的 $d_i = x_i - x_{i-1} = a / n, 0 \leq i \leq n$。

相应地曲线 $L$ 被分点 $A_i(x_i, y_i) (0 \leq i \leq n)$ 分成 $n$ 个小曲线段 $L_i = \overset{\frown}{A_{i-1} A_i} : y$

$= f(x)$，$x \in [x_{i-1}, x_i]$（$0 \leqslant i \leqslant n$）。注意 $y_0 = 0$ 和 $y_n = h$ 不能改变，$A_0 = A$ 和 $A_n = B$ 是固定点，而其余点 $A_i$ 及其纵坐标 $y_i$ 随着曲线 $L$ 的不同选取而改变。

（2）近似：如果分点比较多，$n$ 就比较大，每个 $d_i = x_i - x_{i-1} = a/n$ 就比较小，则 $L_i = \overset{\frown}{A_{i-1}A_i}$ 可用直线段 $\overline{A_{i-1}A_i}$ 来近似。设质点在 $A_{i-1}$，$A_i$ 两点的速度分别是 $\sqrt{2gy_{i-1}}$，$\sqrt{2gy_i}$（见上页的注），在直线段 $\overline{A_{i-1}A_i}$ 内的平均速度为（$\sqrt{2gy_{i-1}} + \sqrt{2gy_i}$）$/2$，则质点经过小段直线段 $\overline{A_{i-1}A_i}$ 的时间是

$$T_i = \frac{2\sqrt{d_i^2 + (y_i - y_{i-1})^2}}{\sqrt{2gy_i} + \sqrt{2gy_{i-1}}}$$

（3）求和取极限：总时间 $T$ 的近似值为 $T \approx \sum_{i=1}^{n} T_i$；取极限得到质点经曲线 $L$ 的总时间为

$$T = \lim_{n \to \infty} \sum_{i=1}^{n} T_i = \lim_{n \to \infty} \sum_{i=1}^{n} \frac{2\sqrt{d_i^2 + (y_i - y_{i-1})^2}}{\sqrt{2gy_i} + \sqrt{2gy_{i-1}}} = \int_0^a \sqrt{\frac{1 + (y'_x)^2}{2gy}} \, dx$$

$$(2-1)$$

如果，曲线用参数方程 $x = x(u)$，$y = y(u)$，$u \in [u_0, u_a]$ 给出，其中 $x$ 是 $u$ 的增函数，则 $T = \int_{u_0}^{u_a} \sqrt{\frac{(x'(u))^2 + (y'(u))^2}{2gy(u)}} \, du$。

（4）寻找最速降线。

总时间 $T$ 依赖于曲线 $L$ 的选取。取定一个 $n$，在区间 $[0, a]$ 中插入 $n$ 等分点 $x_i = i\frac{a}{n}x_k$（$0 \leqslant i \leqslant n$），从而在曲线上得到相应的 $n-1$ 个分点 $A_i(x_i, y_i)$，则 $L$ 可用折线段 $AA_1, A_1A_2, \cdots, A_{n-1}B$ 来近似，而 $T$ 用积分和 $t$ 来近似，$t$ 是各分点 $A_i$ 的纵坐标 $y_i$（$0 \leqslant i \leqslant n$）的函数。

$$t = t(y_1, y_2, \cdots, y_{n-1}) = \sum_{i=1}^{n} \frac{2\sqrt{d_i^2 + (y_i - y_{i-1})^2}}{\sqrt{2gy_i} + \sqrt{2gy_{i-1}}} \qquad (2-2)$$

此时，求解积分问题（2-1）就变成求 $n-1$ 元函数式（2-2）的最小值问题。

**实验 2-14**

（1）对从 $A$ 到 $B$ 的(i)直线段，(ii)圆弧，(iii)抛物线段，计算所花时间 $T$ 的近似值。比较质点沿着上述哪一种曲线从 $A$ 到 $B$ 所花的时间更少。由于从 $A$ 到 $B$ 的圆弧和抛物线段都不是唯一的，你可以尝试不同的选择方案，看哪一种更好。会不会还有另一种曲线，使时间进一步减少？

（2）取定一组 $a,h$ 值,用 Mathematica 求多元函数最小值的语句求 $n-1$ 元函数 $t=t(y_1,y_2,\cdots,y_{n-1})$ 的最小值 $t_{\min}=t(y_1^*,y_2^*,\cdots,y_{n-1}^*)$。为此,首先选定一个 $n$ 值,比如选 $n=21$。利用 Mathematica 语句定义出 $T$ 依赖于 20 个变量 $y_1,y_2,\cdots,y_{20}$ 的表达式。还要选定自变量 $(y_1,y_2,\cdots,y_{20})$ 的一组初始值 $(h_1,h_2,\cdots,h_{20})$。比如,可以取从 $A$ 到 $B$ 的直线段作为初始曲线,以直线 $AB$ 上对应点坐标 $x_i=ih/21(1\leqslant i\leqslant 20)$ 依次作为初始值 $h_1,h_2,\cdots,h_{20}$。然后运行语句:

```
FindMinimum[t,{y1,h1},{y2,h2},…,{y20,h20}]
```

求得最小值点 $(y_1^*,y_2^*,\cdots,y_{n-1}^*)$。

依次将点 $A(0,0),A1(d,y_1*),A2(2d,y_2*),\cdots,A20(20d,y_{20}*),B(21d,h)$ 连成折线或光滑曲线,画图就得到从 $A$ 到 $B$ 的最速降线的近似形状。

（3）取不同的 $a,h$ 值,观察所得的结果。特别取一组比值 $h/a$ 很小的 $a,h$,观察最速降线先下降后上升的情形。

**实验参考**

（1）略。

（2）

```
a = 10;h = 7;n = 16;d = a/n;
f1[x_]:= Sqrt[x]* h/Sqrt[a];
f[u_,v_,w_]:= Sqrt[(u)^2 +(v - w)^2]/(Sqrt[v] + Sqrt[w]);
n = 16;fig1 = {};
Do[AppendTo[fig1,Line[{{a/n* i,0},{a/n* i, - f1[a/n* i]}}]],{i,1,
n}];
fig = Plot[ - f1[x],{x,0,a}];
Show[fig,Graphics[fig1]]
```

```
g[y0_,y1_,y2_,y3_,y4_,y5_,y6_,y7_,y8_,y9_,y10_,y11_,y12_,y13_,y14_,
y15_]:= Sqrt[(0.5d)^2 + y0^2]/Sqrt[y0] + f[0.5d,y0,y1] + f[d,y1,y2] + f
[d,y2,y3] + f[d,y3,y4] + f[d,y4,y5] + f[d,y5,y6] + f[d,y6,y7] + f[d,y7,y8]
+ f[d,y8,y9] + f[d,y9,y10] + f[d,y10,y11] + f[d,y11,y12] + f[d,y12,y13] + f
[d,y13,y14] + f[d,y14,y15] + f[d,y15,h]
```

```
s = FindMinimum[g[y0,y1,y2,y3,y4,y5,y6,y7,y8,y9,y10,y11,y12,y13,
y14,y15],{y0,0.5d},{y1,d},{y2,2 d},{y3,3 d},{y4,4 d},{y5,5 d},{y6,6 d},
{y7,7 d},{y8,8 d},{y9,9 d},{y10,10 d},{y11,11 d},{y12,12 d},{y13,13 d},
{y14,14 d},{y15,15 d}]
```

```
points = {0};
Do[AppendTo[points,s[[2,m,2]]],{m,1,16}];
```

```
AppendTo[points,h];
curve = {{0,0},{0.5d,-points[[2]]}};
Do[AppendTo[curve,{(m-2)*d,-points[[m]]}],{m,3,18}];
pic1 = ListPlot[curve,Joined→True,AspectRatio→Automatic]
angle = FindRoot[h*t-h*Sin[t]+a*Cos[t]-a,{t,1.2Pi}];t0 = angle
[[1,2]];
r0 = h/(1-Cos[t0]);
pic2 = ParametricPlot[{r0(t0-Sin[t0]),-r0(1-Cos[t0])},{t0,0,
t0},PlotStyle→{RGBColor[1,0,0]},AspectRatio→Automatic]
Show[pic1,pic2]
```
（3）略。

# 2.4　数列与级数

本节学习用 Mathematica 显示级数的部分和,通过画图观察级数的部分和数列的变化趋势;分析幂级数、傅里叶级数的部分和对函数的逼近情况;进行函数值的近似计算,研究级数的收敛性。

Mathematica 的相关命令。

Series[expr,{x,x0,n}]（将 expr 在 $x=x0$ 点展开到 $n$ 阶的幂级数）;

Series[expr,{x,x0,n},{y,y0,m}]（先对 $y$ 展开到 $m$ 阶,再对 $x$ 展开 $n$ 阶幂级数）;

Normal[%]（去掉上一行幂级数的余项后可以求值或画图形）;

Sum[$f_i$,{i,min,max}]（计算和式 $\sum_{i=\min}^{\max} f_i$）;

Sum[$g_k$,{k,1,Infinity}]//N（级数求和）。

## 2.4.1　级数求和

**例 2-31**　计算 $\lim\limits_{n\to\infty}\left(4-\dfrac{4}{3}+\dfrac{4}{5}+\cdots+(-1)^n\dfrac{4}{2n+1}\right)$。

**解**:运行 Sum[(-1)^n*4/(2n+1),{n,0,Infinity}]
得到精确值:π.

运行 N[Sum[(-1)^n*4/(2n+1),{n,0,Infinity}],20]
得到近似:3.1415926535897932385

**例 2-32**　求级数 $\sum\limits_{n=1}^{50} 1/n^2$ 的和,及求级数 $\sum\limits_{n=0}^{+\infty} x^n/n!$ 和函数。

**解:** Sum[1/n^2,{n,1,50}];

N[%]//FullForm

及 Sum[x^n/n!,{n,0,Infinity}](请上机观看计算结果)

**例 2 – 33**　讨论级数 $\displaystyle\sum_{n=1}^{\infty} \frac{(-1)^{n-1}}{2n-1}$ 的部分和的收敛情况。

**解:**

1) 利用"Table"命令生成部分和数列的数据点集后作点图,输入语句:

s[n_]:=Sum[(-1)^(k-1)/(2k-1),{k,1,n}];

data=Table[s[n],{n,1,400}]; ListPlot[data]

运行后得图 2 – 37。从图 2 – 37 中可以看到级数是收敛的,其和大约为 0.786。

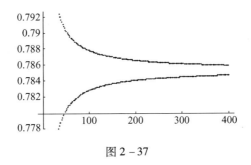

图 2 – 37

2) 用竖直线段画出级数部分和 $s_n(n=1,2,\cdots,1000)$ 数值, 得到类似条形码的图形,方便观察级数的收敛情况。如:

sn=0;n=1;h={};m=3;

While[1/n>10^(-m),sn=sn+(-1)^(n-1)/(2 n-1);h=Append[h, Graphics[{RGBColor[Abs[Sin[n]],1/n,1],Line[{{sn,0},{sn,1}}]}]];n++];Show[h,PlotRange→{-0.2,1.3},Axes→True,AspectRatio→1/2]

从图 2 – 38 中可以看出:取 $n \leqslant 10^3$ 时, 级数 $\displaystyle\sum_{n=1}^{\infty} \frac{(-1)^{n-1}}{2n-1}$ 的部分和逼近

0.785 与 0.786。

请通过改变 $m$ 的值上机观察级数部分和的数值。

## 2.4.2　幂级数展开

**例 2 – 34**　作函数 $f(x)=(1+x)^m$ 的幂级数展开。

**解:** 根据幂级数的展开公式,有 $f(x)=\displaystyle\sum_{n=1}^{\infty} \frac{f^{(n)}(0)}{n!}x^n$。下面先定义函数,再

计算在 $x=0$ 点的 $n$ 阶导数值,并求和式。

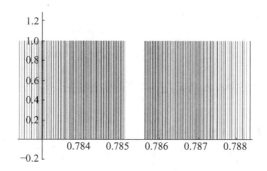

图 2 - 38

若取 $m = -1$；

求导数 `f[n_]:=D[(1+x)^m,{x,n}]/.x→0`；

级数的部分和 `s[n_,x_]:=Sum[(f[k]/k!)*x^k,{k,0,n}]`；

做函数表,画图观察幂级数的部分和逼近函数的情况：

```
t=Table[s[n,x],{n,20}];
p1=Plot[Evaluate[t],{x,-1,1}];
p2=Plot[(1+x)^(-1),{x,-1,1},PlotStyle→RGBColor[0,0,1]];
Show[p1,p2]
```

运行结果如图 2 - 39 所示：当 $n$ 越大时，$\sum\limits_{k=1}^{n}\dfrac{f^{(k)}(0)}{k!}x^k$ 逼近函数 $f(x)$ 的程度越好。

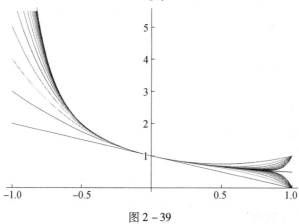

图 2 - 39

**例 2 - 35** （1）将函数 $\mathrm{e}^{-x^2/2}$ 在 $x=0$ 处展开到 $x$ 的 6 阶幂级数,并作图。

**解**：输入

```
p=Series[Exp[-x^2/2],{x,0,8}]
p1=Plot[Exp[-x^2/2],{x,-4,4}];
```

```
pp = Normal[p]
p2 = Plot[pp,{x, -4,4}];
Show[p1,p2]
```
输出

$$1 - \frac{x^2}{2} + \frac{x^4}{8} - \frac{x^6}{48} + \frac{x^8}{384} + o[x]^9; \ 1 - \frac{x^2}{2} + \frac{x^4}{8} - \frac{x^6}{48} + \frac{x^8}{384};$$

或输入:Plot[Evaluate[{Exp[ - x^2/2],Normal[Series[Exp[ - x^2/2],{x,0,8}]]}], {x, -4,4}],作出了同图 2 - 40 的图形。

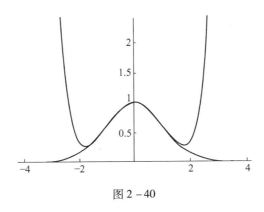

图 2 - 40

（2）将函数 $x^2 e^x$ 在 $x = 0$ 处展开为麦克劳林级数到 $x$ 的 5 次幂。

```
Series[x^2 Exp[x],{x,0,5}]
```

（3）先将函数 $y = 5/(4 - 3x)$ 在点 $x_0 = 1$ 处展开到 $x - 1$ 的 5 次幂,再将去掉余项后的表达式平方后展开。

**解:**

```
Series[5/(4 -3x),{x,1,5}]
Normal[%]
%^2
Expand[%]
```

（4）在 $x = 0$ 处展开 $\ln(1 + x)$ 为 6 次麦克劳林级数,并取出 $x^6$ 的系数。

**解:**

```
t = Series[Log[1 +x],{x,0,6}]
SeriesCoefficient[t,6]
```

（5）将函数 $f(t)$ 在 $x = 0$ 处展开为 6 次麦克劳林级数。

**解:**输入

```
Clear[f,t]; Series[f[t], {t, 0, 6}]
```

103

输出

$$f[0] + f'[0]t + \frac{1}{2}f''[0]t^2 + \frac{1}{6}f^{(3)}[0]t^3 + \frac{1}{24}f^{(4)}[0]t^4 + \frac{1}{120}f^{(5)}[0]t^5 + \frac{1}{720}$$
$$f^{(6)}[0]t^6 + o[t]^7$$

（6）画图观察用 $\sin(x)$ 的 7 次泰勒多项式近似代替 $\sin(x)$ 效果，并计算积分 $\int_0^1 \frac{\sin x}{x} dx$ 的近似值，要求误差不超过 $10^{-5}$。

**解:** 先作函数 $\text{Sin}[x]$ 与 $\text{Series}[\text{Sin}[x], \{x, 0, 7\}]$ 的图形，如图 2 – 41 所示:

```
Plot[Evaluate[{Sin[x],Normal[Series[Sin[x],{x,0,7}]]}],{x,-6,6}]
```

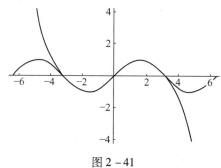

图 2 – 41

可见，在 $[-3, 3]$ 内，用 $\sin(x)$ 的 7 次泰勒多项式近似代替 $\sin(x)$ 的效果很好。

再计算 $\int_0^1 \frac{\sin x}{x} dx$ 的值:

输入 `N[Integrate[Sin[x]/x, {x, 0, 1}],10]` 及

`N[Integrate[Normal[Series[Sin[x],{x,0,7}]]/x], {x, 0, 1}],10]`

计算结果是 $0.9460830704$ 及 $0.9460827664$，用 $\sin x$ 的 7 次泰勒多项式近似代替 $\sin x$ 时满足了积分近似计算的要求。

### 2.4.3 傅里叶级数展开

**例 2 – 36** 画图观察周期为 $2\pi$ 振幅为 1 的方波函数 $f(x) = \begin{cases} -1, & -\pi \leqslant x < 0 \\ 1, & 0 \leqslant x < \pi \end{cases}$ 展成的傅里叶级数的部分和逼近 $f(x)$ 的情况。

**解:**

因为 $a_0 = \frac{1}{\pi}\int_{-\pi}^{\pi} f(x)dx = 0, a_n = \frac{1}{\pi}\left[\int_{-\pi}^{0}(-\cos nx)dx + \int_0^{\pi}\cos nx dx\right]$,

$b_n = \frac{1}{\pi}\left[\int_{-\pi}^{0}(-\sin nx)dx + \int_0^{\pi}\sin nx dx\right]$

请比较以下输入的两段不同的命令，并从输出的图形 2 - 42 观察傅里叶级数的部分和逼近 $f(x)$ 的情况：

1）

```
f[x_] := Which[ -2 Pi < = x < - Pi, 1, - Pi < = x < 0, -1, 0 < = x <
Pi, 1,
    Pi < = x < 2 Pi, -1];
a[n_] := Evaluate[
    Integrate[ -Cos[n * x], {x, - Pi, 0}]/Pi +
      Integrate[Cos[n * x], {x, 0, Pi}]/Pi];
b[n_] := Evaluate[
    Integrate[ -Sin[n * x], {x, - Pi, 0}]/Pi +
      Integrate[Sin[n * x], {x, 0, Pi}]/Pi];
s[x_, n_] := a[0]/2 + Sum[a[k] * Cos[k * x] + b[k] * Sin[k * x], {k, 1,
n}];
g1 = Plot[f[x], {x, -2 Pi, 2 Pi}, PlotStyle → RGBColor[0, 0, 1],
    DisplayFunction → Identity];
m = 50;
For[i = 1, i < = m, i + = 2,
    g2 = Plot[Evaluate[s[x, i]], {x, -2 Pi, 2 Pi},
      PlotStyle → RGBColor[0, 1, 0], DisplayFunction→Identity]];
Show[g1, g2, DisplayFunction → $DisplayFunction]
```

2）

```
Module[{f, a, b, s}, (* 局部变量 *)
f[x_] := If[Mod[x, 2 \[Pi]] < \[Pi], 1, -1];
(* Evaluate 加快计算速度；如果删去，每一次求值都要计算 Integrate *)
a[n_] := Evaluate[Integrate[ -Cos[n x], {x, - \[Pi], 0}]/ \[Pi] +
          Integrate[Cos[n x], {x, 0, \[Pi]}]/ \[Pi]];
b[n_] := Evaluate[Integrate[ -Sin[n x], {x, - \[Pi], 0}]/ \[Pi] +
            Integrate[Sin[n x], {x, 0, \[Pi]}]/ \[Pi]];
s[x_, n_] := a[0]/2 + Sum[a[k] Cos[k x] + b[k] Sin[k x], {k, 1, n}];
Manipulate[Plot[{s[x, i], f[x]}, {x, -2 \[Pi], 2 \[Pi]}, PlotRange →
{-1.5, 1.5}], {{i, 1}, 1, 101, 2}]]
```

从图 2 - 42 可以看出：$n$ 越大逼近函数的效果越好，还可以看出傅里叶级数逼近的连续性。

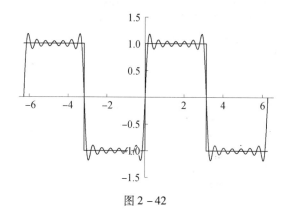

图 2 - 42

**例 2 - 37**　将函数 $f(x) = x^4 + 1$ 展开成周期为 3 的傅里叶级数。

**解:**输入命令

```
frier[f_,T_,k_]:=Module[{a,b,i,t,s,g1,g2},a[0]=Integrate[f,{x,-
T,T}]/T;s=a[0]/2;
    For[i=1,i<=k,i++,t=i*Pi/T;a[i_]:=Integrate[f*Cos[t*x],
{x,-T,T}]/T;
    b[i_]:=Integrate[f*Sin[t*x],{x,-T,T}]/T;
    s=s+a[i]Cos[t*x]+b[i]Sin[t*x]];Print[s];Plot[Evaluate[s],
{x,-T,T},DisplayFunction→Identity]];
    f=x^4+1;T=3;n=8;g=Plot[f,{x,-T,T},PlotStyle→RGBColor[0,0,
1]];
    For[j=1,j<=n,j+=2,p=frier[f,T,j]];
    Show[g,p,DisplayFunction→$DisplayFunction]
```

在上面的 Mathematica 程序中,先定义了一个产生傅里叶级数的前 $k$ 项部分和函数,在后面的"For"循环中连续调用该函数,输出了 $f(x)$ 的傅里叶级数前 $k$($k=1,3,5,7$)项部分和函数,并在同一坐标下画出 $f(x)$ 的图形和其傅里叶级数前 7 项和函数的图形(图 2 - 43)。

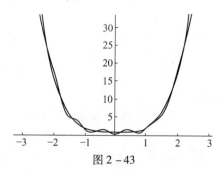

图 2 - 43

## 2.4.4 实验内容与要求

**实验 2 – 15**

（1）用正弦函数 $\sin x$ 的不同 Taylor 展开式，观察函数的 Taylor 逼近特点。

（2）数 $e = 2.718281828459045235360287 4\cdots$ 是个很漂亮的无理数，它有不同的表示方法：如 $e = \sum\limits_{n=0}^{\infty} \dfrac{1}{n!} = 1 + \dfrac{1}{1 \sim} + \dfrac{1}{2!} + \cdots + \dfrac{1}{n!} + \cdots$ 的和，称为级数表示法；也可以定义 $e$ 为数列 $\{(1 + 1/n)^n\}$ 的极限值，称为极限表示法；利用微积分可定义 $e$ 是使得定积分 $\int_1^e \dfrac{1}{x} \mathrm{d}x$ 的值等于 1 的那个唯一正数。请用级数表示法和极限表示法来计算 $e$ 的值，试比较其计算趋近于 $e$ 的速度。

（3）因 $\ln 2 = \sum\limits_{n=1}^{\infty} \dfrac{(-1)^{n-1}}{n}$，故可以计算级数 $\sum\limits_{n=1}^{\infty} \dfrac{(-1)^{n-1}}{n}$ 的部分和计算 $\ln 2$ 的近似值，只可惜速度太慢。我们知道

$$\ln(1 + x) = \sum_{n=1}^{\infty} \frac{(-1)^{n-1}}{n} \cdot x^n \quad (-1 < x \leqslant 1)$$

$$\ln(1 - x) = -\sum_{n=1}^{\infty} \frac{1}{n} \cdot x^n \quad (-1 < x \leqslant 1)$$

两式相减得：$\ln \dfrac{1+x}{1-x} = 2\left(\dfrac{x}{1} + \dfrac{x^3}{3} + \dfrac{x^5}{5} + \cdots\right),\ (-1 < x < 1)$，令 $x = \dfrac{1}{3}$ 可得：

$$\ln 2 = \frac{2}{3}\left[\frac{1}{1} + \frac{1}{3}\left(\frac{1}{3}\right)^2 + \frac{1}{5}\left(\frac{1}{3}\right)^4 + \frac{1}{7}\left(\frac{1}{3}\right)^6 + \cdots\right]$$

比较

$$\frac{2}{3}\left[\frac{1}{1} + \frac{1}{3}\left(\frac{1}{3}\right)^2 + \frac{1}{5}\left(\frac{1}{3}\right)^4 + \frac{1}{7}\left(\frac{1}{3}\right)^6 + \cdots\right]$$

与

$$\sum_{n=1}^{\infty} \frac{(-1)^{n-1}}{n}$$

的前部分和值，请观察计算效率（程序的运行时间及计算精度）的差别。

（4）求级数 $\sum\limits_{n=1}^{\infty} \dfrac{(-1)^{n-1}}{n} x^n$ 和级数 $\sum\limits_{n=1}^{\infty} \dfrac{(-1)^{n-1}}{2^n(n+1)} x^n$ 的和函数。

**实验参考：**

（1）

```
Clear[f, x, i];
```

```
Manipulate[f[x_] = Normal[Series[Sin[x], {x, 0, i}]];
Plot[{Sin[x], f[x]}, {x, -7 Pi, 7 Pi},
  PlotRange → {{-5 Pi, 5 Pi}, {-1.5, 1.5}},
  PlotStyle → {{RGBColor[1, 0, 0]}, {Thickness[0.015],
    RGBColor[0, 1, 0]}}, PlotLabel → i "次 Taylor 展开的图形比较"], {i,
1, 20, 2}]
```

执行命令后,输出一系列图形,细线是函数 $\sin x$,粗线是 $\sin x$ 的 Taylor 展开式。从图中可以看到,Taylor 公式随着展开阶的提高,展开式越来越接近原来函数的逼近特点(请上机观看)。

(2) 观察两个以 $e$ 为极限的数列收敛情况(图 2-44)。

```
Module[{n, k},
Plot[{E, Sum[1/n!, {n, 0, k}], (1 + 1/k)^k}, {k, 1, 60},
  PlotStyle → {{Dashing[{0.01, 0.01}]}, {RGBColor[1, 0,
    0]}, {Dashing[{0.02, 0.02}]}}]]
```

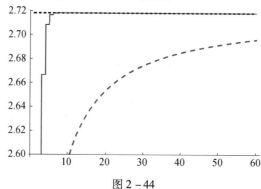

图 2-44

(3) 请上机观看。

```
Module[{k, a, b, n},
k = 10000;
a = Timing[(2/3 Sum[1/(2 n + 1) (1/3)^(2 n) //N, {n, 0, k}] -
    Log[2])/Log[2]) //N];
b = Timing[(Sum[(-1)^(n - 1)/n //N, {n, 1, k}] - Log[2])/Log[2]//
    N];
TableForm[{a, b}, TableHeadings → {{"2/3[1/1 +1/3(1/3)^2 + ...]","
Sum[(-1)^(n-1)/n, {n,1,1000000} "}, {"时间", "误差"}}] ] (* 精度提高
了,时间慢了很多 *)
```

(4) 略。

**实验 2-16** 调和数列

自然数的倒数组成的数列 $1, \frac{1}{2}, \frac{1}{3}, \cdots, \frac{1}{n}, \cdots$ 称为调和数列，我们把它的前 $n$ 项和 $\sum\limits_{k=1}^{n} \frac{1}{k}$ 记作 $H(n)$。

（1）将坐标为 $(n, H(n))(n = 1, 2, \cdots, 100)$ 的点依次连接成光滑曲线。与自然对数的曲线 $y = \ln x$（$x \in [1, 100]$ 画在同一个坐标系中。

（2）为了研究当 $n$ 无穷增大时 $C(n) = H(n) - \ln n$ 是否趋于一个常数，将坐标为 $(n, H(n) - \ln n)$ $(1 < n < 100)$ 的点依次连接成光滑曲线 c1，再将坐标为 $(n, H(n) - \ln(n+1))$ $(1 < n < 100)$ 的点依次连接成光滑曲线 c2。在同一坐标系中画出曲线 c1，c2。观察 c1 递减和 c2 递增以及二者相互接近的现象。

画出 $c(n) = H(n) - \ln(n+1) < C(n) = H(n) - \ln n$ 的图形，说明当 $n \to \infty$ 时 $C(n) - c(n) = \ln(1 + 1/n)$ 趋于 0，故 $C(n), c(n)$ 趋于同一个极限 $C$。

（3）计算极限 $C = \lim\limits_{n \to \infty} \left(1 + \frac{1}{2} + \frac{1}{3} + \cdots + \frac{1}{n} - \ln n\right)$ （欧拉常数）。

**实验参考：**

（1）H[n_]:=NSum[1/k,{k,1,n}]（*定义函数 $H(n)$）

T=Table[{n,H[n]},{n,1,100}]（*定义点集 $t$）

pic1=ListPlot[T,Joined→True]（将 $t$ 中的点顺次连接成光滑曲线并存储在 plc1 中，其中的选项"Joined→True"表示顺次连成光滑曲线。如果去掉此选项，则只将 $t$ 中的点画出）。

pic2=Plot[Log[x],{x,1,100},PlotStyle→{RGBColor[0,0,1]}]（画函数 $y = \ln x$（$x \in [1, 100]$ 的图像并储存在 Plc2 中）。

Show[pic1,pic2]（将 pic1，pic2 表示的两个图形同时画出。）

（2）观察可知：当 $n$ 很大时，$H(n)$ 与 $\ln n$ 之差接近于常数。计算出 $c = H(100) - \ln 100$，用红色画出函数 $y = \ln x + c$ 的图像，并与 pic1，pic2 的图像画在同一个坐标系中。语句如下：

c=H[100]-Log[100]

pic3=Plot[Log[x]+c{x,1,100}PlotStyle→{RGBColor[1,0,0]}]

Show[pic1,pic2,pic3]

观察 pic1 的黑色曲线与 pic3 的红色曲线几乎重合的现象。

（3）根据幂级数 $\ln(1 + 1/x) = 1/x - 1/2x^2 + 1/3x^3 - \ldots$，有

$$1/x = \ln((x+1)/x) + 1/2x^2 - 1/3x^3 + \cdots$$

令 $x = 1, 2, \cdots, n$，代入上式得

$$1/1 = \ln(2) + 1/2 - 1/3 + 1/4 - 1/5 + \cdots$$

$$1/2 = \ln(3/2) + 1/2*4 - 1/3*8 + 1/4*16 - \cdots$$

$$1/n = \ln((n+1)/n) + 1/2n^{\wedge}2 - 1/3n^{\wedge}3 + \cdots$$

相加,就得到:

$$1 + 1/2 + 1/3 + 1/4 + \cdots + 1/n = \ln(n+1) +$$

$$1/2 * (1 + 1/4 + 1/9 + \cdots + 1/n^{\wedge}2) -$$

$$1/3 * (1 + 1/8 + 1/27 + \cdots + 1/n^{\wedge}3) + \cdots$$

后面的一串和都是收敛的,我们可以定义

$$1 + 1/2 + 1/3 + 1/4 + \cdots + 1/n \approx \ln(n+1) + C$$

试求出这个极限 $C$(Euler 近似地计算了 $C$ 的值,约为 0.577218)。

**实验 2 –17**

因为无穷级数 $\sum\limits_{n=1}^{\infty} \dfrac{1}{n^p}$ 当 $p > 1$ 时收敛,当 $p \leqslant 1$ 时发散。当 $p = 1$ 时,级数 $\sum\limits_{n=1}^{\infty}$ $\dfrac{1}{n}$ 称为调和级数。一个令人感兴趣的问题是,调和级数的部分和 $S_n$ 数列趋于无穷的速度有多快?

(1) 取充分大的 $N$,观察调和级数的折线图(一个直观的方法是画出由点 $(n, Sn)$,$n = 1, 2, \cdots, N$ 构成的折线图)。你觉得它发散的速度是快还是慢,将它的图形与 $y = x$,$y = \sqrt{x}$ 以及 $y = \sqrt[4]{x}$ 做比较,看看谁趋于无穷大的速度最快?

上述实验的结果表明调和级数发散的速度慢。但是,它到底以什么样的速度发散到无穷?做下面的练习。

(2) 对充分大的一系列 $n$,计算 $S_{2n} - S_n$,你能否猜测出 $S_{2n} - S_n$ 当 $n$ 趋于无穷的极限?更一般地 $S_{2^k n} - S_n$ 趋于无穷的极限是什么?反过来,固定 $n$,让 $k$ 趋于无穷,$S_{2^k n}$ 趋于无穷的速度是什么?你能否由此得出 $Sn$ 当 $n$ 趋于无穷的极限阶?请对调和级数再做更仔细的分析,可以得到更多的结果。

(3) $p$ 级数在 $P > 1$ 的时候是收敛的,也就是说对于任意 $\varepsilon > 0$,$n$ 的 $1 + \varepsilon$ 次方的倒数这个级数是收敛的,在我们直观上看来,好像调和级数下面的 $n$ 只要大了一小点,或者说调和级数的每一项只要小一小点,那么这个级数就是收敛的了,但是事实上并不是这样,$\sin 1/n$ 这个级数是发散的,但是在 $1/n > 0$ 的时候,$\sin 1/n < 1/n$ 是一个人尽皆知的事实,但是它却并不收敛,这个令人困惑的问题恰恰说明了一个问题,数轴上数的稠密性。

编程计算 $\sum\limits_{n=1}^{k} \sin \dfrac{1}{n}$ 及 $\sum\limits_{n=1}^{k} \dfrac{1}{n}$,并比较大小。

(4) 孪生素数即相差 2 的一对素数。例如 3 和 5,5 和 7,11 和 13,$\cdots$,10016957 和 10016959 等都是孪生素数。孪生素数是有限个还是有无穷多个?

这是一个至今都未解决的数学难题。一直吸引着众多的数学家孜孜以求地钻研。早在 20 世纪初,德国数学家兰道就推测孪生素数有无穷多。许多迹象也越来越支持这个猜想。最先想到的方法是使用欧拉在证明素数有无穷多个所采取的方法。设所有的素数的倒数和为

$$s = 1/2 + 1/3 + 1/5 + 1/7 + 1/11 + \cdots$$

如果素数是有限个,那么这个倒数和自然是有限数,请编程计算素数的倒数和(欧拉证明了这个和是发散的,说明素数有无穷多个)。

1919 年,挪威数学家布隆仿照欧拉的方法,求所有孪生素数的倒数和:

$$b = (1/3 + 1/5) + (1/5 + 1/7) + (1/11 + 1/13) + \cdots$$

如果能证明这个和比任何数都大,就证明了孪生素数有无穷多个了。

编程计算孪生素数的倒数和(事实违背了布隆的意愿对吧? 这个倒数和是一个有限数:$b = 1.90216054$,称为布隆常数)。

**实验参考:**

(1) HamoSum[n_Integer,p_Integer]:= Module[{i},Sum[1/i^p,{i,1,n}]]

N[HamoSum[100,2]]

或:

Module[{nN, g1, g2, n},

nN = 100;

g1 = ListPlot[ParallelTable[{n, HamoSum[n, 1]}, {n, 1, nN}],

　　Joined → True, PlotMarkers → Automatic];

g2 = Plot[{Sqrt[x], Power[x, (4)^-1]}, {x, 0, nN}];

Show[g2, g1] ](图 2 - 45)

( * $y = x$ 的值相对增加太快 没法与 $y = \sqrt{x}$,$y = \sqrt[4]{x}$ 画在一个图中 * )

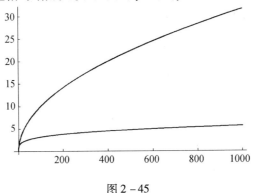

图 2 - 45

（2）调和级数是发散的,这是一个令人困惑的事情,事实上调和级数是以非常慢的速度趋于无穷大,验证知 $0.5 < S_{2n} - S_n < 0.7$,而调和级数的第一项是1,也就是说调和级数的和要想达到51,那么它需要有2的100次方那样多的项才行。而2的100次方这个项是一个大到我们能够处理范围以外的数字。

（3）

```
ListPlot[Transpose[
  ParallelTable[{Sum[Sin[1/n] //N, {n, 1, k}],
    Sum[1/n //N, {n, 1, k}]}, {k, 1, 1000}]], Joined → True](图2-46)
```

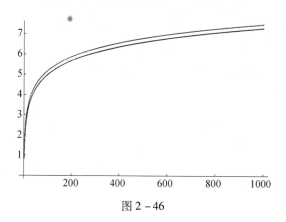

图 2-46

（4）

```
Module[{sliceLength = 100000},
Timing[ParallelSum[
  Module[{currPrime, nextPrime, r, c},
  currPrime = If[j ! = 0, j * sliceLength, 2];
  nextPrime = NextPrime[currPrime];
  r = 0;
  c = 0;
  While[True,
   While[nextPrime - currPrime ! = 2,
    currPrime = nextPrime;
    nextPrime = NextPrime[nextPrime];
    ];
   If[currPrime > = (j + 1) * sliceLength, Break[]];
   ( * Print[1/currPrime," + ",1/nextPrime]; * )
   r = r + 1/currPrime + 1/nextPrime;
   c ++;
```

```
    currPrime = nextPrime;];
    Print[ "循环 ", j, " 完成,孪生素数对个数:", c];
    {r, c}], {j, 0, 10}] //N  ] ]
```

（ ＊ http:／／ mathworld. wolfram. com／ BrunsConstant. html 输出格式:{最后合并计算结果的时长,{计算结果,孪生素数对个数}} ＊）

## 2.5　微分方程与应用

本节学习利用 Mathematica 软件求微分方程通解与特解,及微分方程的数值解。学习简单的微分方程应用问题。

Mathematica 的相关命令

DSolve[微分方程,y[x],x]（求微分方程的通解）;

DSolve[{微分方程,初始条件或边界条件},y[x],x]（求微分方程的特解）;

DSolve[{微分方程组},{y₁[x],y₂[x],…},x]（求微分方程组的通解）;

DSolve[{微分方程组,初始条件或边界条件},{y₁[x],y₂[x],…},x]（求微分方程组的特解）;

NDSolve[{eqn1,eqn2,…},y,{x,xmin,xmax}]（求常微分方程在区间[xmin, xmax]的数值解）;

NDSolve[{eqn1,eqn2,…},{y1,y2,…}{x,xmin,xmax}]（求常微分方程组在区间[xmin,xmax]的函数 $yi$ 的数值解）。

微分方程数值解:NDSolve 是以插值函数"InterpolatingFunction"目标生成函数 $yi$ 的解,InterpolatingFunction 目标给出在独立变量 $x$ 的 $xmin$ 到 $xmax$ 范围内的近似值。

### 2.5.1　微分方程求解

**例 2 – 38**　求微分方程 $y'' + y = 0$ 和 $x^2y'' - 3xy' + 4y = x + x^2\ln x$ 的通解。

**解**:输入

```
DSolve[y''[x] +y[x] = =0,y[x],x]
DSolve[x^2 y''[x] -3x y'[x] +4y[x] = =x +x^2 Log[x],y[x], x];
Simplify[% ]
```

得到两个方程的通解:{{y[x] → C[1] Cos[x] + C[2] Sin[x]}};

{{y[x]→ 1/ 6 x (6 + 6 x C[1] + 12 x C[2] Log[x] + x Log[x]^3)}}

**例 2 – 39**　求微分方程 $y'' + y' = \sin x, y(0) = 2, y'(0) = -1$ 的特解。

**解**:输入 DSolve[{y''[x] +y[x] = = Sin[x],y[0] = =2,y'[0] = = -1},y,x]

得特解 $1/4(8\mathrm{Cos}[x] - 2x\mathrm{Cos}[x] - 2\mathrm{Sin}[x] - 2\mathrm{Cos}[x]2\mathrm{Sin}[x] + \mathrm{Cos}[x]\mathrm{Sin}[2x])$

**例 2-40**　求初值问题: $(1+xy)y + (1-xy)y' = 0, y\big|_{x=1.2} = 1$ 在区间 $[1.2, 4]$ 上的近似解并作图。

**解:**

In[1]: =NDSolve[{(1+x*y[x]) *y[x] +(1-x*y[x]) *y'[x] = = 0,y[1.2] = =1},y,{x,1.2,4}]

Out[1] ={{y→InterpolatingFunction[{{1.2,4.}},< >]}}(输出数值近似解(插值函数)的形式)

In[2]: =Plot[Evaluate[y[x]/.%],{x,1.2,4}](用 Plot 命令画出微分方程的近似解曲线(插值函数),不过还需要先使用强制求值命令 Evaluate,可输出近似解的图形,如图 2-47 所示)

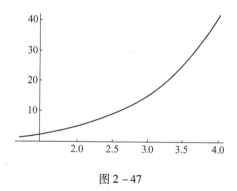

图 2-47

如果要求区间 $[1.2,4]$ 内某一点的函数的近似值,例如 $y\big|_{x=1.8}$,只要输入: y[1.8]/.%% ,得 $y[1.8] = 3.8341$。

**例 2-41**　在区间 $[0,10]$ 上求微分方程 $y'' + 2y' + 10y = \sin2x, y(0) = 1, y'(0) = 0$ 在 $x = 0.1$ 处的数值解,精确到 $10^{-5}$,并作数值解的积分曲线。

**解:**

In[1]: = NDSolve[{y''[x] +2 y'[x] +10 y[x] = = Sin[2 x],y[0] = =1,y'[0] = =0},y,{x,0,10},AccuracyGoal→5]

Out[1] ={{y→InterpolatingFunction[{{0,10.}},< >]}}

In[2]: =y[0.1]/.%

Out[2] =0.953688

In[3]: =Plot[Evaluate[y[x]/.% %],{x,0,10},PlotRange→All,AxesLabel→{x,y}](积分曲线如图 2-48 所示)

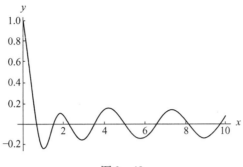

图 2 − 48

**例 2 − 42**　求微分方程组 $y'(t) = x(t), x'(t) = y(t)$ 的通解。

**解：**

```
DSolve[{x'[t] = =y[t],y'[t] = =x[t]},{x[t],y[t]},t]
```

**例 2 − 43**　请根据斜率场,猜测微分方程 $\dfrac{\mathrm{d}y}{\mathrm{d}x} = -\dfrac{x}{y}$ 解曲线的形式

**解:** 斜率场示于图 2 − 49 中,请注意,在 $y$ 轴($x = 0$),斜率是 0;在 $x$ 轴上($y = 0$),小短线是垂直于 $x$ 轴的,斜率趋于无穷大。在原点处,斜率不确定,且画不出小短线。

```
Clear[y,x,t,g1,g2]
g1 = VectorPlot[{1, -x/y},{x, -2,2},{y, -2,2},VectorColorFunction
→Hue,Axes→True,VectorPoints→{8,12}]
DSolve[y'[x] = = -x/y[x],y[x],x];
y[x] =y[x]/.%
y[x] =y[x]/.C[1]→c
t = Table[y[x],{c,1,3}];
g2 = Plot[Evaluate[t],{x, -2,2}];
Show[g1,g2,AxesLabel→{"x","y"},PlotRange→{ -2,2}]
```

从斜率场来看,解曲线是以原点为中心的圆,后面我们将用分析的方法求得解。即使没能得到分析解,仍然可以验证圆确实是一个解。设以 $r$ 为半径的圆

$$x^2 + y^2 = r^2$$

运用隐函数微分法则,$y$ 是 $x$ 的函数,得到微分方程:$2x + 2y\dfrac{\mathrm{d}y}{\mathrm{d}x} = 0$, 即 $\dfrac{\mathrm{d}y}{\mathrm{d}x} =$

$-\dfrac{x}{y}$。

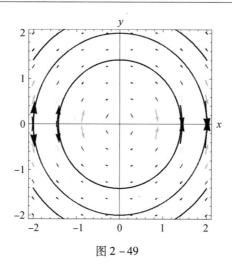

图 2-49

**例 2-44**　画出方程 $\dfrac{dy}{dx} = 2 - y$ 和 $\dfrac{dy}{dx} = \dfrac{x}{y}$ 的斜率场与解曲线族,并求出方程的通解。对每一解曲线,你能就 $y$ 的趋势说些什么? 例如,$\lim\limits_{t \to \infty} y$ 存在吗? 如存在,其值如何?

**解**:1) 画出方程 $\dfrac{dy}{dx} = 2 - y$ 的斜率场和解曲线族:

画出斜率场

```
g1 = VectorPlot[{1,2 - y},{x, - 4,4},{y, - 2,6},Frame→True,Vector-
Points→{20,25}];
```

作微分方程的积分曲线族:

```
Clear[y,x]
DSolve[y′[x] = = 2 - y[x],y[x],x];
y[x] = y[x]/.% ;
y[x] = y[x]/.C[1]→c;
t = Table[y[x],{c, - 3,3}];
g2 = Plot[Evaluate[t],{x, - 4,4}];
Show[g1,g2,AxesLabel→{"x","y"},PlotRange→{ - 2,6}]如图 2 - 50
```

所示。

对于 $dy/dx = 2 - y$,所有的解都是以 $y = 2$ 为其水平渐近线,于是 $\lim\limits_{t \to \infty} y = 2$。

2) 同理可画出 $dy/dx = x/y$ 的斜率场和解曲线。当 $x \to \infty$ 时,从图 2 - 51 中可以看出 $y \to x$ 或 $y \to - x$。

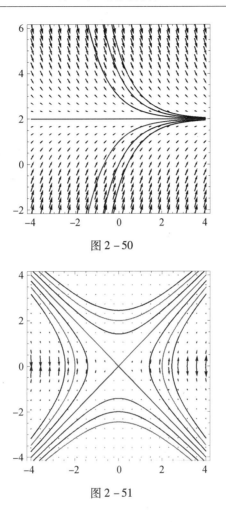

图 2 - 50

图 2 - 51

## 2.5.2　微分方程的应用

**例 2 - 45**　湖水的污染问题

假设 $Q$ 是体积为 $V$ 的某一湖在时刻 $t$ 的污染物总量,清水以常速 $r$ 流入这一湖中,并且湖水也是以同样的速度流出。假设污染物是均衡地分散在整个湖水中,并且流入湖中的清水立即就与原来湖中的水相混合。问:污染物总量 $Q$ 如何随时间 $t$ 的变化而变化?

**解**:1) 建立有关污染物的微分方程

分析、研究污染物总量 $Q$ 如何随时间 $t$ 的变化而变化。由题意知:

(1) 污染物正在流出湖后不会再流入湖中,流出湖的水污染程度越来越轻;

117

（2）污染物流出去的速度是下降的；

（3）虽然留在湖中污染物的量会变得任意的小，但却不可能完全从湖中被清除掉。因此如图 2 – 52 所示，函数 $Q$ 是单调下降的，当 $t \to +\infty$ 时，$Q \to 0$。

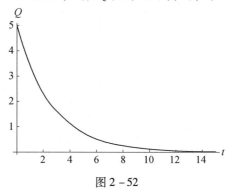

图 2 – 52

假设 $Q$ 的变化率 = –（污染物的流出速度），其中负号表明 $Q$ 在减少；在时刻 $t$ 污染物的浓度为 $Q/V$，并且这种浓度的水是以速度 $r$ 向外流出的。于是

$$污染物的流出速度 = 污水外流速度 \times 浓度 = r \cdot \frac{Q}{V}$$

则污水流动满足的微分方程为

$$\frac{\mathrm{d}Q}{\mathrm{d}t} = -\frac{r}{V}Q$$

其通解为

$$Q = Q_0 e^{-rt/V}$$

表 2 – 1 给出了 4 个湖各自的 $V$ 和 $r$，我们可依据此数据来计算：一定比率的污染物需用多长时间排出湖外。

表 2 – 1

| 名称 | $V/\text{Mm}^3$ | $r/(\text{km}^3/年)$ |
|---|---|---|
| 苏必利尔 | 12.2 | 65.2 |
| 密执安 | 4.9 | 158 |
| 伊利 | 0.46 | 175 |
| 安大略 | 1.6 | 209 |

2）需用多长时间伊利湖可以有 90% 的污染物被排出？99% 被排出又需用多长时间？

把伊利湖的 $r$ 和 $V$ 的值代入有关 $Q$ 的微分方程中,得

$$\frac{dQ}{dt} = -\frac{r}{V}Q = \frac{-175}{0.46 \times 10^3}Q = -0.38Q$$

以年为单位,于是有

$$Q = Q_0 e^{-0.38t}$$

当有 90% 的污染物被排出时,还有 10% 剩下,于是 $Q = 0.1Q_0$。代入上式得

$$0.1Q_0 = Q_0 e^{-0.38t}$$

消去 $Q_0$ 可解出

$$t = \frac{-\ln(0.1)}{0.38} \approx 6(年)$$

当 99% 的污染物被排出时,剩余 $Q = 0.01Q_0$,于是 $t$ 满足

$$0.01Q_0 = Q_0 e^{-0.38t}$$

解此方程,得

$$t = \frac{-\ln(0.01)}{0.38} \approx 12(年)$$

**例 2-46**　红绿灯设置问题。

在交通十字路口,都会设置红绿灯。为了让那些正行驶在交叉路口或离交叉路口太近而无法停下的车辆安全通过路口,红绿灯转换中间还要亮起一段时间的黄灯。那么,黄灯应亮多长时间才最为合理呢?

对于一位正以一定速度驶近交叉路口的驾驶员来说,万万不可处于这样的进退两难的境地:要安全停车却离路口太近;要想在红灯亮之前通过路口又显得太远了。

对于驶近交叉路口的驾驶员,当他看到黄色信号灯后要做出决定:是停车还是通过路口。如果他以法定速度(或低于法定速度)行驶,当决定停车时,他必须有足够的停车距离。当决定通过路口时,他必须有足够的时间能够安全通过路口,这包括做出停车决定的反应时间以及通过所需的驾驶时间。于是,黄灯状态应持续的时间包括驾驶员的反应时间、通过交叉路口的时间,或通过刹车距离所需的时间。

**解**:假设法定速度为 $v_0$,交叉路口路面宽度为 $I$,车身长度为 $L$。考虑到车通过路口实际上指的是车的尾部必须通过路口,因此,确定黄灯时间的因素有:

1) 汽车通过路口的时间　$t_1 = \dfrac{I+L}{v_0}(s)$

2) 刹车距离所需时间　$t_2 = \dfrac{v_0}{2\mu g}(s)$

设 $W$ 为汽车重量,$\mu$ 为摩擦系数,地面对汽车的摩擦力为 $\mu W$。汽车在停车过程中,行驶的距离 $x$ 与时间 $t$ 的关系满足微分方程

$$\frac{W}{g} \cdot \frac{\mathrm{d}^2 x}{\mathrm{d}t^2} = -\mu W \qquad (2-3)$$

其中 $g$ 是重力加速度。方程的初值条件是

$$x\big|_{t=0} = 0, \frac{\mathrm{d}x}{\mathrm{d}t}\big|_{t=0} = v_0 \qquad (2-4)$$

于是,刹车距离就是直到速度 $v = \frac{\mathrm{d}x}{\mathrm{d}t} = 0$ 时汽车驶过的距离。

求解二阶微分方程(2-3),(2-3)式两边从 0 到 $t$ 积分,再利用初值条件(2-4),可得

$$\frac{\mathrm{d}x}{\mathrm{d}t} = -\mu g t + v_0, x\big|_{t=0} = 0 \qquad (2-5)$$

对(2-5)式从 0 到 $t$ 积分,得 $x = -\frac{1}{2}\mu g t^2 + v_0 t$。在(2-5)式中令 $\frac{\mathrm{d}x}{\mathrm{d}t} = 0$,得到刹车所用的时间:$t_0 = \frac{v_0}{\mu g}$,从而得到刹车距离:$x(t_0) = \frac{v_0^2}{2\mu g}$。

3)驾驶员反应时间 $t_3 = 1 \sim 2.5\mathrm{s}$

所以,黄灯状态的时间为 $t = t_1 + t_2 + t_3$,即 $t = \frac{I+L}{v_0} + \frac{v_0}{2\mu g} + t_3$

假设 $T = 1.5\mathrm{s}, L = 4.6\mathrm{m}, I = 20\mathrm{m}$,及 $\mu = 0.8$。当 $v_0 = 30, 40, 50\mathrm{km/h}$ 时,可计算出黄灯时间为 $t_1 = 4.98$、$4.42$、$4.16\mathrm{s}$。因此,在限速为 $30\mathrm{km/h}$ 的市区,交叉路口黄灯时间设为 5s 是有道理的。

黄灯时间 $t$ 与行驶速度 $v_0$ 的关系为如图 2-53 所示。

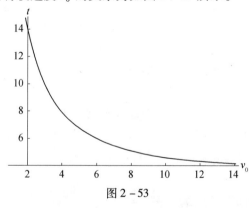

图 2-53

## 2.5.3 实验内容与要求

**实验 2 – 18** 求解微分方程,并作出解函数曲线图。

(1) $y' - 6y = e^{3x}$

(2) $y'' - 4y' + 4y = 2\cos x$

(3) $y' = 3xy + x^3 + x$

(4) $y'' - 2y' - 3y = e^{4x}$

(5) $y' - y\tan x = \sec x, y(0) = 0$

(6) $(1 + e^x)yy' = e^x, y|_{x=0} = 0$

(7) 求方程组 $\begin{cases} dx/\ dt = y + 1 \\ dy/\ dt = x + 1 \end{cases}$ 满足条件 $\begin{cases} x(0) = -2 \\ y(0) = 0 \end{cases}$ 的特解。

**实验参考:**

(1)

```
Module[{y, t, m},
Clear[x];
m = DSolve[{y'[x] - 6 y[x] = = E^(3 x), y[0] = = 0}, y, x];
Print[y[x] /. m];
Plot[y[x] /. m, {x, -1, 1/4}] ]
```

(2)

```
Module[{y, t, m},
Clear[x];
m = DSolve[{y''[x] - 4 y'[x] + 4 y[x] = = 2 Cos[x], y[0] = = 0,
    y'[0] = = 0}, y, x];
Print[y[x] /. m];
Plot[y[x] /. m, {x, -1, 1/2}] ]
```

(3) 略。

(4)

```
Module[{y, t, m},
Clear[x];
m = DSolve[{y''[x] - 2 y'[x] - 3 y[x] = = E^(4 x), y[0] = = 0,
    y'[0] = = 0}, y, x];
Print[y[x] /. m];
Plot[y[x] /. m, {x, -1, 1/2}] ]
```

(5)、(6)略。

(7)

```
Module[{x, y, m},
Clear[x, y, t];
m = DSolve[{x'[t] = = y[t] + 1, y'[t] = = x[t] + 1, x[0] = = -2,
    y[0] = = 0}, {x[t], y[t]}, t];
```

```
Print[{x[t],y[t]} /.m];
ParametricPlot[{x[t],y[t]} /.m, {t, -3,10}] ]
```

**实验 2 – 19**

(1) 在例 2 – 45 中,我们看到需要 6 年时间才能使伊利湖中污染物被清除掉 90%,而需要 12 年时间才能使此污染物被清除掉 99%。试解释为何后者比前者多用了一倍的时间,并作图。

(2) 最早引起美国环境保护局(EPA)注意的污染问题之一是南达科他州东部的苏(Sioux)湖事件。好几年来,坐落在湖旁的一个小造纸厂向湖中排出含有四氯化碳($CCl_4$)的污水。当 EPA 得知这一情况时,这种化学物质正以 $12m^3$/ 年的速度被排入湖中。EPA 立即命令安装过滤装置放慢(且最终停止)自工厂流入湖中的四氯化碳的流量。这一计划的实施正好花了 3 年时间,在此期间污染物质流量稳定在 $12m^3$/ 年。当过滤装置安装完毕时,流量下降了,从过滤器安装完毕到液流停止,液流的速度很好地由下式逼近:

$$速度(m^3/ 年) = 0.75(t^2 - 14t + 49)$$

这里 $t$ 是从 EPA 了解事件起的时间(按年计算)。

① 从 EPA 第一次了解事件的时间开始,画出四氯化碳污水排入湖中的速度作为时间的函数图像。

② 从 EPA 得知情况到污水完全停止花了多长时间?

③ 在①的图像所表示的时间内有多少四氯化碳被排放到湖中?

**实验 2 – 20**

(1) 传染病的传播问题。

一艘游船载有 1000 人,一名游客患了某种传染病,10 小时后有 2 人被传染发病。由于这种传染病没有早期症状,故传染者不能被及时隔离。假设直升飞机将在 50 ~ 60 小时将疫苗运到,试估计疫苗运到时患此传染病的人数。

(2) 听到由大众媒介散布的某传闻的人数 $N$,可能通过下列关于时间 $t$ 的函数模型给出:

$$N = a(1 - e^{-kt})$$

假设总人口中有 200000 人最终听到了此传闻,如果其中 10% 的人在第一天听到,求 $a$ 与 $k$,设 $t$ 以天为单位。

**实验参考:**

(1) 假设,$y(t)$ 为发现第一个患者后 $t$ 小时时刻的传染人数,$y(t)$ 对时间 $t$ 的导数描述该传染病的传播速率。在 $t$ 时刻,船上的人总体被分成两组:$y(t)$ 是已被感染人的数量,$(1000 - y(t))$ 是还未被感染但会被感染的人的数量。传染病的传染速率与两组人接触的次数有关,而两组人接触的次数是与乘积 $y(t)$ $(1000-y(t))$ 成正比,我们用如下微分方程描述传染速度:

$$\frac{\mathrm{d}y}{\mathrm{d}t} = ky(1000-y), y(0)=1, y(10)=2$$

$k$ 为比例常数。解此微分方程:

In[1]:=DSolve[{y′[t]==k*y[t](1000-y[t]),y[0]==1},y[t],t]

Out[1]=$\left\{\left\{y[t]\rightarrow\dfrac{1000e^{1000kt}}{999+e1000kt}\right\}\right\}$

所以 $y=\dfrac{1000e^{1000kt}}{999+e^{1000kt}}$ 是 $t$ 小时时刻的传染人数。

由 $y(10)=2$,可以得 $999+e^{\wedge}10000k=500e^{\wedge}10000k$

In[2]:=NSolve[999+x==500x,x]

Out[2]={{x→2.002}}

In[3]:=NSolve[10000 k==Log[2.002],k]

Out[3]={{10000k→0.0694147}}

于是得到 $t$ 时刻的传染人数为 $y(t)=\dfrac{1000}{1+999e^{-0.0694147t}}$,作该函数的图形,如图 2−54 所示。

In[4]:=Plot[y[t],{t,0,200}]

Out[4]=−Graphics−

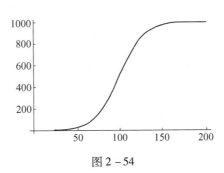

图 2−54

计算 $y[50]=31.1888\approx32$ ; $y[60]=60.548\approx61$。因此,到 50 小时患者达到 32 人;在 $t=60$ 小时患此病的人数约在 61 人,被传染发病的人数几乎翻了一番。如果不采取措施,由图 2−55 可知,当 $t$ 在 50 ~ 150 小时之间传染最快。当 $t>150$ 小时以后,$y(t)>800$ 人,几乎全船人都要被传染。

**实验 2−21**

公司的盈利、工资支付问题。

假设某公司的净资产因资产本身产生的利息以 5% 的年利率增长,同时,该公司还必须以每年 200 百万元的数额连续地支付职工工资。

（1）求出描述公司净资产 $W$（以百万元为单位）的微分方程；

（2）解上述微分方程,这里假设初始净资产为 $W_0$（百万元）；

（3）试描绘出 $W_0$ 分别为 3000,4000 和 5000 时的解曲线。

**实验参考:**

首先,假设利息是连续赢取的,并且工资也是连续支付的。虽然在实际中工资不一定是连续支付的,但对于一个大公司来说,这一假设是一比较好的近似。问:是否存在某一初始值 $W_0$,将使公司的净资产保持不变（利息盈取的速率 = 工资支付的速率）？

由于利息是以每年 $0.05W_0$ 的速率盈取,所以平衡时必须有:

$$0.05W_0 = 200,得到 W_0 = 4000$$

利息与工资支出将达到平衡,且净资产保持不变,所以,4000(百万元)是一个平衡解。

（1）用分析法解此问题,建立一个净资产微分方程。因为

$$净资产增长的速率 = 利息盈取的速率 - 工资支付率$$

单位为百万元/每年,利息盈取的速率为 $0.05W$,而工资支付为每年 200 百万元,于是有

$$\frac{\mathrm{d}W}{\mathrm{d}t} = 0.05W - 200$$

注意,初始净资产并没有出现在上面的微分方程中,平衡解 $W = 4000$ 是由使 $\mathrm{d}W/\mathrm{d}t = 0$ 得到的。

（2）解微分方程

```
In[1]:=DSolve[W'[t]==0.05(W[t]-4000),W[t],t]
In[2]:=Simplify[%]
Out[2]={{w[t]→e^{0.t}(4000.+e^{0.05t}C[1])}}
In[3]:=DSolve[{W'[t]==0.05(W[t]-4000),W[0]==W_0},W[t],t]
In[4]:=Simplify[%]
Out[4]={{w[t]→4000.+e^{0.05t}(-4000.+1.w0)}}
```

（3）如果 $W_0 = 3000$,则 $W = W_1 = 4000 - 1000e^{0.05t}$（当 $t \approx 27.7$ 时,$W = 0$。这一解意味着该公司在今后的第 28 个年头破产）；$W_0 = 4000$,则 $W = 4000$ 为平衡解；$W_0 = 5000$,则 $W = W_2 = 4000 + 1000e^{0.05t}$。图 2 - 55 画出了这几个函数的曲线。

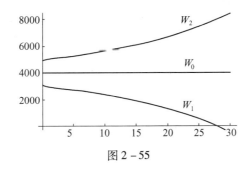

图 2 - 55

由图 2 - 55 可知：$W_0 = 4000$ 是一个不稳定平衡点，因为净资产在 $W_0$ 附近某值开始，$W$ 将会远离 $W_0$。即如果初始值在 4000（百万元）以上，则利息盈取将超过工资支出。所以，公司净资产将增长，利息也因此增长得更快，净资产增长的速率越快。如果初始存款在 4000（百万元）以下，则利息的盈取赶不上工资的支付，所以公司净资产将减少，从而利息的盈取也变少了，净资产减少的速率更快，这样一来，公司的净资产将最终减少到零，公司也就因此而倒闭。

**实验 2 - 22**

在伽利略发现一块物体在没有空气阻力的情况下从某高处放手下落时其速度与下落时间（从下落开始时算起）成正比这一规律之前，他曾错误地猜测速度是与下落距离成正比的。

（1）假设这一错误猜测是正确的，那么，试写出有关 $t$ 时刻下落距离 $D(t)$ 与它的导数的方程。

（2）用你在（1）中得到的方程及正确的初始条件，说明 $D$ 必定在任何时刻都等于 0，据此证明他的猜测一定是错误的。

# 第3章　数值分析实验

函数的迭代是数学研究中的一个非常重要的思想,是方程求根计算及多种数值计算算法的重要工具,也在其他学科领域的诸多算法中处于核心地位。前人的研究告诉我们,哪怕是对一个相当简单的函数进行迭代,都可能会产生异常复杂的行为,并由此而衍生出一些崭新的学科分支,例如:分形与混沌等。

本实验学习迭代算法的基本概念,认识函数的迭代及函数迭代本身一些有趣的现象。学习利用 Mthematica 进行迭代计算。

## 3.1　方　程　求　根

### 3.1.1　方程求根的迭代法

#### 1. 一般迭代法

对给定的方程 $f(x) = 0$,将它换成等价形式:$x = \varphi(x)$。给定初始迭代值 $x_0$,构造迭代序列 $x_{k+1} = \varphi(x_k)$($k = 1,2,\cdots$)。如果迭代法收敛,即 $\lim\limits_{k\to\infty} x_{k+1} = \lim\limits_{k\to\infty}\varphi(x_k) = \alpha$,则 $\alpha$ 就是方程 $f(x) = 0$ 的根。常常当 $|x_{k+1} - x_k|$ 小于给定的精度控制量时,就取 $\alpha = x_{k+1}$ 为方程的根。

对于方程 $f(x) = 0$,可构造多种迭代格式 $x_{k+1} = \varphi(x_k)$,怎样判断构造的迭代格式是否收敛? 收敛是否与迭代的初值有关? 我们先观察如下的例子。

**例3-1**　用一般迭代法求解方程 $x^3 - x - 1 = 0$ 的根。

**解**:先画出函数 $f(x) = x^3 - x - 1$ 的图像。

`Plot[x^3 -x -1,{x, -1.5,2}]`　(图3-1)

观察图像可知在区间 $[1,2]$ 上方程有唯一正根。如何用迭代法求此根呢? 给出以下3种不同的迭代式:$x_{k+1} = \varphi(x_k)$,($k = 0,1,\cdots$),每种迭代都取相同的初始值 $x_0 = 1.5$,注意观察迭代的收敛情况及迭代函数 $\varphi(x)$ 的特点。

迭代格式一　$x_{k+1} = \sqrt[3]{x_k + 1}$;

定义 `dd1[x_]: = (x +1)^(1/3)`

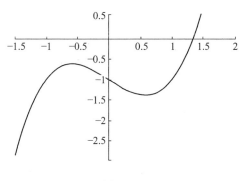

图 3 - 1

使用函数 NestList[dd1,1.5,8],迭代 8 次得到:

[1.5,1.35721, 1.33086, 1.32588, 1.32494, 1.32476, 1.32473, 1.32472, 1.32472]

所以,此迭代格式收敛。

迭代格式二 $x_{k+1} = \dfrac{1 + x_k}{x_k^2}$;

定义 dd2[x_]: = (1 + x)x^2

用 NestList[dd2,15,10] 迭代 10 次得:

[1.5, 1.11111, 1.71, 0.926781, 2.24325, 0.644502, 3.959, 0.31639, 13.1504,0.0813259,161.575]

所以,此迭代格式不收敛。

迭代格式三 $x_{k+1} = \dfrac{1}{x_k^2 - 1}$;

作迭代:dd3[x_]: = 1/(x^2 -1); NestList[dd3,1.5,10];有:

{1.5, 0.8, -2.77778, 0.148897, -1.02267, 21.805511, 0.00210758, -1., 112564.,7.89225 ×10$^{-11}$, -1. }此迭代也不收敛。

这个算例表明,迭代法能否收敛与迭代函数 $\varphi(x)$ 的选取有关。下面给出判断迭代收敛的一个充分条件。

**定理 1** 设 $\varphi(x), x \in [a,b]$ 满足:

(1) 当 $x \in [a,b]$ 时,有 $a \leqslant \varphi(x) \leqslant b$;

(2) $\varphi(x)$ 在 $[a,b]$ 上可导,并且存在正数 $L < 1$,使对任意的 $x \in [a,b]$,有 $|\varphi'(x)| \leqslant L$;则在 $[a,b]$ 上有唯一的点 $x^*$ 满足 $x^* = \varphi(x^*)$,称 $x^*$ 为 $\varphi(x)$ 的不动点。而且迭代格式 $x_{k+1} = \varphi(x_k)$ 对任意的初值 $x_0 \in [a,b]$ 均收敛于 $\varphi(x)$ 的不动点 $x^*$,并有

$$|x^* - x_k| \leqslant \frac{L^k}{1-L}|x_1 - x_0|。$$

由定理 1 可知:迭代序列 $x_{k+1} = \varphi(x_k)$ 收敛到方程 $f(x) = 0$ 某一解的快慢程度,取决于迭代函数 $\varphi(x)$ 在解附近的导数值的大小。

为加快迭代的收敛速度,我们修改迭代函数:

$$x = h(x) = \lambda\varphi(x) + (1-\lambda)x$$

要使数值 $|h'(x)|$ 在解的附近尽可能小,令:$h'(x) = \lambda\varphi'(x) + 1 - \lambda = 0$,得 $\lambda = \dfrac{1}{1-\varphi'(x)}$,故 $h(x) = x - \dfrac{\varphi(x)-x}{\varphi'(x)-1}$。

注意到 $f(x) = \varphi(x) - x$,这就是著名的 Newton 迭代格式:

$$x_{k+1} = x_k - \frac{f(x_k)}{f'(x_k)}(k = 0,1,\cdots)$$

也称为 Newton 迭代法。若存在不动点 $x^*$,则 $x^*$ 是方程 $f(x) = 0$ 的根。

**2. 用 Mathematica 做迭代运算**

将方程 $f(x) = 0$ 换成等价形式:$x = \varphi(x)$。给定初值 $x_0$,构造迭代序列 $x_{n+1} = \varphi(x_n)(n = 1,2,\cdots)$,下面简单介绍几个函数,说明 $n \to \infty$ 时 $x_n$ 的极限情况。关于这些函数更多的用法,读者可参考 Mathematica 8.0 中帮助。

1) 使用函数 Table 计算迭代。

定义 $x[1] = a$;$x[n\_] := \varphi(x_n)$;Table$[x[n],\{n,20\}]$(计算迭代 20 次产生的数列)

**例 3 - 2**　设 $x_1 = \sqrt{2}$,$x_{n+1} = \sqrt{2+x_n}$,计算 $x_n$ 的极限。

**解:**

从初值 $x_1 = \sqrt{2}$ 出发,用函数 Table,将数列一项一项地计算出来。如输入:

```
f[0] = 0.;
f[n_] := N[Sqrt[2 + f[n-1]],10];
fn = Table[f[n],{n,20}]
```
得出这个数列的前 20 项的近似值;再输入
```
ListPlot[fn,PlotStyle→{PointSize[0.02]}]
```
画出数列的散点图,对应数列的点与直线 $y = 2$ 越来越靠近(上机观看)。

2) 使用函数 Nest,或 NestList 计算迭代。

NestList$[\varphi,x_0,n]$($\varphi$ 为迭代函数,$x_0$ 是初始迭代值,给出 $n$ 次迭代过程中的 $n$ 个计算值)

Nest$[\varphi,x_0,n]$(给出迭代完 $n$ 次的计算结果)

**例 3 - 3**　求方程 $x^3 - 2 = 0$ 的实根。

**解**：改写方程 $x = (2x + 2/x^2)/3$，形成迭代：$x_n = (2x_{n-1} + 2/x_{n-1}^2)/3$。

（1）f[x_]: = (2 x + 2/x^2)/3（定义迭代函数）

NestList[f, 1., n]（产生迭代 $n$ 次相应的序列，$n$ 需要给定）

以上的计算也可自编程序，但麻烦了许多。如

（2）Iterate[f_, x0_, n_Integer]: = Module[{t = {}, I, temp = x0}, AppendTo[t, temp]; For[I = 1, I < = n, I + +, temp = f[temp]; AppendTo[t, temp]]; t]

f[x_] = (2x + 2/x^2)/3;

Iterate[f, 1., n]

初始迭代值均取 $x_0 = 1.$，运行（1）（2），迭代取 $n = 5$ 次，得到一样的计算结果：

{1., 1.33333, 1.26389, 1.25993, 1.25992, 1.25992}。

（3）使用函数 FixedPoint 进行迭代计算

FixedPoint[f, $x_0$]（用 $f(x)$ 做迭代，直到收敛）

例如：f[x_] = (2x + 2/x^2)/3; FixedPoint[f, 1.];

或：FixedPoint[(2 # + 2/(# #))/3 &, 1.]

试一试：FixedPointList[f, 1.]（请上机观看两者的差别）

（4）使用循环语句进行迭代

使用循环语句 Do 进行迭代（便于指定迭代次数）；使用循环语句 While 进行迭代（便于控制停止条件）。

**例 3 - 4**　求 $f(x) = x^2 - x - 2$ 的零点。

**解**：构造迭代数列：$x_{k+1} = \sqrt{2 + x_k}$ $(k = 1, 2, \cdots)$，$x_0 = 0$，

输入：x = Sqrt[2.]; [* 给定初始值 *]

Do[x = Sqrt[2 + x]; Print["x =", x], {i, 1, 8}]

输出：

x = 1.84776

x = 1.961571

x = 1.990369

x = 1.997591

x = 1.999398

x = 1.999849

x = 1.999962

x = 1.999991

**例 3 - 5**　设数列 $\{x_n\}$ 与 $\{y_n\}$ 由下式确定：

$$x_1 = 1, y_1 = 2, \ x_{n+1} = \sqrt{x_n y_n}, \ y_{n+1} = \frac{x_n + y_n}{2} \quad (n = 1, 2, \cdots)$$

观察 $\{x_n\}$ 与 $\{y_n\}$ 的极限是否存在。

**解:** 输入命令

```
Clear[f,g]; f[x_,y_]:=Sqrt[x×y];
g[x_,y_]:=(x+y)/2; xn=1; yn=2;
For[n=2,n<=100,n++,xN=xn;yN=yn;xn=N[f[xN,yN]];yn=N[g[xN,
yN]];];Print["x100 = ", xn, " y100 =", yn]
```

运行该程序得 $x_{100} = y_{100} = 1.45679$，可判断数列 $\{x_n\}$ 与 $\{y_n\}$ 有相等的极限。

**例 3 - 6**　求方程组 $\begin{cases} y = \ln(1 + 1/x) \\ y = \sin x/x \end{cases}$ 的解。

**解:** 把两个函数的图像作在同一坐标系中，通过图像求解。

```
Plot[{Log[1+1/x],Sin[x]/x},{x,0.1,12},PlotStyle→
{RGBColor[1,0,0],RGBColor[0,1,0]}]
```

从图 3 - 2 中看出四个根分别位于 1, 2, 7, 8 的附近，下面在 x = 1, x = 8 附近，用函数 FindRoot 求超越方程的根。如：

```
FindRoot[Log[1+1/x]==Sin[x]/x,{x,1}]
```

得 {x→0.650694}；

```
FindRoot[Log[1+1/x]==Sin[x]/x,{x,8}]
```

得 {x→8.19169}。

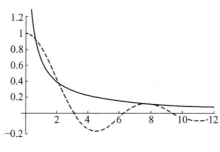

图 3 - 2

**例 3 - 7**　用 Newton 迭代法求函数 $f(x) = (x - 17)^{5/3}(x - 5)^{-2/3}$ 的根。

**解:** 输入 Mathematica 程序

```
Clear[f,df,g,x]; x0=4;n=8;
f[x_]:=((x-17)^(5/3))(x-5)^(-2/3);
df[x_]:=D[f[x],x];
g[x_]:=x-f[x]/df[x];
```

```
For[i=1,i<=n,i++,g0=g[x]/.x→x0;x0=N[g0];Print["i=", i, " x0
=", x0]]
```

### 3.1.2　迭代的"蛛网图"

几何图像可以更直观地显示函数的迭代过程。如:在 $xoy$ 平面上,先作出函数 $y=g(x)$ 与 $y=x$ 的图像。给定初值 $x_0$,对应了曲线 $y=g(x)$ 上一定点 $p_0$,它以 $x_0$ 为横坐标;过 $p_0$ 引平行于 $x$ 轴的直线,过该直线与 $y=x$ 交点作平行于 $y$ 轴的直线,记它与曲线 $y=f(x)$ 的交点为 $p_1$;重复上面的过程,会在曲线 $y=f(x)$ 上形成点列 $p_1,p_2,\cdots$ 如图 $3-3$ 所示。

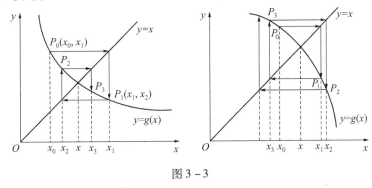

图 $3-3$

不难了解,点列 $p_1,p_2,\cdots,p_n,\cdots$ 的横坐标 $x_0,x_1,\cdots,x_n,\cdots$ 就是迭代运算产生的序列。若迭代序列收敛,则点列 $p_1,p_2,\cdots$ 趋向于 $y=f(x)$ 与 $y=x$ 的交点 $p^*$;否则,点列 $p_1,p_2,\cdots$ 没有极限。这种图的形状像蜘蛛网而被称为"蜘蛛网"图。

**例 3-8**　画出函数 $g(x)=(25x-85)/(x+3)$ 的"蜘蛛网"图。

**解:**

```
Clear[g,x];
g[x_]:=(25x-85)/(x+3);
g1=Plot[g[x],{x,-1,20},
PlotStyle→RGBColor[1,0,0],DisplayFunction→Identity];
    g2=Plot[x,{x,-1,20},
PlotStyle→RGBColor[0,1,0],DisplayFunction→Identity];
    x0=5.5;r={};n=8;
    For[i=1,i<n,i++,
    r0=Graphics[
    {RGBColor[0,0,1],Line[{{x0,x0},{x0,g[x0]},{g[x0],g[x0]}}]}];
    x0=g[x0];AppendTo[r,r0]]
    Show[g1,g2,r,r0,PlotRange→{-1,20}, DisplayFunction→$Display-
```

Function]

图3-4显示了分式线性函数 $g(x) = (25x - 85)/(x + 3)$ 取初值为5.5,迭代8步的迭代过程,从图中可以看出该迭代是收敛的,且收敛到不动点17。请改变初值,如 $x0 = 1.0$;3;5 等,观察"蜘蛛网"图形。

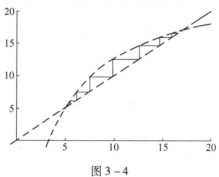

图3-4

### 3.1.3　二次函数迭代

二次函数迭代会出现与上面不同的现象和问题,如分岔、混沌这样的有趣现象。

考虑二次函数: $f(x) = ax(1 - x)$ ,其中参数 $a \in [0,4]$ 。该函数称为逻辑斯蒂(Logistic)函数,其他二次函数与 Logistic 函数有类似的性质。

定义该二次函数的迭代过程: $x_{k+1} = ax_k(1 - x_k)$ , $k = 0,1,2,\cdots$ ,初始迭代 $x_0 \in (0,1)$ 。显然,二次函数 $f(x) = ax(1 - x)$ 有两个不动点 $x = 0$ 与 $x = 1 - 1/a$ ,并且对于以不动点为初始值的迭代都将收敛于相应的不动点。

Logistic 函数产生的迭代数列收敛性如下:

如果 $a \in (0,1]$ ,则迭代对于任何不动点以外的初始值都是收敛的,并收敛于不动点 $x = 0$ 。

如果 $a \in [1,3)$ ,则迭代对于任何不动点以外的初始值都是收敛的,并收敛于不动点 $x = 1 - 1/a$ 。

如果 $a \in [3,4]$ ,则迭代的收敛性非常难以想象! 随着参数 $a$ 的取值增大,迭代数列会出现诸如收敛、周期振荡、分岔、混沌之类的从有规律到无规律,又从无规律到有规律等非常复杂的、有趣的,甚至怪异的现象。例如,当 $a \in (3,1 + \sqrt{6}]$ ,迭代数列将在如下两个值 $x_{21}, x_{22}$ 之间来回振荡,即2-周期,其中

$$x_{21} = \frac{a + 1 + \sqrt{a^2 - 2a - 3}}{2a}, x_{22} = \frac{a + 1 - \sqrt{a^2 - 2a - 3}}{2a}$$

当 $a \in (1 + \sqrt{6}, 3.54409]$，迭代数列将在 4 个值 $x_{41}, x_{42}, x_{43}, x_{44}$ 之间来回振荡，即 4 - 周期，它是前一阶段周期的两倍，称为倍周期(Period Doubling)现象，由于该倍周期现象的周期基数为 2，因此又称为倍 2 - 周期现象。

**例 3 - 9**　对于 Logistic 映射 $f(x) = ax(1 - x)$，我们来做一个实验。首先取 $a = 3$，在 $(0, 1)$ 中随机取一数作为初值 $x_0$ 进行迭代，$x_k = ax_{k-1}(1 - x_{k-1})(k = 1, 2, \cdots)$，共迭代 300 次左右，丢弃起始的 100 次迭代的数据，在图上绘出所有的迭代点 $(a, x_k)$，$k > 100$。然后慢慢地增加 $a$ 值，每增加一次，都重复前面的步骤，$a$ 取步长 0.01，一直增加到 $a = 4$ 为止，这样得到的图形，称为 Feignbaum 图。

**解：**Mathmatica 程序如下：

```
Clear[f,a,x];
    f[a_,x_]:=ax(1-x);
    x0=0.5;r={};
    Do[For[i=1,i<=300,i++,x0=f[a,x0];If[i>100,r=Append[r,
{a,x0}]]],
{a,3.0,4.0,0.01}];
    ListPlot[r]
```

为了获得更细致的图形，可将 $a$ 的步长再缩少(上图计算步长为 0.01)。不过，由于循环次数较多，运行程序时间就会较长。

Feignbaum 图对于分析函数 $f(x) = ax(1 - x)$ 的迭代行为非常有用。从图 3 - 5 可以看出：较左部分是一些清晰的曲线段，这说明对该范围内的任一 $a$ 值而言，当迭代进行到 100 次以后，迭代所得的 $x_k$ 只取有限的几个值，表明迭代序列构成了一个循环，其周期等于竖直的直线与图形交点个数；从左到右，每一段曲线到一定位置同时一分为二，表明迭代序列的循环周期在这些位置处增长了一倍。因而曲线的这种分叉，被称为倍周期分支，有时也叫 Pitch - Fork 分支；因此，倍 2 - 周期的分裂行为的周期依次是：2, 4, 8, 16, 32, 64, ⋯倍 3 - 周期的分裂行为的周期依次是：3, 6, 12, 24, 48, 96, ⋯

以上这些由 2 - 周期到 4 - 周期, 4 - 周期到 8 - 周期, 8 - 周期到 16 - 周期等倍周期分裂行为就是所谓的**分岔**(Bifurcation)。随着 $a$ 的增长，出现分支位置的间隔越来越少，大约在 $a = 3.57$，分支数已看不清楚，这是便出现了混沌，由此向右的区域被称为混沌区域。但是并非对所有大于 3.57 的 $a$，函数迭代都出现混沌，在图 3 - 5 中可看到，混沌区域中有一些空白带，这些空白带由若干段曲线构成，说明对于相应的 $a$，迭代出现周期循环，因此这些空白带成为混沌区域中的周期窗口。例如当 $a = 3.84$ 时，迭代序列出现了周期为 3 的循环，因此对应于 $a$ 在 3.84 附近的区域就是一个周期为 3 的循环窗口。

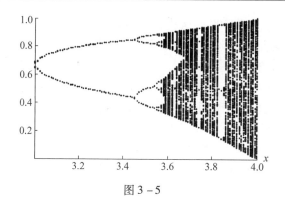

图 3 - 5

试一试:画出参数 $a$ 在 $[2,4]$ 上等距(步长取为 0.02)取值时的 Feignbaum 图,去掉迭代的前 10000 项后的 1000 项的结果。

### 3.1.4　实验内容与要求

试综合使用图形分析方法、数值方法、演绎推导与逻辑证明方法完成以下实验。

**实验 3 - 1**

研究下列数列的极限状态与规律。

1. 设 $a_{n+1} = a_n + \dfrac{1}{a_n}, a_1 = 1$,研究数列 $a_n$ 的极限行为。

(1) 在平面上画出顺次连接点 $(n, a_n)$, $n = 1,2,\cdots,2000$ 的折线图。

(2) 根据上述图形,你认为数列 $a_n$ 的极限是什么?

(3) 用一恰当的函数 $y = f(x)$ 去拟合上述图形。

2. 数列 $x_n$ 满足: $x_{n+1} = \dfrac{1}{2}\left(x_n + \dfrac{a}{x_n}\right)(a > 0, x_0 > 0)$。

(1) 验证数列 $x_n$ 收敛,并求出它的极限;

(2) 利用迭代式 $x_{n+1} = \dfrac{1}{2}\left(x_n + \dfrac{a}{x_n}\right)$ 及 $x_{n+1} = \dfrac{x_n^3 + 3x_n a}{3x_n^2 + a}(a > 0, x_0 > 0)$ 计算 $\sqrt{a}$,并比较迭代结果。

3. 研究数列 $a_n = \sin n$ 的极限状态的规律。

(1) 在平面上画出点列 $(n, a_n)$, $n = 1,2,\cdots,N$(如: $N = 4000$)。

(2) 根据上述图形,你认为数列 $a_n$ 的极限是否存在?

(3) 你能从上述图形中观察到点列的分布有什么规律?

(4) 你能否证明所观察到的规律?

**实验参考：**

1. 显示点列 $(n, a_n)$，$n = 1, 2, \cdots, k$ 的函数

an[x_] : = N[x + 1 / x]

dian[k_Integer] : = Module[{t = {}, n, a1 = 1}, AppendTo[t, {1, a1}];

For[n = 1, n < = k, n + +, a1 = an[a1]; AppendTo[t, {n,

a1}]]; t]

pc = dian[2000];

画散点图 ListPlot[pc, PlotStyle→{PointSize[0.001]}]

2.

Module {a = 12, startPoint = 0.1, nestCount = 10},

TableForm {Range [nestCount + 1] − 1},

NestList $\left[ N \left[ \dfrac{1}{2} \left( \# + \dfrac{a}{\#} \right) \right] \&, \text{startPoint}, \text{nestCount} \right]$,

NestList $\left[ N \dfrac{\#^3 + 3 \# a}{3 \#^2 + a} \&, \text{startPoint}, \text{nestCount}, \text{TableDirections Row} \right.$

TableHeadings "迭代次数," $x_{n1} \dfrac{1}{2} x_n \dfrac{a}{x_n}$ "," $x_{n1} \dfrac{x_n^3}{3 x_n^2} \dfrac{3 x_n a}{a}$ ", None

3. 显示点列 $(i, \sin i)$，$i = 1, 2, \cdots, n$ 的函数。

Module[{nN = 4000},

ListPlot[ Transpose[{Range[nN], Table[Sin[i] //N, {i, 1, nN}]}],

PlotStyle → {PointSize[Small]} ] ] （见图 3 − 6）

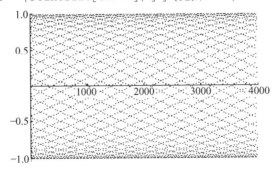

图 3 − 6

**实验 3 − 2**

考察用迭代函数 $g(x) = 2\sin x$ 求解方程 $f(x) = 2\sin x - x = 0$ 的解的情况。

（1）在同一直角坐标系中，画出 $y = x$ 及 $y = g(x)$ 的图像。从图上观察，方程 $x = 2\sin x$ 有几个解？

（2）取初值 $x_0 = 0.5$ 进行迭代，迭代序列是否收敛，如果收敛，它收敛到哪

一个解? 取其他初值,观察迭代的结果。是否可以选取非零的初值 $x_0$,使得迭代序列收敛到 $f(x)=0$ 的解 $x=0$?

(3) 如果建立迭代格式 $x_{k+1}=(x_k+2\sin x_k)/2$,这样的迭代是否更有效?

(4) 你能否解释(2)、(3)中观察到的现象? 对非线性迭代,迭代序列收敛性与什么因素有关?

对于给定的方程 $f(x)=0$,可以有许多种方式将它改写成为等价的形式 $x=\varphi(x)$。但重要的是如何改写可以使得迭代序列收敛? 如何改写才能使得迭代序列收敛得更快?

**实验参考**

(1) 略。

(2) NestList[2 Sin[#] &, 0.5, 20]

(3) NestList[(# + 2 Sin[#])/2 &, 0.5, 20]

注:迭代收敛快慢,与迭代函数的导函数值大小有关。

(4) 略。

**实验 3 - 3**

(1) 将方程 $x^3-3x+1=0$ 改写成各种等价的形式进行迭代,观察迭代是否收敛,并给出解释。

(2) 对迭代格式 $x=(1-\lambda)x+\lambda(x^3-2x+1)$,选择 $\lambda$ 值进行迭代,观察收敛速度记录实验结果。

**实验参考:**

(1)

```
Clear[f,g,x,x1,x2,x3,k]
f[x_]:=x^3-3x+1; g[x_]:=3x^2-3; Plot[f[x],{x,-3,3}];
x1=-2; x2=0.5; x3=1.4; k=0;
Print["k x1 x2 x3"];
While[(Abs[f[x1]]>0.0001 ||Abs[f[x1]]>0.0001 ||Abs[f[x1]]>
0.0001),
    Print[k,"",x1,"",x2,"",x3];
      x1=N[x1-f[x1]/g[x1]]; x2=N[x2-f[x2]/g[x2]]; x3=N[x3-f
[x3]/g[x3]]; k=k+1];
    Print[k,"",x1,"",x2,"",x3]
```

(2)

```
TableForm[
Table[Insert[NestList[(1 - r) # + r (#^3 - 2 # + 1) &, r //N, 20],
    r, 1], {r, -0.5, 1, 0.2}], TableDirections → Row,
```

```
TableHeadings → {{""}, {"r", "Nest"}}]
```

**实验 3 - 4**

用三种方法求方程 $e^x - 3x = 0$ 的根。

**实验参考：**

方法 1：画出函数 $f(x) = e^x - 3x$ 的图形：f[x_]: = E^3 - 3 x; Plot[f[x], {x, -3,3}]由图知方程 $e^x - 3x = 0$ 在区间 $(0,1)$ 与 $(1,2)$ 内各有一个根。用如下语句求根：

```
FindRoot[E^x - 3x = =0, {x,1}]; FindRoot[E^x - 3x = =0, {x,2}]
```

方法 2：将 $x0 = 0$ 及 $x0 = 1$ 分别选为初始值，用牛顿迭代法求方程的近似根，误差不超过 $10^{-8}$。

输入：x0 = 0; x1 = 1; k = 0;

```
While[Abs[x0 - x1] >10^ - 8, x0 = x1; x1 = N[x0 - f[x0]/f'[x0],10]; k + +];
        Print["k =", k ,"   x =",x1]
```

得到：k = 6; x = 0.6190613

输入：x0 = 1; x1 = 2; k = 0;

```
While[Abs[x0 - x1] >10^ - 8, x0 = x1; x1 = N[x0 - f[x0]/f'[x0],10]; k + +];
        Print["k =", k ,"   x =",x1]
```

得到：k = 6; x = 1.51213

方法 3：用二分法求方程在区间 $[0,1]$ 内的近似根，使误差不超过 $10^{-5}$。

```
Clear[f,x1,x2,x0,i];
f[x_]: = N[E^x - 3x,8];
x1 = 0; x2 = 1; m = 5;
If[f[x1] * f[x2] <0, epsi = x2 - x1; i = 0;
While[epsi > =10^( - m), x0 = (x1 +x2)/2;
Which[f[x0] * f[x1] <0,{x1 = x1; x2 = x0; epsi = (x2 - x1)},
    f[x0] * f[x1] >0,{x1 = x0; x2 = x2; epsi = (x2 - x1)}, f[x0] = 0, epsi = 0];
    i + +]; Print["The root is ", N[x0,8]]; Print["i =",i]]
```

经过 17 次迭代可以求出近似根：0.6190613，若取 x1 = 1; x2 = 2，可以求出方程在区间 $[1,2]$ 内的近似根为 1.512138。

**实验 3 - 5**

做非线性函数 $f(x) = ax(1 - x)$ 的迭代。

（1）对于参数 $a$ 分别取值 $[1,4]$，$[3,4]$，$[3.8284,4]$，作出 Feignbaum 图。

（2）观察倍 2 - 周期的分裂现象，尽可能多地给出分裂出现的参数取值。

（3）观察倍 4 - 周期的分裂现象。

**实验参考:**

（1）

Clear[f,a,x];

f[a_,x_]: = ax(1 - x);

x0 = 0.5; r = {};

Do[For[i = 1, i < = 300, i + +, x0 = f[a,x0]; If[i > 100, r = Append[r, {a, x0}]]],

{a,3.0,4.0,0.01}];

ListPlot[r](图 3 - 7)

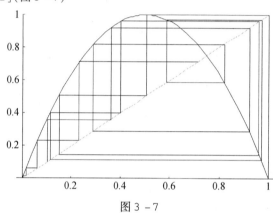

图 3 - 7

（2）（3）略。

当固定 a 值，作迭代 $x_k = ax_{k-1}(1 - x_{k-1})$（$k = 1, 2, \cdots$），可以了解点列 $x_k$ 的变化情况。下面以 a = 4 为例，也可以取其他 a 值进行观察。

Clear[g,g1,g2,x,r,r0,n];

g[x_]: = 4.0x(1 - x);

g1 = Plot[g[x], {x,0,1},

PlotStyle→RGBColor[1,0,0], DisplayFunction→Identity];

g2 = Plot[x, {x,0,1}, PlotStyle→RGBColor[0,1,0], DisplayFunction→Identity];

x0 = 0.1; r = {}; n = 20;

For[i = 1, i < n, i + +,

r0 = Graphics[

{RGBColor[0,0,1], Line[{{x0,x0}, {x0,g[x0]}, {g[x0],g[x0]}}]}];

x0 = g[x0]; AppendTo[r,r0]]

Show[g1,g2,r,r0, PlotRange→{0,1}, DisplayFunction→ $DisplayFunction]

**实验 3 – 6**

通过观察图形进一步了解函数 $f(x) = a + \sin bx$ 的迭代(多取几组参数及初值),认识混沌。

例如,对函数 $f(x) = -2 + \sin 1.5x$ 取初值 $x = 0$ 的迭代,画出其蜘蛛网图,由该图可判断该迭代得到了一个周期为 2 的循环,0 是该循环的一个预周期点;对函数 $f(x) = -2 + \sin 1.5x$ 取初值 $-0.7$ 的迭代图,可看出该迭代产生了混沌。

混沌具有两个特性:非随机性和对初始值的敏感性。若初始值产生微小的误差,则该误差随迭代序列次数呈指数性增长,因此尽管迭代序列由初值和迭代函数完全决定,但随迭代次数的增加,它与随机序列并无多大差别,故混沌又称作确定性的随机运动。

**实验参考:**

```
Clear[g,x];
g[x_]: = -2 + Sin[1.5 x];
g1 = Plot[g[x],{x, -4,1},PlotStyle→RGBColor[1,0,0],
DisplayFunction→Identity];
g2 = Plot[x,{x, -4,1}, PlotStyle→RGBColor[0,1,0],DisplayFunction→
Identity];
x0 = 0.;r = {};n = 20;
For[i = 1,i < n,i + +,
r0 = Graphics[
{RGBColor[0,0,1],Line[{{x0,x0},{x0,g[x0]},{g[x0],g[x0]}}]}];
x0 = g[x0]; AppendTo[r,r0]]
Show[g1,g2,r,r0,PlotRange→{ -4,1}, DisplayFunction→ $Display-
Function]
```

# 3.2　数据曲线拟合与插值

本节在 Mthematica 环境下学习插值与拟合的数学思想,利用 Mathematica 软件对已知数据进行拟合或插值实验,并利用显示的拟合或插值结果的图形来研究分析拟合、插值函数的优劣情况。

Mathematica 的相关命令:

Fit[data,{fun},vars](用数据 data,以 vars 为变量,按基函数 fun 构造拟合函数)。

FindFit [data, {expr, cons}, pars, vars](求出参数 pars 的数值,使 expr 作

为关于 vars 的函数给出对 data 最佳拟合)。

Interpolation[{{x$_1$,f$_1$},{x$_2$,f$_2$},…}]（构造插值函数)。

InterpolatingFunction[domain,table]（由插值得到的一函数)。

InterpolatingPolynomial[{{x$_1$,f$_1$},{x$_2$,f$_2$},…},x]（给出过点列的插值多项式)。

Interpolation 命令是通过在数据点之间进行多项式插值,构造一个近似函数,与数据拟合有所不同。Interpolation 命令所构造的近似函数曲线总是通过已知的数据点。Fit 命令所构造的近似函数曲线是实现最小二乘法原则下的线性拟合运算。

Table[通项公式,{循环范围},{循环范围}]（建表函数)。

ListPlot[{{x1,y1},{x2,y2},…}]（画出数据点{x1,y1},{x2,y2},…散点图)。

ListPlot[{y1,y2,…,yn}]（画出数据点{{1,y1},{2,y2}…,{n,yn}}图)。

Do[循环体,{循环范围}];

如:Do[Plot[Sin[n x],{x,0,2 Pi}],{n,1,3,0.25}]。

Flatten[List]（去出除序列嵌套的特殊运算)。

## 3.2.1　最小二乘拟合

在生产和科研等实际问题当中,常常通过实验测量得到一批离散数据。这些数据是问题内在规律的反映,这种规律用数学语言来描述就是函数关系。数据拟合就是通过已知数据,去寻找某个近似函数,使所得的函数与已知数据有较高的拟合精度。

数据拟合的最小二乘法:已知一组测量数据 $(x_i,y_i)i=1,\cdots,n$,寻找近似的函数关系式 $y=f(x)$,使得误差平方和 $\sum\limits_{i=1}^{n}\left[y_i-f(x_i)\right]^2$ 达最小,称 $y=f(x)$ 为数据 $(x_i,y_i)i=1,\cdots,n$ 的最小二乘拟合函数。

$m$ 次多项式拟合:

设 $y=f(x)=a_0+a_1x+a_2x^2+\cdots+a_mx^m,a_0,a_1,a_2,\cdots+a_m$,其中 $a_0,a_1,\cdots,$ $a_m$ 是待定系数。目标函数 $S(a)=\sum\limits_{i=1}^{n}\left[y_i-f(x_i)\right]^2$ 是关于 $a_0,a_1,\cdots,a_m$ 的多元函数,由多元函数取极值的必要条件知,欲使 $S$ 达到极小,须满足条件 $\dfrac{\partial S}{\partial a_k}=0$,即

$\sum\limits_{i=1}^{n}\left[f(x_i)-y_i\right]x^k=0(k=0,1,\cdots,m)$,展开得到:

$$\begin{cases} na_0 + a_1 \sum_{k=1}^{n} x_k + a_2 \sum_{k=1}^{n} x_k^2 + \cdots + a_m \sum_{k=1}^{n} x_k^m = \sum_{k=1}^{n} y_k \\[2mm] a_0 \sum_{k=1}^{n} x_k + a_1 \sum_{k=1}^{n} x_k^2 + a_2 \sum_{k=1}^{n} x_k^3 + \cdots + a_m \sum_{k=1}^{n} x_k^{m+1} = \sum_{k=1}^{n} y_k x_k \\[2mm] a_0 \sum_{k=1}^{n} x_k^m + a_1 \sum_{k=1}^{n} x_k^{m+1} + a_2 \sum_{k=1}^{n} x_k^{m+2} + \cdots + a_m \sum_{k=1}^{n} x_k^{2m} = \sum_{k=1}^{n} y_k x_k^m \end{cases} \quad (3-1)$$

式(3－1)是关于未知量 $a_0, a_1, \cdots, a_m$ 的线性方程组,称为正规方程组。对于给定的测量数据,可以从正规方程组中解出 $a_0, a_1, \cdots, a_m$,于是就求得了拟合函数 $y = f(x)$,此方法也称为线性最小二乘拟合。

### 3.2.2　拉格朗日插值

对于给定函数 $f(x)$ 的数据表 $(x_i, f(x_i)), i = 0, 1, \cdots, n$,构造 $n$ 次拉格朗日插值函数 $L_n(x)$,用插值函数 $L_n(x)$ 近似函数 $f(x)$。

如:给定 3 个点的函数值 $y_i = f(x_i), x_i = x_0 + ih(i = 0, 1, 2)$,构造二次拉格朗日插值函数为

$$L_2(x) = \frac{(x-x_1)(x-x_2)}{(x_0-x_1)(x_0-x_2)} y_0 + \frac{(x-x_0)(x-x_2)}{(x_1-x_0)(x_1-x_2)} y_1 +$$

$$\frac{(x-x_0)(x-x_1)}{(x_2-x_0)(x_2-x_1)} y_2 \quad (3-2)$$

使得

$$L_2(x_i) = f(x_i) \quad (i = 0, 1, 2) \quad (3-3)$$

也称 $L_2(x)$ 为二次拉格朗日插值多项式,或叫作抛物插值。式(3－3)称作插值条件。

### 3.2.3　拟合与插值举例

**例 3－10**　在某化学反应里,由实验得到生物的浓度 $y$ 与时间 $t$ 的关系如下,求浓度与时间关系的拟合曲线。

设 $t$ 的变化为 1 到 16 分钟,相应 $y$ 的值为 4,6.4,8.0,8.4,9.28,9.5,9.7,9.86,10.0,10.2,10.32,10.42,10.5,10.55,10.58,10.6。

**解:** 为确定拟合函数的类型,可先在直角坐标系中作出散点图,键入

```
Clear[data,fp,gp]
```
```
data = {{1,4},{2,6.4},{3,8.0},{4,8.4},{5,9.28},{6,9.5},{7,9.7},{8,
9.86},{9,10.0},{10,10.2},{11,10.32},{12,10.42},{13,10.5},{14,10.55},
```

{15,10.58},{16,10.6}}

　　sdt = ListPlot[data,PlotStyle→{RGBColor[0,1,0],PointSize[0.04]}];

若用四次多项式进行拟合,则键入

　　nh = Fit[data,{1,x,x^2,x^3,x^4},x](拟合)

　　fp = Plot[nh,{x,0,17},PlotStyle→{RGBColor[1,0,0]}];

　　Show[sdt,fp](显示散点图和拟合曲线图)

运行后,可得拟合函数的表达式:

$$1.21255 + 3.41612x - 0.512179x^2 + 0.0342506x^2 - 0.000032329x^4$$

以及散点图与拟合函数图。从图 3 - 7 中可见其吻合情况(图 3 - 8 左)。

　　此例中,亦可用对数函数进行拟合。键入:

　　t1 = Fit[data,{Log[x],1},x]

　　t2 = Plot[t1,{x,0,17},PlotStyle→{RGBColor[1,0,0]}];

　　Show[sdt,t2](显示散点图和拟合曲线图)

运行后可得拟合函数为:4.99913 +2.22758 Log[x],从散点图与拟合函数图亦可看到二者的吻合情况(图 3 - 8 右)。

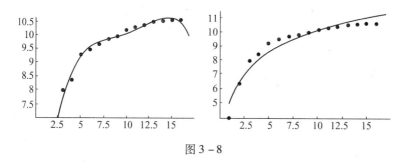

图 3 - 8

　　如果拟合函数族是{1,x,x^2,…,x^n},输入可以简化为

　　　　Fit[ff,Table[x^i,{i,0,n},x]

注:用 Mathematica 进行数据的曲线拟合,一般步骤如下:(1)根据实验数据作出散点图;(2)由散点图的情形选择拟合函数的类型;(3)用 Fit 求拟合函数,将散点图与拟合函数图进行比较,看二者吻合情况是否满意,若不满意,可重新选择拟合函数。

　　**例 3 - 11**　求点数据 data = {{0,1.2},{1,1.4},{2,1.3},{3,1.5},{4,1.3},{5,1.3},{6,1.1}}的拟合曲线及插值曲线。

　　**解:**先做散点图。

```
data = {{0,1.2},{1,1.4},{2,1.3},{3,1.5}, {4,1.3}, {5,1.3},{6,1.1}}
t1 = ListPlot[data,PlotStyle→{PointSize[0.02],RGBColor[1,0,0]}];
```

1）用五次多项式进行拟合，并作图：

```
fx = Fit[data,Table[x^i,{i,0,5}],x];
t2 = Plot[fx,{x,0,6},PlotStyle→RGBColor[1,0,1]];
Show[t1,t2]
```
（如图 3 - 9 左图所示,拟合的情况不太理想）

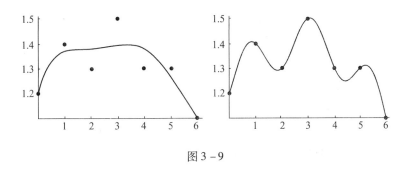

图 3 - 9

利用 FindFit 寻求最佳拟合函数,有：

```
model = a1 + b1 x + c1 x^2 + d1 x^3 + a2 Sin[b2 x + c2];
fit = FindFit[data,model,{a1,a2,b1,b2,c1,c2,d1},x]
Show[Plot[model/.fit,{x,0,6.}],ListPlot[data,PlotRange→Full]]
```
（得到了较好的拟合情况,如图 3 - 9 右图所示）

2）过数据点做插值函数,画出插值曲线：

```
ix = Interpolation[data];
t3 = Plot[ix[x],{x,0.,6},PlotRange→All];
Show[t1,t3]
```
（插值曲线如图 3 - 10 所示）。

**试一试** cz = InterpolatingPolynomial[data,x],结果如何？

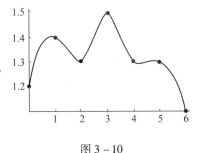

图 3 - 10

**例 3 - 12**　产生的数据由函数 $\sin x$ 的值构成,其中 $x$ 在区间 $[0,1.5]$ 上取值,两个 $x$ 之间的距离为 0.1,求拟合曲线。

**解：输入**　$ff = Table[Sin[x],\{x,0,1.5,0.1\}]; Fit[ff,\{1,x,x^2,x^3\},x]$

**输出**　$-0.103795 + 0.102963x - 0.000254029x^2 - 0.00011779x^3$

拟合曲线也不限于多项式，可以是任意给定的函数族，如：

$ff = Table[\{x,Sin[x]\},\{x,0,1.5,0.1\}]; Fit[ff,\{1,x,Sin[x]\},x]$

上例中先产生一个数组，其元素由 $\{x,\sin x\}$ 构成，两个 $x$ 之间的间距为 $0.1$，然用用函数族 $1,x$ 和 $\sin x$ 拟合，输出的结果实际上是 $\sin x$ 本身，这在情理之中（请上机观看）。

**例 3 - 13**　指数拟合（非线性拟合），求一个经验函数与所给数据拟合。

（1）给定数据

$data = \{\{1,15.3\},\{2,20.5\},\{3,27.4\},\{4,36.6\},\{5,49.1\},\{6,65.5\},\{7,87.8\},\{8,117.6\}\};$

$model = a\ Exp[k\ x];\ fit = FindFit[data,model,\{a,k\},x];$

$Show[Plot[model/.fit,\{x,1,8.\}], ListPlot[data, PlotRange\rightarrow Full]]$

（2）给定数据：x 0.4,0.5,0.6,0.7；y 1.75,1.34,1.00,0.74。

$data = \{\{0.4,1.75\},\{0.5,1.34\},\{0.6,1.00\},\{0.7,0.74\}\};$

$model = Log[b + c\ x];$

$Show[Plot[model/.fit,\{x,0.3,0.8\}], ListPlot[data, PlotRange \rightarrow Automatic]]$（图 3 - 11）

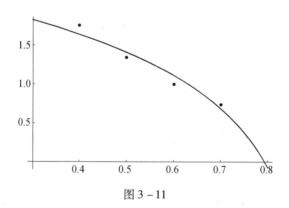

图 3 - 11

**例 3 - 14**　Mathematica 也可进行多元函数的拟合，如：

$In[1]: = d = Flatten[Table[\{x,y,1 + 5x - x*y\},\{x,0,1,0.2\},\{y,0,1,0.2\}],1];$

$Fit[d,\{1,x,y,x*y\},\{x,y\}];$

$Chop[\%]$

$Out[1] = 1. + 5.x - 1.xy$

## 3.2.4　实验内容与要求

**实验 3 - 7**

1. 产生前 30 个素数的数据表,然后用二次、三次多项式对它们进行最小二乘拟合。为观察拟合情况,请在一个图上画出数据点和拟合函数。

2. 取曲线 $y = \sin^3 x$ 在区间 $[0, 2\pi]$ 上的一段,观察用 Fit 函数的拟合情况,及用 InterpolatingPolynomial 进行插值的逼近情况。

**实验参考:**

1. 先生成 Fit 函数所要求的数据表达式,其中每个元素是 $x, y$ 数值对。

例如:

```
fp = Table[Prime[x],{x,30}]
```

分别用一元二次、三次和七次函数进行拟合:

```
f1 = Fit[fp,{1,x,x^2},x];
f2 = Fit[fp,{1,x,x^2,x^3},x];
f3 = Fit[fp,Table[x^i,{i,0,7}],x];
```

在一个图上画出数据点和拟合函数,查看拟合效果。用函数 ListPlot 画连接数据点的折线图,如:

```
ListPlot[fp,PlotStyle→{RGBColor[0,1,0],PointSize[0.04]}]
Plot[f1,{x , 1 , 30}]
Plot[f2,{x , 1 , 30}]
```

其中 $x$ 的变化范围可以由给定的数据表来确定。

```
Show[% ,% % ,% % %]
```

通过 Show 函数查看拟合的效果,如果散点图和曲线拟合图之间差距比较大,可以考虑改变拟合基函数的次数来达到提高拟合精度的目的,如可以用三次或更高次数的函数来进行数据拟合。

2. (1) Clear[t,tt,p,f,g]; p = {3,4,7,10};

```
t[y_]:= Table[{x,(Sin[x])^3},{x,0,2Pi,2Pi/y}];
tt[n_]:= Fit[t[n],Table[x^i,{i,0,n}],x];
f[n_]:= Plot[{Sin[v]^3,tt[n]/.x→v},{v,0,2Pi},PlotStyle→{RGBColor[1,0.5,0], RGBColor [0,0,1]}, PlotLabel→{n""},DisplayFunction→Identity];
h[n_]:= Show[Graphics[{PointSize[0.02],t[n]/.{a_,b_}→Point[{a,b}]}],f[n], PlotLabel → {n""}, Axes→True, DisplayFunction→ $DisplayFunction];
Map[h,p]
```
(图 3 - 12 是用 7 次多项式拟合的曲线)

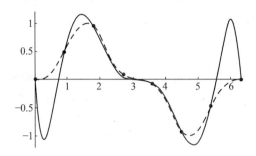

图 3 – 12

(2) Clear[t,tt,p,f,g]; p = {3,4,7,10};

t[y_]: = Table[{x,(Sin[x])^3},{x,0,2Pi,2Pi/y}];

tt[n_]: = InterpolatingPolynomial[t[n], x];(插值)

f[n_]: = Plot[{Sin[v]^3,tt[n]/.x→v},{v,0,2Pi},PlotStyle→{RGBColor[1,0.5,0], RGBColor [0,0,1]}, PlotLabel→{"n ="n" "},DisplayFunction→Identity];

g[n_]: = Show[Graphics[{PointSize[0.02],t[n]/.{a_,b_}→Point[{a, b}]}],f[n],

PlotLabel→{"n ="n" "},Axes→True,DisplayFunction→ $DisplayFunction];

Map[g,p]

**实验 3 – 8**

1. 给出概率积分 $f(x) = \dfrac{2}{\sqrt{\pi}} \displaystyle\int_0^x \mathrm{e}^{-t^2} \mathrm{d}t$ 的数据表 3 – 1。

表 3 – 1

| $x$ | 0.46 | 0.47 | 0.48 | 0.49 |
|---|---|---|---|---|
| $y = f(x)$ | 0.4846555 | 0.4937452 | 0.5027498 | 0.5116483 |

(1) 求该数据的三次插值多项式;

(2) 当 $x = 0.472$ 时,该积分值等于多少?

(3) 当 $x$ 为何值时,积分值等于 0.5?

(4) 绘制数据表,函数 $f(x)$ 和插值多项式 $P_3(x)$ 的图形,注意观察内插值和外插值效果,总结观察结果。

2. 对 $y = \dfrac{1}{1+x^2}$, $-5 \leqslant x \leqslant 5$,用 $n = 20$ 的等距分点进行多项式插值,绘制 $y$ 及其插值多项式的图形,并作比较,观察高次多项式插值的特性。

3. 在飞机制造业中,机翼的加工是一项关键技术。由于机翼的尺寸很大,通常在图纸中只能标出某些关键点的数据。表 3 - 2 给出的是某型号飞机的机翼上缘轮廓线的部分数据。根据表 3 - 2 中所提供的数据,设法解决机翼上缘轮廓线的数据加细问题,为数控机床提供符合设计要求的加工数据,并打印出该数据表。论证你所采用的方法的合理性。

表 3 - 2　机翼上缘轮廓线的数据

| $x$ | 0.00 | 4.74 | 9.50 | 19.00 | 38.00 | 57.00 | 76.00 |
|---|---|---|---|---|---|---|---|
| $y$ | 0.00 | 5.32 | 8.10 | 11.97 | 16.15 | 17.10 | 16.34 |
| $x$ | 95.00 | 114.00 | 133.00 | 152.00 | 171.00 | 190.00 | |
| $y$ | 14.63 | 12.16 | 9.69 | 7.03 | 3.99 | 0.00 | |

**实验 3 - 9　湖水温度变化问题**

湖水在夏天会出现分层现象,其特点为接近湖面的水温度较高,越往下温度变低。这种上热下冷的现象影响了水的对流和混合过程,使得下层水域缺氧,导致水生鱼类的死亡。

根据表 3 - 3 提供的某个湖的观测数据,求湖水在 $10m$ 处的温度是多少?湖水在什么深度温度变化最大?

表 3 - 3　某湖温度的观测数据

| 深度/ m | 0 | 2.3 | 4.9 | 9.1 | 13.7 | 18.3 | 22.9 | 27.2 |
|---|---|---|---|---|---|---|---|---|
| 温度/ ℃ | 22.8 | 22.8 | 22.8 | 20.6 | 13.9 | 11.7 | 11.1 | 11.1 |

**实验参考:**

1)问题的分析与假设。

本问题只给出了有限的实验数据点,可以想到用插值和拟合的方法来解决题目的要求。假设湖水深度是温度的连续函数,引入符号如下:

　　$h$:湖水深度,单位为 m;

　　$T$:湖水温度,单位为℃,它是湖水深度的函数:$T = T(h)$。

这里用多项式拟合的方法来求出湖水温度函数 $T(h)$。然后利用求出的拟合函数就可以解决本问题了。

2）模型的建立。

根据所给数据作图。用 $x$ 轴表示湖水深度，$y$ 轴表示湖水温度，画出散点图。操作命令为

d = {{0,22.8},{2.3,22.8},{4.9,22.8},{9.1,20.6},{13.7,13.9},

　　　{18.3,11.7},{22.9,11.1},{27.2,11.1}}

q = ListPlot[d,PlotStyle→PointSize[0.02]]（画散点图）

方法1：

插值函数：Th1 = Interpolation[d];

得到得插值曲线：InterpolatingFunction[{{0.,27.2}},< >];

　　画图：d1 = Plot[Th1[x],{x,0.,27.2},PlotRange→All];

　　　　Show[q,d1]（图3-13(a)）

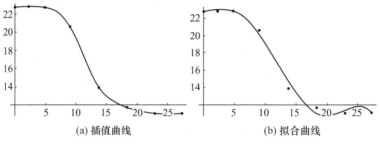

(a) 插值曲线　　　　　　　　(b) 拟合曲线

图3-13

方法2：

做散点的拟合曲线：观察散点图的特点，并通过实验选取不同的基函数类进行实验，发现用四次多项式拟合比较好。

　　如：Th2 = Fit[d,{1,h,h^2,h^3,h^4,h^5},h]

得拟合函数：Th2 = 22.711 + 0.0281h + 0.0866$h^2$ - 0.0236 $h^3$ + 0.0013$h^3$

- 0.0000218$h^5$

　　画图：d2 = Plot[Th2,{h,0,27.2}];Show[q,d2]（图3-13(b)）;

比较图3-13中的二图可知，插值曲线与拟合曲线有差别。求出湖水在10m处的温度分别为：Th1/ . x→10，得19.373；及 Th2/ . h→10，得19.0975℃。

3）求最值。

湖水在什么深度温度变化最大，要求出函数 $T(h)$ 的导函数 $T'(h)$ 的绝对值最大值点。为此对所求拟合函数 Th2 关于 h 的导数并找出最大值点，键入如下命令：

　　q1 = D[Th2,h];Plot[q1,{h,0.,27.2}]

得到：

q1 = 0.0280756 + 0.17311h − 0.0707107h$^2$ + 0.00528073h$^3$ − 0.000109067h$^4$

从导函数图形 3 − 14 上观察到其在 10 附近可以取得绝对值最大值,键入命令:

FindMinimum[q1,{h,10}],得到{ −1.21357, {h→11.9312}}

即 h = 11.9312 是导函数的绝对值最大值点,于是可以知道湖水在深度为 11.9312m 时温度变化最大。

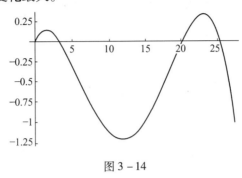

图 3 − 14

# 3.3　数值微分和数值积分

数值微分和数值积分是数值计算的重要内容。当函数 $f(x)$ 以离散点列给出,或函数的表达式过于复杂时,可通过插值、拟合或泰勒展开等方法形成 $f(x)$ 的近似函数,从而寻求 $f(x)$ 导数或 $f(x)$ 积分的近似值。

本实验学习用 Mathematica 数学软件计算函数的泰勒展开,函数的数值微分和数值积分,复习函数的插值与拟合。

## 3.3.1　数值微分

### 1. 差商型数值微分公式

当函数 $f(x)$ 可导时,有

$$f'(x) = \lim_{h \to 0} \frac{f(x+h) - f(x)}{h} = \lim_{h \to 0} \frac{f(x) - f(x-h)}{h}$$
$$= \lim_{h \to 0} \frac{f(x+h) - f(x-h)}{2h}$$

故导数也称为差商(平均变化率)的极限,在数值计算中,可用差商来近似导数值。

如果用中心差商近似导数:

$$f'(x) \approx \frac{f(x+h) - f(x-h)}{2h} \qquad (3-4)$$

设函数 $f(x)$ 三阶导函数连续,由泰勒展开:

$$f(x+h) = f(x) + f'(x)h + \frac{1}{2!}f''(x)h^2 + \frac{1}{3!}f'''(\xi_1)h^3$$

$$f(x-h) = f(x) - f'(x)h + \frac{1}{2!}f''(x)h^2 - \frac{1}{3!}f'''(\xi_2)h^3$$

可得中心差商的截断误差:

$$R(x) = f'(x) - \frac{f(x+h) - f(x-h)}{2h} = \frac{1}{12}[f'''(\xi_1) + f'''(\xi_2)]h^2$$

即 $f'(x) = \dfrac{f(x+h) - f(x-h)}{2h} + \dfrac{1}{6}f'''(\xi)h^2$,$\xi$ 介于 $x-h$ 和 $x+h$ 之间。

几何意义:

函数 $f(x)$ 在 $x = x_0$ 点的导数 $f'(x_0) = \lim\limits_{h \to 0} \dfrac{f(x_0+h) - f(x_0)}{h}$,几何意义是 $f(x)$ 在 $x = x_0$ 处切线 $L$ 的斜率,中心差商:$\dfrac{f(x_0+h) - f(x_0-h)}{2h}$ 是过两点 $(x_0-h, f(x_0-h))$ 和 $(x_0+h, f(x_0+h))$ 连线 $T$ 的斜率,直线 $T$ 是过曲线 $f(x)$ 的一条割线。可见数值微分是用曲线割线的斜率近似切线的斜率,如图 3-15 所示。

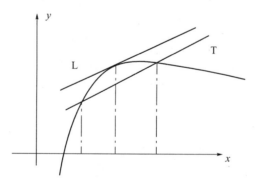

图 3-15　微商与差商几何意义示意图

用公式(3-4)计算导数的近似值,需选取合适的步长 $h$。因为,从中点公式的截断误差看,步长 $h$ 越小,计算结果就越准确,但从舍入误差的角度看,当 $h$ 很小时,$f(x+h)$ 与 $f(x-h)$ 很接近,两相近数直接相减会造成有效数字的严重损失,因此,步长 $h$ 又不易取得太小。

**例 3-15**　用公式(3-4)求函数 $f(x) = \sqrt{x}$ 在点 $x = 2$ 处的导数。数值微分

的计算公式为

$$f'(2) \approx G(h) = \frac{\sqrt{2+h} - \sqrt{2-h}}{2h}$$

如取 4 位小数计算,结果见表 3 – 4。

表 3 – 4

| $h$ | $G(h)$ | $h$ | $G(h)$ | $h$ | $G(h)$ |
|---|---|---|---|---|---|
| 1 | 0.3660 | 0.05 | 0.3530 | 0.001 | 0.3500 |
| 0.5 | 0.3564 | 0.01 | 0.3500 | 0.0005 | 0.3000 |
| 0.1 | 0.3535 | 0.005 | 0.3500 | 0.0001 | 0.3000 |

导数 $f'(2)$ 的准确值为 0.353553,可见,$h = 0.1$ 时逼近效果较好,如果进一步缩小步长,则逼近的效果会越来越差。

**2. 插值型数值微分公式**

插值型数值微分的基本思想是利用二次拉格朗日插值多项式 $L_2(x)$ 的导数近似代替 $f(x)$ 的导数,其表达式为

$$L'_2(x) = \left[ \frac{(x-x_1)(x-x_2)}{(x_0-x_1)(x_0-x_2)}y_0 + \frac{(x-x_0)(x-x_2)}{(x_1-x_0)(x_1-x_2)}y_1 + \frac{(x-x_0)(x-x_1)}{(x_2-x_0)(x_2-x_1)}y_2 \right]'$$

$$= \frac{(x-x_1)+(x-x_2)}{(x_0-x_1)(x_0-x_2)}y_0 + \frac{(x-x_0)+(x-x_2)}{(x_1-x_0)(x_1-x_2)}y_1 + \frac{(x-x_0)+(x-x_1)}{(x_2-x_0)(x_2-x_1)}y_2$$

$$(3-5)$$

由此得到 $f(x)$ 在三点 $x_i = x_0 + ih(i = 0,1,2)$ 处导数的近似值:

$$\begin{cases} f'(x_0) \approx L'_2(x_0) = \dfrac{-3y_0 + 4y_1 - y_2}{2h} \\[2mm] f'(x_1) \approx L'_2(x_1) = \dfrac{y_2 - y_0}{2h} \\[2mm] f'(x_2) \approx L'_2(x_2) = \dfrac{y_0 - 4y_1 + 3y_2}{2h} \end{cases} \qquad (3-6)$$

其中 $y_i = f(x_i)$,$i = 0,1,2$。式(3 – 6)称作三点插值微分公式。

**例 3 – 16**　人口增长模型。从 1780 年到 1990 年某国人口(单位以百万计的)的列表,我们来研究人口变化的函数表达与变化率问题。设表 3 – 5 中给定的 22 个年份是自变量:1780,1790,…,1990,函数值是对应年份的人口数量。

表 3 - 5

| 年 | 人口(百万计) | 年 | 人口(百万计) |
|------|-------------|------|-------------|
| 1780 | 2.78 | 1890 | 62.95 |
| 1790 | 3.93 | 1900 | 75.99 |
| 1800 | 5.31 | 1910 | 91.97 |
| 1810 | 7.24 | 1920 | 105.71 |
| 1820 | 9.64 | 1930 | 122.77 |
| 1830 | 12.87 | 1940 | 131.67 |
| 1840 | 17.07 | 1950 | 150.70 |
| 1850 | 23.19 | 1960 | 179.32 |
| 1860 | 31.44 | 1970 | 203.30 |
| 1870 | 39.82 | 1980 | 226.55 |
| 1880 | 50.16 | 1990 | 248.71 |

　　利用下列语句可以画出某国人口在 22 年中的变化状况,点列和曲线描述了人口列表函数的变化趋势,使我们对表 3 - 5 的人口变化趋势有了定性认识。

biao = {{1780,2.78},{1790,3.93},{1800,5.31},{1810,7.24},{1820, 9.64},{1830,12.87},{1840,17.07},{1850,23.19},{1860,31.44},{1870,39. 82},{1880,50.16},{1890,62.95},{1900,75.99},{1910,91.97},{1920,105.71}, {1930,122.77},{1940,131.67},{1950,150.70},{1960 ,179.32},{1970,203. 30},{1980 ,226.55},{1990,248.71}};

tu1 = ListPlot[biao,PlotStyle→PointSize[0.02],AxesLabel→{"x ","y "},PlotStyle→Hue[.6]];

　　图 3 - 16 中曲线单调上升,可以用插值或拟合函数近似这种趋势。如下面用三次多项式拟合,有

px = Fit[biao,{1,t,t^2,t^3},t]

tu2 = Plot[px,{t x,1780,1990},PlotStyle→{RGBColor[1,0,0]}]

Show[tu1,tu2] (见散点与拟合曲线图 3 - 16)

　　用拟合函数

$$p(t) = -12487.5 + 29.7925t - 0.0216126t^2 + 4.85371 \times 10^{-6}t^3$$

$$(3 - 7)$$

可近似地预测年份 $t$ 时某国的人口。例如 $t = 1990$ 年时,$p(1990) = 249.895$ 人,和实际记录的数字 248.71(百万)比较存在误差。实际上,用函数 $p(t)$ 可以计算区间 [1780,1990] 内任何时间的近似值,例计算 1982 年、1943 年等的人口数。

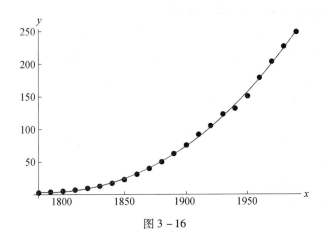

图 3 − 16

**练习 1**　按照例 3 − 16,做

(1)扩大定义域为[1780,2010],并用公式(3 − 7)来预测 2010 年的人口。

(2)用指数函数拟合人口变化的情况,观察拟合曲线的误差情况。

如:马尔萨斯模型。1790 年到 1860 年之间,某国人口的相对增长率大致为一常数。若假设数量为 $p(t)$ 的人口相对增长率准确地就是一个常数 $k$,可得到了人口增长的指数模型:

$$\frac{1}{p}\frac{\mathrm{d}p}{\mathrm{d}t} = k \tag{3 − 8}$$

它的解是指数函数族:$P = P_0 \mathrm{e}^{kt}$,其中 $p_0$ 是 $t = 0$ 时的人口数量。把十年增长率调整到连续增长率 $k = 0.0298$ 时,利用指数模型得到了好的预测结果。

表 3 − 6

| 某国人口预测值与实际值的比较(指数模型) | | | | | |
|---|---|---|---|---|---|
| 年 | 实际值 | 预测值 | 年 | 实际值 | 预测值 |
| 1790 | 3.9 | 3.9 | 1830 | 12.9 | 12.8 |
| 1800 | 5.3 | 5.3 | 1840 | 17.1 | 17.3 |
| 1810 | 7.2 | 7.1 | 1850 | 23.1 | 23.3 |
| 1820 | 9.6 | 9.5 | 1860 | 31.4 | 31.4 |

153

### 3. 相对增长率和绝对增长率问题

设人口数函数 $p(t)$。我们经常用相对增长率描述人口增长的数字。例如，我们说世界人口为 53 亿，而年增长率为在当年基础上增长 2%，即

$$\frac{\mathrm{d}p/\mathrm{d}t}{p} = \frac{1}{p}\frac{\mathrm{d}p}{\mathrm{d}t} = 0.02$$

其中 $\mathrm{d}p/\mathrm{d}t$ 叫作绝对增长率，单位为人/年；而 $\dfrac{\mathrm{d}p/\mathrm{d}t}{p}$ 叫作相对增长率，它是绝对增长与人口数量的比值，它的单位为 %/年。

用数值微分法估算 $\mathrm{d}p/\mathrm{d}t$。

正像我们通常看到的，人口数量 $p(t)$ 所能知道的是在一些特定时刻它们的值，那么我们就只有用 $\Delta p/\Delta t$ 来近似代替 $\mathrm{d}p/\mathrm{d}t$。这种近似我们可以有多种不同的方法办到。

如：单向估算

$$\frac{\mathrm{d}p}{\mathrm{d}t} \approx \frac{p(t+10)-p(t)}{10}, \text{或：} \frac{\mathrm{d}p}{\mathrm{d}t} \approx \frac{p(t)-p(t-10)}{10}$$

双向估算（一种更加准确的估算）

$$\frac{\mathrm{d}p}{\mathrm{d}t} \approx \frac{1}{2}\left[\frac{p(t+10)-p(t)}{10} + \frac{p(t)-p(t-10)}{10}\right]$$

**例 3 – 17**  用数值微分方法来估算间隔 10 年的人口相对增长率：

$$\frac{1}{p}\frac{\mathrm{d}p}{\mathrm{d}t} \approx \frac{1}{p(t)}\frac{p(t+10)-p(t)}{10}$$

取 $t = 1790$ 年，1800 年等，得到某国人口每 10 年增长率的估算值表 3 – 7。

表 3 – 7

| 年 | 1790 | 1800 | 1810 | 1820 | 1830 | 1840 | 1850 |
|---|---|---|---|---|---|---|---|
| 增长率% | 3.59 | 3.58 | 3.33 | 3.44 | 3.26 | 3.57 | 3.53 |

表明了每 10 年的相对增长率，其平均增长率为 3.47%。

**练习 2**  利用公式(3 – 6)，依据表 3 – 4 对人口的增长率进行估算。

## 3.3.2  数值积分

数值积分法的思想来源于定积分的定义，即 $\displaystyle\int_a^b f(x)\,\mathrm{d}x = \lim_{\lambda \to 0}\sum_{i=1}^{n} f(x_i)\Delta x_i$，如

连续函数的定积分,有数值积分公式:

$$\int_a^b f(x)\,\mathrm{d}x \approx \left[\frac{f(a)+f(b)}{2} + \sum_{i=1}^{n-1} f\left(a+i\frac{b-a}{n}\right)\right]\frac{b-a}{n}$$

也称为矩形法近似公式。

在 Mathematica 中,有的定积分只能用数值积分求解,如 $\int_0^1 \sin(\sin(x))\,\mathrm{d}x$。

```
In[1]: = Integrate[ Sin[ Sin[ x]],{x,0,1}];
```

$$Out[1] = \int_0^1 Sin[ Sin[ x]]dx$$

不能得出计算结果,转用数值积分命令:

```
In[2]: =NIntegrate[ Sin[ Sin[ x]],{x,0,1}]
Out[2] =0.430606
```

即 $\int_0^1 \sin(\sin(x))\,\mathrm{d}x \approx 0.430606$。

构造数值积分公式常用积分区间上的 $n$ 次插值多项式代替被积函数,由此导出的求积公式称为插值型求积公式。在节点分布等距的情形称为 Newton – Cotes 公式,例如梯形公式与抛物线公式就是最基本的近似公式。

在 $[a,b]$ 区间上用以 $x_i, i=0,1,\cdots,n$ 为节点的 $n$ 次 Lagrange 插值多项式 $L_n(x)$ 作为 $f(x)$ 的逼近函数,得到插值型求积公式:

$$\int_a^b f(x)\,\mathrm{d}x \approx \int_a^b L_n(x)\,\mathrm{d}x = \sum_{i=0}^n f(x_i)\int_a^b l_i(x)\,\mathrm{d}x,$$

$$\text{即} \quad \int_a^b f(x)\,\mathrm{d}x \approx \sum_{i=0}^n A_i f(x_i)$$

其中 $A_i = \int_a^b l_i(x)\,\mathrm{d}x = \int_a^b \dfrac{(x-x_0)(x-x_1)\cdots(x-x_{i-1})(x-x_{i+1})\cdots(x-x_n)}{(x_i-x_0)(x_i-x_1)\cdots(x_i-x_{i-1})(x_i-x_{i+1})\cdots(x_i-x_n)}\mathrm{d}x$

Newton – Cotes 公式:

将区间 $[a,b]$ 等分成 $n$ 份,步长 $h=\dfrac{(b-a)}{n}$,节点为 $x_i=a+ih,(i=0,1,2,\cdots,n)$ 令 $x=a+th$,则 Lagrange 插值基函数为

$$l_j = \prod_{i=0,i\neq j}^n \frac{x-x_i}{x_j-x_i} = \prod_{i=0,i\neq j}^n \frac{t-i}{j-i},(j=0,1,2,\cdots,n) \qquad (3-9)$$

求积系数 $A_j$ 为

$$A_j = \int_a^b l_j(x)\,\mathrm{d}x = \frac{(-1)^{n-j}h}{j!(n-j)!}\int_0^n \prod_{i=0,i\neq j}^n (t-i)\,\mathrm{d}t,(j=0,1,2,\cdots,n)$$

155

令

$$C_j = \frac{A_j}{b - a} = \frac{(-1)^{n-j}}{n \cdot j!(n-j)!} \int_0^n \prod_{i=0, i \neq j}^n (t - i) \, \mathrm{d}t$$

则求积公式可化为

$$\int_a^b f(x) \, \mathrm{d}x \approx (b - a) \sum_{j=0}^n C_j f(x_j) \tag{3-10}$$

称 $C_j$ 为 Cotes 系数，与被积函数和积分区间都无关，只要给出区间等分数 $n$ 即可求出。若令 $f(x) \equiv 1$，可得出 $\sum_{j=0}^n C_j \equiv 1$。

定积分只与被积函数和积分区间有关，而在对被积函数做插值逼近时，插值多项式的次数高，会出现 Runge 现象。如 $n > 7$ 时，Newton – Cotes 公式就是不稳定的。因此，考虑将积分区间分割成若干小区间，在每个小区间上使用次数较低的 Newton – Cotes 公式，如 $n = 2$ 的梯形公式和 $n = 3$ 的 Simpson 公式，然后把每个小区间上的结果加起来作为函数在整个区间上积分的近似，称为复化的积分公式。

复化梯形公式（梯形法）

$$\int_a^b f(x) \, \mathrm{d}x \approx T_n = \frac{h}{2} \left[ f(a) + 2 \sum_{i=1}^{n-1} f(x_i) + f(b) \right] \tag{3-11}$$

复化 Simpson 公式（抛物线法）

$$\int_a^b f(x) \, \mathrm{d}x \approx S_m = \frac{h}{3} \left[ f(a) + 4 \sum_{i=1}^m f(x_{2i-1}) + 2 \sum_{i=1}^{m-1} f(x_{2i}) + f(b) \right]$$

$$\tag{3-12}$$

**例 3 – 18** 分别用矩形法、梯形法和抛物线法计算定积分 $\int_0^1 x \sin x \, \mathrm{d}x$。

**解：** 首先计算积分的精确值

```
In[1]:= y[x_]:= x Sin[x]; NIntegrate[y[x],{x,0,1}]
Out[1] = 0.301169
```

矩形法

```
In[2]:= Clear[y,x,s1,n,b,a];
n = 20; a = 0; b = 1;
y[x_] = x Sin[x];
s1 = (b-a)/n * Sum[y[a+i(b-a)/n],{i,0,n-1}]//N;
```

```
s2 = (b - a) / n * Sum[y[a + i(b - a) / n], {i,1,n}]] // N;
Print["s1 = ",s1, "s2 =",s2];
Out[2] = s1 = 0.28042 s2 = 0.322493
```

使用细分积分区间份数从 100 ~ 500 份,然后采用矩形公式进行计算。从输出结果的列表中可以看到随着积分区间份数的增多,用矩形公式进行计算的定积分近似值与准确值的误差越来越小,只不过逼近真值的速度很慢。如:

```
In[3]:= s[n_]:= (b - a) / n * Sum[y[a + i * (b - a) / n], {i,1,n}]
Table[{n,N[s[n]]}, {n,100,500,30}]
Out[3] =
{{100,0.305388}, {130,0.304412}, {160,0.303803}, {190,0.303386},
{220,0.303083}, {250,0.302853}, {280,0.302673}, {310,0.302527}, {340,
0.302407}, {370,0.302307}, {400,0.302221}, {430,0.302148}, {460,0.
302084}, {490,0.302028}}
```

梯形法:

```
In[2]:= Clear[y,x,ss3,s3,n,b,a];
n = 20; a = 0; b = 1;
y[x_]:= x Sin[x];
ss3 = Sum[y[a + i(b - a) / n], {i,1,n - 1}];
s3 = (y[a] / 2 + y[b] / 2 + ss3) * (b - a) / n // N
Print["s3 =",s3]
Out = s3 = 0.301457
```

抛物线法:

```
Clear[y,x,s4,n,b,a];
In[3]:= n = 2m; a = 0; b = 1;m = 10;
y[x_] = x Sin[x];
ss1 = Sum[(1 + ( -1)^i) * y[a + i * (b - a) / n], {i,1,n - 1}];
ss2 = Sum[(1 - ( -1)^i) * y[a + i * (b - a) / n], {i,1,n - 1}];
s4 = N[(y[a] + y[b] + ss1 + 2 ss2) * (b - a) / 3 / n,20];
Print["s4 =",s4]
Out = s4 = 0.301169
```

计算结果表明抛物线法近似程度最好。

**例 3 - 19**　计算伽玛(Gamma) 函数 $\Gamma(\alpha) = \int_0^{+\infty} x^{\alpha-1} e^{-x} dx \quad (\alpha > 0)$,与贝

塔(Beta) 函数 $B(p,q) = \int_0^1 x^{p-1}(1-x)^{q-1}\mathrm{d}x \quad (p > 0, q > 0)$。

**解：** 下面的命令给出了从 1 到 10 每隔 0.5 取值的伽马函数 $\Gamma(\alpha)$ 的函数值表。

```
Table[Gamma1[n],{n,10,0.5}]
```

输出 {1,0.886227,1.,1.32934,2.,3.32335,6.,11.6317,24.,52.3428,120., 287.885,720.,1871.25,5040.,14034.4,40320.,119292.,362880.}

如下的命令给出了贝塔函数的另一定义。

```
Clear[t,a,b];
Integrate[t^(a +1)*(1 -t)^(b-1),{t,0,1},Assumptions→{a >0,b >0}]
```

输出 Gamma[2 +a]Gamma[b]/Gamma[a +a +b]

**例 3 - 20**　卫星轨道长度问题。我国第一颗人造地球卫星近地点距地球表面 439km，远地点距地球表面 2384km，地球半径为 6371km，求该卫星的轨道长度。试建立椭圆长度的积分公式，用数值积分计算出具体数值。

**解：** 卫星轨道椭圆的参数方程为 $x = a\cos t, y = b\sin t\,(0 \leqslant t \leqslant 2\pi)$，$a, b$ 分别是长、短半轴。根据参数方程情况求弧长的计算公式可知，椭圆长度可表为如下积分

$$L = 4\int_0^{\pi/2}(a^2\sin^2 x + b^2\cos^2 x)^{1/2}\mathrm{d}x$$

它无法用解析方法计算。根据所给数据 $a = 6371 + 2384 = 8755, b = 6371 + 439 = 6810$，可用梯形公式和辛普森公式进行计算，或直接用 Mathematica 的数值积分函数 NIntegrate 进行计算，如：

```
4 *NIntegrate[Sqrt[a^2 *Cos[t]^2 +b^2 *Sin[t]^2],{t,0.,Pi /2}]
=49090
```

所以，轨道长度约为 $4.909 \times 10^4$ km。

## 3.3.3　实验内容与要求

在实验中检验计算积分的几种数值方法，有些可能是大家熟悉的，有些可能是新的，重点在于观察、检验所用方法的精度和效率。

**实验 3 - 10**　计算 e。

用数值积分法计算定积分 $\int_0^1 \mathrm{e}^x\mathrm{d}x = \mathrm{e} - 1$，加上 1 得到 e 的值。

**实验参考：**

梯形法：$n$ 等分积分区间 $[0,1]$，得分点 $x_i = i/n, 0 \leqslant i \leqslant n$，所有小曲边梯形的

宽度为 $h = 1/n$。记 $y_i = \mathrm{e}^{x_i}$,第 $i$ 个曲边梯形的面积 $S_i$ 近似地等于梯形面积 $\dfrac{1}{2}$ $(y_{i-1} + y_i)h$。

梯形公式:$S \approx \displaystyle\sum_{i=1}^{n} S_i = \dfrac{1}{n}\left[ y_1 + y_2 + \cdots + y_{n-1} + \dfrac{y_0 + y_n}{2} \right]$

抛物线法:仍用分点 $x_i = i/n(1 \leqslant i \leqslant n-1)$ 将区间 $[0,1]$ 分成 $n$ 等份,直线 $x = x_i = i/n(1 \leqslant i \leqslant n-1)$ 将曲边梯形分成 $n$ 个小曲边梯形,每个小区间 $[x_{i-1}, x_i]$ 的中点 $x_{i-\frac{1}{2}} = (i-1/2)/n$。

用过三点的 $(x, f(x))$ $\left( x = x_{i-1}, x_{i-\frac{1}{2}}, x_i \right)$ 的抛物线段近似第 $i$ 个小曲边梯形的上边界 $y = f(x) = \mathrm{e}^x (x_{i-1} \leqslant x \leqslant x_i)$,求得第 $i$ 个曲边梯形的面积 $S_i \approx \dfrac{1}{n}$ $\left( y_{i-1} + 4y_{i-\frac{1}{2}} + y_i \right)$,于是得到辛普森公式:

$$S \approx \frac{b-a}{6n}\left[ (y_0 + y_n) + 2(y_1 + y_2 + \cdots + y_{n-1}) + 4(y_{1/2} + y_{3/2} + \cdots y_{n-1/2}) \right]$$

**操作:**

```
a = 0;b = 1;y[x_]: = E^x;
n = 1000;
tixing = N[(b-a)/n*(Sum[y[a+i*(b-a)/n],{i,1,n-1}]
 +(y[a]+y[b])/2),20]+1
simpson = N[(b-a)/6/n*((y[a]+y[b])+2*Sum[y[a+i*(b-a)/n],
{i,1,n-1}]+4*Sum[y[a+(i-1/2)*(b-a)/n],{i,1,n}]),20]+1
N[e,20]
```

**实验 3 – 11**　计算 $\pi$。

尝试利用下面几种方法计算 $\pi$ 的近似值,与 $\pi$ 的准确值的误差在 $10^{-6}$ 以下。

**1. 割圆术的方法**

观察内接正多边形和外切正多边形如何逼近圆的面积动画演示,给出计算 $\pi$ 的一种方法。

**2. 数值积分法**

定积分 $\displaystyle\int_0^1 \frac{4}{1+x^2}\mathrm{d}x = \pi$,计算出这个积分的数值,也就得到了 $\pi$ 的值。

(1)选取不同的 $n$,用梯形公式和辛普森公式计算 $\displaystyle\int_0^1 \frac{4}{1+x^2}\mathrm{d}x = \pi$ 的近似值。比较同一个 $n$ 值下梯形公式和辛普森公式计算结果的差别,对两个方法的精度差别获得一个感性认识。

（2）误差的实际观察:选取 $n = 1000, 10000, 100000$,等等,观察 $n$ 值的增加所导致的 $S$ 值的变化情况,直到 $n$ 的增加所导致的 $S$ 的变化小于给定的误差界。

### 3. 泰勒( Taylor) 级数法

（1）利用简单公式 $\text{arctg}1/2 + \text{arctg}1/3 = \pi/4$ 计算。

（2）利用 Marchin 公式 $\pi = 16\arctan\dfrac{1}{5} - 4\arctan\dfrac{1}{239}$ 计算。

如果要计算 $\pi$ 的前 15 位数字,计算 $\arctan(1/5)$ 和 $\arctan(1/239)$ 应当取到幂级数展开式的多少项? 取几百或几千项能得到多高精度的 $\pi$ 值?

提示:利用反正切函数的泰勒级数

$$\arctan x = x - \frac{x^3}{3} + \frac{x^5}{5} - \cdots + (-1)^{k-1}\frac{x^{k-1}}{2k-1} + \cdots$$

计算 $\pi$。将 $x = 1$ 代入上面的级数可以得到

$$\frac{\pi}{4} = \arctan 1 = 1 - \frac{1}{3} + \frac{1}{5} - \cdots$$

取 $k = 10$,得到 $\pi \approx 4 \cdot \left(1 - \dfrac{1}{3} + \dfrac{1}{5} - \cdots - \dfrac{1}{19} + \dfrac{1}{21}\right) = 3.232316$;取 $k = 20$,得到 $\pi \approx 4 \cdot \left(1 - \dfrac{1}{3} + \dfrac{1}{5} - \cdots - \dfrac{1}{39} + \dfrac{1}{41}\right) = 3.189184$。这样计算 $\pi$ 收敛太慢,最好取 $|x|$ 比 1 小。比如,$\arctan\dfrac{1}{5}$ 就收敛得较快。

设 $\tan\alpha = 1/5$,由正切的倍角公式可得 $\tan 2\alpha = 5/12$,$\tan 4\alpha = 120/119 \approx 1$,$\tan 4\alpha$ 与 1 接近,则可得到有效的计算公式。

记误差 $\beta = 4\alpha - \pi/4$,可得 $\tan\beta = \tan\left(4\alpha - \dfrac{\pi}{4}\right) = \dfrac{1}{239}$,$\beta = \arctan\dfrac{1}{239}$

$$\frac{\pi}{4} = 4\alpha - \beta = 4\arctan\frac{1}{5} - \arctan\frac{1}{239}$$

于是得到了 Maqin 公式(这个公式由英国天文学教授 John Machin 于 1706 年发现。他利用这个公式计算到了 100 位的圆周率)。

泰勒级数是无穷级数,实际计算时只能取它的前 $n$ 项,截断误差(交错级数)当 $|x| < 1$ 时:

$$E_n = \left|\arctan x - \left(x - \frac{x^3}{3} + \frac{x^5}{5} - \cdots + (-1)^{n-1}\frac{x^{n-1}}{2n-1}\right)\right| < \frac{x^{2n+1}}{2n+1}$$

### 4. 蒙特卡罗( Monte Carlo) 法

单位圆的面积等于 $\pi$. 可以用蒙特卡罗法(随机投点的方法)来求这个面积

π 的近似值。具体方法如下:在平面直角坐标系中,以 $O(0,0)$,$A(1,0)$,$C(1,$ $1)$,$B(0,1)$ 为四个顶点作一个正方形,其面积 $S=1$。以原点 $O$ 为圆心的单位圆在这个正方形内的部分是圆心角为直角的扇形,面积为 $S1 = \pi/4$。在这个正方形内随机地投入 $n$ 个点(图 3 – 17),设其中有 $m$ 个点落在单位扇形内。则

$$\frac{m}{n} \approx \frac{S1}{S} = \frac{\pi}{4}, \pi \approx \frac{4m}{n}$$

随机投点可以这样来实现:取一个二维数组 $(x,y)$ 和一个充分大的正整数 $n$,重复 $n$ 次,每次独立地从 $(0,1)$ 中随机地取一组数 $(x,y)$,分别检验 $x^2 + y^2 \leqslant 1$ 是否成立。设 $n$ 次试验中不等式成立的共有 $m$ 次,则 $\pi \approx \dfrac{4m}{n}$。

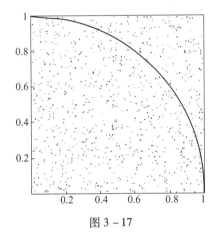

图 3 – 17

(1) 取不同的 $n$ 做上面的实验。将所得的 π 的近似值记录下来,与已知的 π 的值比较。

(2) 观察 $n$ 的大小对所得结果的精度的影响。可以看到:$n$ 太小,精度太差。但如果 $n$ 太大,从计算机上所得的不是真正的随机数,这种方法很难得到 π 的较好的近似值。

**实验参考:**

(1) 割圆术的方法计算 π。

```
For[k = 0,k < = 5,k + +,n = 6 * 2^k;v1 = Graphics[{RGBColor[1,0,0],Cir-
cle[{0,0},1]}];

    v2 = Graphics[{RGBColor[0,1,0],Line[Table[{Cos[2 Pi * i /n],Sin[2 Pi
* i /n]},{i,0,n}]]}];

    v3 = Graphics[{RGBColor[0,0,1],Line[Table[{Cos[2 Pi * i /n]/Cos[Pi/
n], Sin[2 Pi * i /n]/Cos[Pi/n]},{i,0,n}]]}];
```

Print[Show[v3,v2,v1,AspectRatio→Automatic]](图 3 – 18)

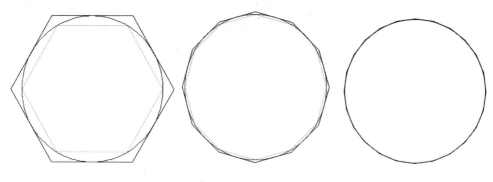

图 3 – 18

（2）数值积分法计算 π。

```
a = 0;b = 1;y[x_] = :4/(1 +x^2);
n = 1000;
pi1 = N[(b-a)/n * (Sum[y[a + i * (b-a)/n],{i,1,n-1}] + (y[a] + y
[b])/2),40]
pi2 = N[(b-a)/6/n * ((y[a] +y[b]) +2 * Sum[y[a+i * (b-a)/n],
{i,1,n-1}] +4 * Sum[y[a+(i-1/2) * (b-a)/n],{i,1,n}],40]
```

（3）Maqin 公式计算 π。

```
n = 30;
pi3 = N[16 * Sum[(-1)^(k-1) * (1/5)^(2k-1)/(2k-1),{k,1,n}] -4 *
Sum[(-1)^(k-1) * (1/239)^(2k-1)/(2k-1),{k,1,n}],40]
```

（4）蒙特卡罗法计算 π。

```
Clear[m,tt, s]
m = 10000;
tt = Table[{x = Random[];y = Random[];If[x^2 +y^2 < =1,1,0]},{k,m}];
s = 4Sum[tt[[k]],{k,1,m}]/m
```

**实验 3 – 12**

用梯形法（复化梯形公式）和抛物线法（复化 Simpson 公式），计算：

（1）将 $[0,\pi/2]$ 分成 20，200，2000 等份计算 $\int_0^{\pi/2} e^{\sin x}dx$，并进行精确情况比较；

（2）计算 $\dfrac{1}{\sqrt{2\pi}}\int_0^1 e^{-x^2/2}dx$，取 $n = 2001$ 个等分 $[0,1]$ 区间，并将计算结果与精确值比较；再取 $n = 13$ 计算，观察 $n$ 对误差的影响，显示误差估计值。

162

**实验参考：**

（1）

```
Module[{f1, f2, f, a, b, nList},
    f1[f_, a_, b_,
      n_] := (Sum[2 f[x], {x, a, b, (b - a)/n}] - f[a] - f[b]) * (b -
a)/n/2.;
    f2[f_, a_, b_, n_] :=
      Module[{l = (b - a)/2/n}, (f[a] +
        4 Sum[f[a + l*(2 i - 1)], {i, n}] +
        2 Sum[f[a + l*(2 i)], {i, n - 1}] + f[b]) * l/3.];
    f[x_] = E^Sin[x];
    a = 0;
    b = Pi/2;
    nList = {20, 200, 2000};
    TableForm[ Table[{f1[f, a, b, n], f2[f, a, b, n],
      NIntegrate[f[x], {x, a, b}]}, {n, nList}],
    TableHeadings → {nList, {"复化梯形", "复化 Simpson", "精确"}}] ]
```

（2）

```
Module[{f1, f2, f, a, b, nList},
    f1[f_, a_, b_, n_] :=
      (Sum[2 f[x], {x, a, b, (b - a)/n}] - f[a] - f[b]) * (b - a)/n/
2.;
    f2[f_, a_, b_, n_] :=
      Module[{l = (b - a)/2/n}, (f[a] +
        4 Sum[f[a + l*(2 i - 1)], {i, n}] +
        2 Sum[f[a + l*(2 i)], {i, n - 1}] + f[b]) * l/3.];
    f[x_] := 1/Sqrt[2 Pi] E^(-x^2/2);
    a = 0;
    b = 1;
    nList = {2001, 13};
    TableForm[
      Table[{f1[f, a, b, n], f2[f, a, b, n],
        NIntegrate[f[x], {x, a, b}]}, {n, nList}],
    TableHeadings → {nList, {"复化梯形", "复化 Simpson", "精确"}}] ]
```

# 3.4 线性规划与非线性规划

线性规划与非线性规划广泛应用于工农业生产、军事、交通运输、决策管理、市场规划、科学实验等领域,已成为管理科学的重要基础和手段。

本实验学习线性规划的概念和方法,体会如何将一个较复杂的优化问题,合理地简化为线性规划问题。学习使用 Mathematica 求解线性规划与非线性规划问题的方法。涉及了矩阵计算、线性方程组的求解知识等。

## 3.4.1 线性规划

设 $x = (x_1, x_2, \cdots, x_n)^T$ 是 $n$ 维变量,$c = (c_1, c_2, \cdots, c_n)$ 是 $n$ 维常量,$b = (b_1, b_2, \cdots, b_m)^T$ 是 $m$ 维常量,$A = (a_{ij})_{m \times n}$ 是 $m \times n$ 维常矩阵 $(m \leq n)$,求函数 $f(x)$ 在约束条件 $Ax \leq b$ 下的极小值问题,即

(LP)　　$\min f(x) = cx$

　　　　　s. t. $Ax \leq b$

其中"min"表示求极小值;"s. t."意为"限制到",是约束条件。约束条件所界定的 $x$ 的范围是模型的可行域,满足约束条件的解是可行解,使目标函数 $f(x)$ 达到极小的可行解称最优解。

Minimize[ {[f, ineqns], {x, y, ⋯} ] (在等式或不等式约束的区域上求多元线性函数的最小值)

Maximize[ {[f, ineqns], {x, y, ⋯} ] (等式或不等式约束的区域上求多元线性函数的最大值)

在 Mathematica8. 0 版本中, 可用函数 Minimize、Maximize、NMinimize 和 NMaximize 解线性规,还可求解整数规划和(全局的)约束非线性规划问题。

**例 3 – 21** 求解下面的线性规划问题。

(1) Min $f = 1.5x + 2.5y$

　　　s. t. $\begin{cases} x + 3y \geq 3 \\ x + y \geq 2 \end{cases}$

(2) Max $f = 5x + 3y + 2z + 4t$

　　　s. t. $\begin{cases} 5x + y + z + 8t = 10 \\ 2x + 4y + 3z + 2t = 10 \end{cases}$

**解:**

```
In[1]:=Minimize[1.5x+2.5y,x+3y≥3,&& x+y≥2},{x,y}]
    Out[1]={3.5,{x→1.5, y→0.5}}
```

In[2]:= Maximize[{5x + 3y + 2z + 4t, 5x + y + z + 8t = =10&&2x + 4y + 3z +
2t = =10

&& x⩾0 && y⩾0 && z⩾0 && t⩾0}, {x,y,z,t}]

Out[2]= {$\frac{40}{3}$, {x→$\frac{5}{3}$, y→$\frac{5}{3}$, z→0, t→0}}

**注**:在 In[1]中的系数使用小数,则答案也是小数形式的。In[2]说明约束条件可以是等式,但必须键入"= ="。

**例 3 – 22**　求解下面的线性规划问题。

$$\max f = x + 3y + 7z \quad (\min f = -x - 3y - 7z)$$

$$\text{s. t.} \begin{cases} x - 3y < 7 \\ 2x + 3z \geqslant 5 \\ x + y + z < 10 \end{cases}$$

**解 1**:用 Mathematica 较低版本中的函数 ConstrainedMax 计算,有

In[1]:=ConstrainedMax[x + 3y + 7z, {x - 3y < 7, 2x + 3z > = 5, x +
y + z < 10}, {x,y,z}]

Out[1]= {70, {x→0, y→0, z→10}}

此结果表明:当 $x = 0$、$y = 0$ 和 $z = 10$ 时,函数 $f(x,y,z)$ 在点 $(0,0,10)$ 取得最大值 70。并给提示: ConstrainedMax is deprecated and will not be supported in future versions of Mathematica. Use NMaximize or Maximize instead.

但是,用函数 Maximize 求解时,需作改变。例如:

In[2]:=Maximize[{x + 3 y + 7 z,
  x – 3 y < 7 && 2 x + 3 z > = 5 && x + y + z < = 10 && x > = 0 &&
  y > = 0 && z > = 0}, {x, y, z}]

Out[2]= {70, {x→0, y→0, z→10}}

计算表明:函数 $f(x,y,z)$ 最大值,在约束区域的边界上取得。

当自变量和约束不等式较多时,以上输入参数的方法就不合适了,可改用矩阵来输入数据,用如下的函数求解线性规划问题。

LinearProgramming [$c,A,b$]_寻求向量 $x$,使 $\min f = \min c \cdot x$; s. t $Ax \geqslant b$。其中 $c$ 是行向量, $b$ 是列向量, $A$ 是矩阵, $x^{\mathrm{T}} = [x_1, x_2, \cdots, x_n]$,在满足不等式 $Ax \geqslant b$ 且 $x \geqslant 0$ 的区域,求函数 $c \cdot x$ 的最小值点 $x$(注意:实际输入时, $b$ 仍以行向量表示)。

**解 2**:

c = {1,3,7}; A = {{ –1,3,0}, {2,0,3}, { –1, –1, –1}}; b = { –7,5, –10};
LinearProgramming[ –c,A,b]

得到{x,y,z}{0,0,10}。

用函数 LinearProgramming 还可以解整数线性规划。

**例 3 – 23**　求解下面的线性规划问题。

(1) $\text{Min} f = 12x_1 + 8x_2 + 16x_3 + 12x_4$

$$\text{s. t.} \begin{cases} 2x_1 + x_2 + 4x_3 \geqslant 2 \\ 2x_1 + 2x_2 + 4x_4 \geqslant 3 \\ x_1, x_2, x_3, x_4 \geqslant 0 \end{cases}$$

(2) $\text{Min} f = 2x_1 - 10x_2$

$$\text{s. t.} \begin{cases} x_1 - x_2 \geqslant 0 \\ x_1 - 5x_2 \geqslant -5 \\ x_1, x_2 \geqslant 0 \end{cases}$$

**解:**

(1) LinearProgramming[ {12, 8, 16, 12}, {{2, 1, 4, 0}, {2, 2, 0, 4}},
{2, 3}]

$\{\dfrac{1}{2}, 1, 0, 0\}$（此命令只给出决策变量）

$\text{Min} f = \text{c. x} = 14$

(2) LinearProgramming[ {2, -10}, {{1, -1}, {1, -5}}, {0, -5}]

$\{\dfrac{5}{4}, \dfrac{5}{4}\}$

$\text{Min} f = \text{c. x} = -10$

**例 3 – 24**　解整数线性规划问题。

```
Minimize[{x+y,3x+2y> =7&&x+2y> =6&&x> =0&&y> =0&&{x,y}∈Inte-
gers},{x,y}]//P
```

得到 3 个解:

```
P[{4,{x→1,y→3}},{4,{x→2,y→2}}],{4,{x→0,y→4}}]
```

### 3.4.2　非线性规划

**例 3 – 25**　求下列非线性规划。

(1) $z\text{min} = 100 (y - x^2)^2 + (1 - x)^2$　　　　(2) $z\text{min} = x + y$

$$\text{s. t.} \begin{cases} x^2 + y^2 \leqslant 1.5 \\ x + y \geqslant 0 \end{cases}$$ 　　　　$$\text{s. t.} \begin{cases} x^2 + y^2 \leqslant 2 \\ (x + 2)^2 + (y + 2)^2 \leqslant 4 \end{cases}$$

**解:**

(1) 输入

```
Minimize[{100(y-x^2)^2+(1-x)^2,x^2+y^2£ 1.5&&x+y30},{x,y}]//Q
```

输出 Q[{0.00861565,{x→0.907234,y→0.822755}}]

（2）输入

NMinimize[{x+y,x^2+y^2<=2&&(x+2)^2+(y+2)^2<=4},{x,y}]//Q

输出 Q[{-2,{x→-1,y→-1}}]

**例 3 - 26**  求解二次规划

$$
\begin{cases}
\min f(x) = 2x_1^2 - 4x_1x_2 + 4x_2^2 - 6x_1 - 3x_2 \\
x_1 + x_2 \leqslant 3 \\
4x_1 + x_2 \leqslant 9 \\
x_1, x_2 \geqslant 0
\end{cases}
$$

**解：**

输入 NMinimize[{2x^2+4y^2-6x-3y-4xy,x+y≤3&&4x+y≤9 &&x≤0&&y30},{x,y}]//Q

或输入 NMinimize[{2x^2+4y^2-6x-3y-4xy,x+y≤3,4x+y≤9, x≤0,y≤0},{x,y}]//Q

输出 Q[{-11.025,{x→1.95,y→1.05}}]

## 3.4.3  应用问题举例

**例 3 - 27**  2008 奥运期间,北京某大学计划安排 480 名志愿者前往国家体育场进行志愿活动。大学的后勤集团有 8 辆小巴车、4 辆大巴车,其中小巴能载 18 人、大巴能载 36 人。每天的前往过程中,每辆小巴车最多往返 5 次、大巴车最多往返 4 次,每次运输成本小巴为 48 元,大巴为 65 元。请问应派出小巴车和大巴车各多少辆,能使总费用最少?

**解:**设每天派出小巴 $x$ 辆、大巴 $y$ 辆,总运费为 $z$ 元,求如下整数规划问题。

$$
\text{Min } z = 5 \times 48x + 4 \times 65y, \text{s.t.}
\begin{cases}
5 \times 18x + 4 \times 36y \geqslant 480 \\
0 \leqslant x \leqslant 8 \\
0 \leqslant y \leqslant 4 \\
x, y \in N
\end{cases}
$$

输入 Minimize[{240x+260y,90x+144y>=480&&8>=x>=0&& 4>=y>=0&&{x,y}∈Integers},{x,y}]//P

输出 P[{1020.,{x→1,y→3}}]

所以派 1 辆小巴、3 辆大巴,总运费最少 $z_{\min} = 1020$ 元。

**例 3 - 28**  咖啡屋配制两种饮料,成分配比和单价见表 3 - 8。

每天使用限额为奶粉 2600g, 咖啡 2000g, 糖 3000g, 若每天在原料的使用限额内饮料能全部售出, 应配制两种饮料各多少杯总售价最高?

表 3 – 8

| 饮料(杯) | 奶粉(克) | 咖啡(克) | 糖(克) | 价格(元) |
|---|---|---|---|---|
| 甲种 | 9 | 4 | 3 | 0.7 |
| 乙种 | 4 | 5 | 10 | 1.2 |

**解:** 设每天配制甲种饮料 $x$ 杯、乙种饮料 $y$ 杯, 总费用为 $z$ 元, 用函数 Maximize 解整数规划:

```
zmax=0.7x+1.2y
s.t.9x+4y≤3600; 4x+5y≤2000; 3x+10y≤3000; x∈N, y∈N.
```

输入 `Maximize[{0.7x+1.2y,9x+4y < =3600&&4x+5y < =2000 &&3x+10y < =3000&&{x,y}∈Integers},{x,y}]//P`

输出 `P[{428.,{x→200,y→240}}]`

即每天配制甲种饮料 200 杯及乙种饮料 240 杯时, 获利最大。

可以用如下的函数求解线性规划例 3 – 29。

LinearProgramming $[c, A, b, l]$_ 寻求向量 $x$, 使

$$\min f = \min c \cdot x; \text{s.t.} Ax \geq b, x \geq l。$$

**例 3 – 29** 某部门现有资金 10 万元, 五年内有以下投资项目供选择:

项目 A, 从第一年到第四年每年初投资, 次年末收回本金且获利 15%;

项目 B, 第三年初投资, 第五年末收回本金且获利 25%, 最大投资额为 4 万元;

项目 C, 第二年初投资, 第五年末收回本金且获利 40%, 最大投资额为 3 万元;

项目 D, 每年初投资, 第五年末收回本金且获利 6%。

问如何确定投资策略使第五年末本息总额最大。

**解:** 问题的目标函数是第五年末的本息总额, 决策变量是每年初各个项目的投资额, 约束条件是每年初拥有的资金。用 $x_{ij}$ 表示第 $i$ 年初 ($i=1,2,\cdots,5$) 项目 $j$ ($j=1, 2, 3, 4$ 分别代表 A,B,C,D) 的投资额, 根据所给条件列出投资方案选择中的决策变量表 3 – 8, 其中列出的 $x_{ij}$ 是需要求解的。

因为项目 D 每年初可以投资, 且年末能收回本息, 所以每年初都应把资金全部投出去, 由此可得如下的约束条件:

第一年初, 10 万元全部投向 A, D, 有

$$x_{11} + x_{14} = 10$$

第二年初, 拥有的资金为项目 D 第 1 年投资 $x_{14}$ 收回的本息, 全部投向 A, C,

D,有

$$x_{21} + x_{23} + x_{24} = 1.06x_{14}$$

第三年初,拥有的资金为项目 A 第 1 年投资 $x_{11}$ 和 D 第 2 年投资 $x_{24}$ 收回的本息,全部投向 A,B,D,有

$$x_{31} + x_{32} + x_{34} = 1.15x_{11} + 1.06x_{24}$$

第四年初,类似地有

$$x_{41} + x_{44} = 1.15x_{21} + 1.06x_{34}$$

第五年初,

$$x_{54} = 1.15x_{31} + 1.06x_{44}$$

此外,项目 B,C 对投资额有限制,即

$$x_{32} \leqslant 4 \quad x_{23} \leqslant 3$$

第五年末的本息总额为

$$z = 1.15x_{41} + 1.40x_{23} + 1.25x_{32} + 1.06x_{54}$$

表 3 - 9

| 项目<br>年份 | A | B | C | D |
|---|---|---|---|---|
| 1 | $x_{11}$ | | | $x_{14}$ |
| 2 | $x_{21}$ | | $x_{23}$ | $x_{24}$ |
| 3 | $x_{31}$ | $x_{32}$ | | $x_{34}$ |
| 4 | $x_{41}$ | | | $x_{44}$ |
| 5 | | | | $x_{54}$ |

将以上列出的目标函数和约束条件写在一起,并加上对 $x_{ij}$ 的非负要求,就得到该问题的优化模型:

$$\max z = 1.15x_{41} + 1.40x_{23} + 1.25x_{32} + 1.06x_{54}$$

$$\text{s. t. } x_{11} + x_{14} = 10$$

$$-1.06x_{14} + x_{21} + x_{23} + x_{24} = 0$$

$$-1.15x_{11} + 1.06x_{24} + x_{31} + x_{32} + x_{34} = 0$$

$$-1.15x_{21} - 1.06x_{34} + x_{41} + x_{44} = 0$$

$$-1.15x_{31} - 1.06x_{44} + x_{54} = 0$$

$$x_{32} \leqslant 4, x_{23} \leqslant 3, x_{ij} \geqslant 0$$

设 $\mathbf{x} = (x_{11} \ x_{14} \ x_{21} \ x_{23} \ x_{24} \ x_{31} \ x_{32} \ x_{34} \ x_{41} \ x_{44} \ x_{54})^{\mathrm{T}}$

c = {0,0,0, -1.4,0,0, -1.25,0, -1.15,0, -1.06};

A = {{1,1,0,0,0,0,0,0,0,0,0,0}, {0, -1.06,1,1,1,0,0,0,0,0,0,0}, { -1.15,0,0, 0, -1.06,1,1,1,0,0,0,0}, {0,0, -1.15,0,0,0,0, -1.06,1,1,0}, {0,0,0,0,0, -1.15,0,0,0, -1.06,1}, {0,0,0,1,0,0,0,0,0,0,0,0}, {0,0,0,0,0,0,0,1,0,0,0,0}};

b = {10.,0,0,0,0,3.,4.};

计算 x = LinearProgramming[c, -A, -b],得到计算结果为

x = (3.47826,6.52174,3.91304,3,0.,0.,4,0.,4.5,0.,0.)$^{\mathrm{T}}$

即第 1 年项目 A,D 分别投资 3.47826 和 6.52174(万元);第 2 年项目 A,C 分别投资 3.91304 和 3(万元);第 3 年项目 B 投资 4(万元);第 4 年项目 A 投资 4.5(万元);第五年末本息最大总额:$z = c. x = 14.3750$,

4 年后总资金达 14.375(万元),即盈利 43.75% 。

**例 3 - 30** 某工厂有甲、乙、丙、丁四个车间,生产 A,B,C,D,E,F 六种产品,根据车床性能和以前的生产情况,得知生产单位产品所需车间的工作小时数,每个车间每月工作小时的上限,以及产品的价格(元)见表 3 - 10。

表 3 - 10

| | 产品 A | 产品 B | 产品 C | 产品 D | 产品 E | 产品 F | 每月工作<br>小时上限 |
|---|---|---|---|---|---|---|---|
| 甲 | 0.01 | 0.01 | 0.01 | 0.03 | 0.03 | 0.03 | 850 |
| 乙 | 0.02 | | | 0.05 | | | 700 |
| 丙 | | 0.02 | | | 0.05 | | 100 |
| 丁 | | | 0.03 | | | 0.08 | 900 |
| 单价 | 0.40 | 0.28 | 0.32 | 0.72 | 0.64 | 0.60 | |

问各种产品每月应该生产多少,才能使这个工厂每月生产总值达到最大?

**解:**建立线性规划模型

以 $x_1, x_2, \cdots, x_6$ 分别表示产品 A,B,C,D,E,F 的每月生产数量, 则它们应满足约束条件

$$0.01x_1 + 0.01x_2 + 0.01x_3 + 0.03x_4 + 0.03x_5 + 0.03x_6 \leqslant 850$$

$$0.02x_1 + 0.05x_4 \leqslant 700$$

$$0.02x_2 + 0.05x_5 \leqslant 100$$

$$0.03x_3 + 0.08x_6 \leqslant 900 \qquad\qquad (3-13)$$

$(x_j \geqslant 0, j = 1,2,\cdots,6)$,使目标函数

$$f = 0.40x_1 + 0.28x_2 + 0.32x_3 + 0.72x_4 + 0.64x_5 + 0.60x_6 \quad (3-14)$$

达到最人。这里,称 $x-(x_1,x_2,x_3,x_4,x_5,x_6)^{\mathrm{T}}$ 为决策变量,$f$ 为目标函数,决策变量应满足的不等式组为约束条件,其中 $x \geqslant 0$ 称为非负约束。

1. 用 Maximize 命令求解:

```
Maximize
[0.4x1 +0.28x2 +0.32x3 +0.72x4 +0.64x5 +0.60x6,
{0.01x1 +0.01x2 +0.01x3 +0.03x4 +0.03x5 +0.03x6≤850,
0.02x1 +0.05x4≤700,0.02x2 +0.05x5≤100,
0.03x3 +0.08x6≤900,x1 > =0,x2≥0,x3 > =0,
x4 > =0,x5 > =0,x6 > =0},{x1,x2,x3,x4,x5,x6}]
```

输出最大生产总值及决策变量(各种产品的生产量):

$\{25000,\{x1 \rightarrow 35000,x2 \rightarrow 5000,x3 \rightarrow 30000,x4 \rightarrow 0,x5 \rightarrow 0,x6 \rightarrow 0\}\}$

2. 用 LinearProgramming 命令求解。

将约束条件与目标函数(3-13)、式(3-14)改写为

$$\min -f = -0.40x_1 - 0.28x_2 - 0.32x_3 - 0.72x_4 - 0.64x_5 - 0.60x_6$$

$$\text{s. t.} \begin{cases} -0.01x_1 - 0.01x_2 - 0.01x_3 - 0.03x_4 - 0.03x_5 - 0.03x_6 \geqslant -850 \\ -0.02x_1 - 0.05x_4 \geqslant -700 \\ -0.02x_2 - 0.05x_5 \geqslant -100 \\ -0.03x_3 - 0.08x_6 \geqslant -900 \end{cases}$$

其中 $x_j \geqslant 0, j = 1, 2, \cdots, 6$

输入

```
c = {-0.4,-0.28,-0.32,-0.72,-0.64,-0.6};
A = {{-0.01,-0.01,-0.01,-0.03,-0.03,-0.03},{-0.02,0,0,-0.05,0,
0},{0,-0.02,0,0,-0.05,0},{0,0,-0.03,0,0,-0.08}};
b = {-850,-700,-100,-900};
```

计算 $x = \text{LinearProgramming}[c,A,b]$,输出决策变量(各种产品的生产量):

$$x = \{35000.,5000.,30000.,0,0,0\}$$

所以目标函数 $-f$ 的最小值为 $cx^{\mathrm{T}} = -25000$ 元,即每月生产总值最大达到 25000(万元)。

### 3.4.4  实验内容与要求

**实验 3-13**

某学校规定,运筹学专业的学生毕业时至少学习过两门数学课,三门运筹学课和两门计算机课,这些课程的编号、名称、学分、所属类别和先修课要求见

171

表 3 - 11。问题：

（1）毕业时学生最少可以学习这些课程中的哪些课程？

（2）如果某个学生既希望选修课程的数量少，又希望所获得的学分多，他可以选修哪些课程？

（3）给自己做一个大二期间的选课计划。

表 3 - 11

| 编号 | 名称 | 学分 | 类别 | 先修课程号 |
|------|------|------|------|------------|
| 1 | 微积分 | 5 | 数学 | |
| 2 | 线性代数 | 4 | 数学 | |
| 3 | 最优化方法 | 4 | 数学,运筹学 | 1,2 |
| 4 | 数据结构 | 3 | 数学,计算机 | 7 |
| 5 | 应用统计 | 4 | 数学,运筹学 | 1,2 |
| 6 | 计算机模拟 | 3 | 计算机,运筹学 | 7 |
| 7 | 计算机编程 | 2 | 计算机 | |
| 8 | 预测理论 | 2 | 运筹学 | 5 |
| 9 | 数学实验 | 3 | 运筹学,计算机 | 1,2 |

**实验参考：**

模型建立 设 $x_i (i = 1, \cdots, 9)$ 表示选修课表中按编号顺序的 9 门课程（$x_i = 1$，或 0 表示选，或不选这门课程），目标函数为选修课程最少，即

$$\min z = \sum_{i=1}^{9} x_i \qquad (3-15)$$

约束条件：

（1）至少选修两门数学课，三门运筹学课和两门计算机课，即

$$x_1 + x_2 + x_3 + x_4 + x_5 \geq 2$$
$$x_3 + x_5 + x_6 + x_8 + x_9 \geq 3 \qquad (3-16)$$
$$x_4 + x_6 + x_7 + x_9 \geq 2$$

（2）某些课程有先选的要求，例如对最优化方法而言，必须先选微积分和线性代数，即应该满足 $x_3 \leq x_1, x_3 \leq x_2$，从而得到约束条件关系 $2x_3 - x_1 - x_2 \leq 0$；同样，对其他选修课程的先选关系也可得到相应的约束条件，整理后得到：

$$\begin{cases} 2x_3 - x_1 - x_2 \leqslant 0 \\ x_4 - x_7 \leqslant 0 \\ 2x_5 - x_1 - x_2 \leqslant 0 \\ 2x_9 - x_1 - x_2 \leqslant 0 \\ x_6 - x_7 \leqslant 0 \\ x_8 - x_5 \leqslant 0 \end{cases} \qquad (3-17)$$

由此得到了相应的整数规划式(3-15)、(3-16)及(3-17)。

对问题进行求解,得到解为

$$x_1 = x_2 = x_5 = x_7 = x_8 = x_9 = 1$$

此时相应的学分为 $w = 5x_1 + 4x_2 + 4x_5 + 2x_7 + 2x_8 + 3x_9 = 20$。

若在考虑选修课时达到最小的同时,还希望所得到的学分达到最大,则目标函数:

$$\max\ w = 5x_1 + 4x_2 + 4x_3 + 3x_4 + 4x_5 + 3x_6 + 2x_7 + 2x_8 + 3x_9$$

增加限制条件 $\sum\limits_{i=1}^{9} x_i = 6$,可得到问题的解,即:应选课程为:$x_1 = x_2 = x_3 = x_5 = x_7 = x_9 = 1$

相应的最多学分为:

$$\max\ w = 5x_1 + 4x_2 + 4x_3 + 3x_4 + 4x_5 + 3x_6 + 2x_7 + 2x_8 + 3x_9 = 22$$

**实验 3-14**

某服务部门一周中每天需要不同数目的雇员:周一到周四每天至少 50 人,周五和周日每天至少 80 人,周六至少 90 人。现规定应聘者需连续工作 5 天,试确定聘用方案,即周一到周日每天聘用多少人,使在满足需要的条件下聘用总人数最少。如果周日的需要量由 80 增至 90 人,方案怎样改变。

上面指的是全时雇员(一天工作 8 小时),如果可以用两个临时聘用的半时雇员(一天工作 4 小时,不需要连续工作)代替一个全时雇员,但规定半时雇员的工作量不得超过总工作量的 1/4,又设全时雇员和半时雇员每小时的酬金分别为 5 元和 3 元,试确定聘用方案,使在满足需要的条件下所付酬金总额最小。

**实验参考:**

(1) 考虑只聘用全时雇员的方案。问题的决策变量是周一到周日每天聘用的人数,目标函数是聘用总人数,约束条件由每天需要的人数确定。

记周一到周日每天聘用的人数分别为 $x_1, x_2, \cdots, x_7$,由于每人连续工作 5 天,所以周一工作的雇员应是周四到周一聘用的,按照需要至少 50 人,于是

类似地有

$$① \ x_1 + x_4 + x_5 + x_6 + x_7 \geqslant 50$$

$$② \ x_1 + x_2 + x_5 + x_6 + x_7 \geqslant 50$$

$$③ \ x_1 + x_2 + x_3 + x_6 + x_7 \geqslant 50$$

$$④ \ x_1 + x_2 + x_3 + x_4 + x_7 \geqslant 50$$

$$⑤ \ x_1 + x_2 + x_3 + x_4 + x_5 \geqslant 80$$

$$⑥ \ x_2 + x_3 + x_4 + x_5 + x_6 \geqslant 90$$

$$⑦ \ x_3 + x_4 + x_5 + x_6 + x_7 \geqslant 80$$

聘用的总人数是

$$z = x_1 + x_2 + x_3 + x_4 + x_5 + x_6 + x_7$$

问题归结为在条件①~⑦及 $x_i \geqslant 0 \, (i = 1, \cdots, 7)$ 下求解 $\min z$ 的整数规划模型。

（2）考虑聘用半时雇员的情况。记周一到周日每天聘用的半时雇员人数分别为 $y1, y2, \cdots, y7$，因为两个半时雇员可以代替一个全时雇员，所以约束条件①应改为

$$⑧ \ x_1 + x_4 + x_5 + x_6 + x_7 + y_1/2 \geqslant 50$$

②~⑦作相应的修改后记为 ②′~⑦′。半时雇员的工作量不得超过总工作量 1/4 的限制表为

$$⑨(y_1 + y_2 + \cdots + y_7)/2 \leqslant (50 \times 4 + 80 \times 2 + 90)/4$$

目标函数(酬金总额)为

$$z_1 = 5 \times 8 \times 5(x_1 + x_2 + \cdots + x_7) + 3 \times 4(y_1 + y_2 + \cdots + y_7)$$

问题归结为在条件②′~⑦′、⑧、⑨及 $x_i, y_i \geqslant 0 \, (i = 1, \cdots, 7)$ 下，求解整数规划模型 $\min z_1$。

提示：整数规划的求解操作，可以参考**例 3 – 26、例 3 – 27**。

# 第4章　综合实验

## 实验1　金融问题

### 一、实验目的

通过实验复习数列、函数、方程求根和代数方程组有关的一些知识，了解经济生活中某些问题的数学模型。

### 二、实验问题

随着经济的发展，金融正越来越多地进入普通人的生活，如贷款、保险、养老金和使用信用卡等，并且在这些方面都离不开数学方面的计算问题。

例如下面两则广告就都是数学问题。广告一：买房只须自备款 8 万元，其余向银行贷款，分 10 年还清，每月只需付 2200 元人民币，这对于您还有什么问题吗？广告二：只要您愿意抵押一套无贷款的房产，且这套房产的价值超过贷款额度一倍，就可以获得贷款。贷款期限最长可达 20 年，利率为 6.5%，另外办理这些手续需要支付给贷款公司 2% 的佣金。如果资质达到"优质客户"，5 年以后，还款利率最多可以下浮 10%，算下来比 6.14% 的利率还要低。

任何人看了这两则广告都会产生一些疑问。①且不谈广告中没有谈住房面积、设施等，人们关心的是：如果一次付款买这套房要多少钱呢？银行贷款的利息是多少呢？为什么每个月要付 2200 元呢？是怎样算出来的？因为我们知道，若给定了一次付款买房的价格，如果自己只能支付一部分款，那就要把其余的款项通过借贷方式来解决，只要知道利息，就可以算出 10 年还清，每月要付多少钱才能按时还清贷款，从而也就可以对是否要去买该广告中所说的房子做出决策了。②如果这是一家信誉高的贷款公司，但相对目前 5 年期以上 6.14% 的利率，贷款公司给出的利率显然偏高，还要支付给贷款公司 2% 的佣金。如果我们贷款 60 万元，20 年还清，应该采取什么方式还款，及后 15 年还款率至少下浮多少才合算？自己动手算一算。

## 三、实验参考

1. 建立相应的数学模型并求解

分析:假设 $A_0$ 为需要贷的钱数,$R$ 为月利率(贷款通常按复利计);每月需还的钱数为 $x$,借期为 $N$ 月。

若用 $A_k$ 记第 $k$ 个月尚欠的款数,则一个月后(加上利息)的欠款为 $A_{k+1} = (1 + R)A_k$,不过又还了 $x$ 元,故总的欠款可用如下数学模型表述:

$$A_{k+1} = (1 + R)A_k - x, k = 0,1,2,\cdots \qquad (4-1)$$

因此

$$A_1 = (1 + R)A_0 - x$$
$$A_2 = (1 + R)A_1 - x = (1 + R)^2 A_0 - x[(1 + R) + 1] \qquad (4-2)$$

由数学归纳法知:

$$A_k = (1 + R)^k A_0 - x[(1 + R)^{k-1} + (1 + R)^{k-2} + \cdots + (1 + R) + 1]$$
$$= (1 + R)^k A_0 - x/R[(1 + R)^k - 1]$$

即

$$A_k = (A_0 - x/R)(1 + R)^k + x/R \qquad (4-3)$$

这是 $A_k, A_0, x, R$ 之间的显式关系,也是迭代关系(4-1)式的解.

2. 针对广告中的情形:$N = 10$ 年 $= 120$ 个月,每月还款 $x = 2200$ 元,一次性支付购房款为 80000 元加上要去借贷的款 $A_0$,计算贷款额 $A_0$ 及银行贷款利率 $R$。

为了进行购房决策,可利用(4-3)式进行计算。由于房贷款 $N = 120$ 个月后还清,故 $A_{120} = 0$,从而有

$$A_N = A_0(1 + R)^N - (2200/R)[(1 + R)^N - 1] = 0$$

因此

$$A_0 = 2200[(1 + R)^N - 1]/R(1 + R)^N \qquad (4-4)$$

式(4-4)表明了给定 $N = 120$,$x = 1200$ 时,$A_0$ 和 $R$ 之间的关系。如果我们已经知道银行的贷款利息 $R$,就可以算出需贷的款额 $A_0$。

例如,若 $R = 0.054/12$,则由式(4-4)可算得 $A_0 \approx 203644$ 元。如果该房地产公司说一次性付款的房价小于 $80000 + 203644 = 283644$ 元的话,你就应自己去银行借款。利用 Mathematica 数学软件可画出式(4-4)的图形,来进行估算决策(图 4-1)。

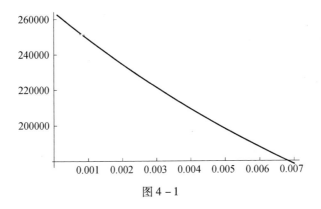

图 4 – 1

**练习 1：简单金融问题**

（1）研究连续利率问题。储户在银行存钱银行要给储户利息。假设年利率一定，某银行可以在一年内分多次付给储户利息，比如按月付息、按天付息等。现有一储户将 10000 元人民币存入银行，如果年利率为 3%，且银行允许储户在一年内可任意次结算，在不计利息税的情况下，若储户等间隔地结算 $n$ 次，每次结算后将本息全部存入银行。问：

① 随着结算次数的增加，一年后该储户的本息和是否也在增多；

② 随着结算次数的无限增加，一年后该储户在银行的存款是否会无限变大？（本实验是研究连续利率问题）。

**操作参考：**

若该储户每月结算一次，则每月利率为 0.03/12。故第 1 个月后，储户本息共计 $10000(1 + 0.003/12)$；

第二个月后，储户本息共计 $10000(1 + 0.03/12)^2$，…，一年后，该储户本息共计 $10000(1 + 0.03/12)^{12}$。

若该储户每天结算一次，假设一年 365 天，则每天利率为 0.03/365，故第一天后，储户本息共计 $10000(1 + 0.03/365)$；第二天后，储户本息共计 $1000(1 + 0.05/365)^2$；一年后，储户本息共计 $10000(1 + 0.03/365)^{365}$。

一般地，若该储户等间隔地结算 $n$ 次，则有一年后本息共计

$$s(n) = 10000(1 + 0.03/n)n$$

随着结算次数的无限增加，故一年后本息共计

$$\lim_{n \to \infty} s(n) = \lim_{n \to \infty} 10000(1 + 0.03/n)n = 10000e^{0.03}。$$

```
Clear[n,s]
s[n_]:=10000*(1 +0.03 /n)^n
```

```
Plot[s[n],{n,4,100}]
Limit[s[n],n→Infinity]
```

观察输出的图形(图4-2)和计算结果可以看到,随着结算次数增多,一年后该储户的本息和也在增多。但不管银行采取多么小的时间间隔的付息方式,一年后该储户在银行的存钱不会无限变大。该储户一年本息和最多不超过10305元。

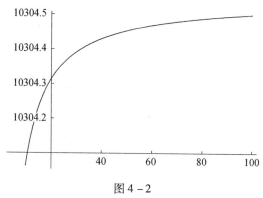

图 4-2

(2) 购买彩票的兑奖方式问题。你买的彩票中奖100万元,你要在两种兑奖方式中进行选择。一种为四年每年支付25万元的分期支付方式,从现在开始支付;另一种为一次支付总额92万元的一次付清支付方式,也是从现在开始支付。假设银行利率为3%,以连续复利方式计息,又假设不交税,那么,你选择哪种兑奖方式?

**操作参考:**

首先考虑:以四次每次25万元的支付方式支付

$$第一次支付款的现值 = 250000 元$$

第二次支付在1年后进行,于是

$$第二次支付款的现值 = 250000e^{-0.03} 元$$

再分别计算第三次和第四次支付款的现值,得到总现值

$$总现值 = 250000 + 250000e^{-0.03} + 250000e^{-0.03×2} + 250000e^{-0.03×3}$$
$$\approx 250000 + 235411 + 221730 + 208818$$
$$= 915989(元)$$

既然从上述结果可看出这四次付款的现值小于92万元,那么,选择现在一次付清92万元这种兑奖方式比较好。

再考虑比较两种兑奖方式的将来值。将来值最高的兑奖方式,从纯经济观

点考虑,是最好的方式。现在来计算三年后(亦即在分期支付的第四次支付日期时)这两种方式的将来值。

$$一次付清的支付款的将来值 = 920000e^{0.06(3)} 元 \approx 1101440 元$$

现在来计算分期付款第一次支付的 250000 元的将来值,得

$$第一次支付款的将来值 = 250000e^{0.06(3)} 元$$

同样地计算其他几次的支付款的将来值,得

$$总将来值 = 250000e^{0.06(3)} + 250000e^{0.06(2)} + 250000e^{0.06(1)} + 250000$$
$$\approx 299304 + 281874 + 265459 + 250000 = 1096637(元)$$

一次清付 920000 元的支付方式的将来值比较起来大一些,所以你最好采取现在一次付清 920000 元的方式。既然 920000 元支付款的现值要比四次分期付款加在一起的现值高,那么你就可以预料到 920000 元的将来值会比四次分期付款加在一起的将来值高。

(3) 某公司欠了你公司的钱,它打算开始通过以下两种方式中的一种来偿还。一种方式是每年还 5000 元共还四个年度,若每年度还期为这年度的开始,则从第一次还钱到第四次还钱,这段时期为三年,另一种方式是等待一段时间然后在 3 年后一次总付 25000 元。如果你确实能够获得 8% 的年利息(以连续复利方式计息),并且你也只是出于经济方面的考虑,那么,你将选择哪一种偿还方式?证实你的选择结果。在做决断时,还会有什么事情有可能成为你要考虑的?

(4) 截至 2014 年底,中国商业银行信用卡的发行数达到了 4.55 亿张。很多人在刷信用卡购物的时候,享受了购物不用掏现金及免息期的快乐,但有人认为按照最低还款额偿还了信用卡欠款,没有产生信用污点,就不是个事。你怎么看呢?假设你用信用卡消费仅是购物,算一算,若你没有能够及时全额还款(甚至最低还款额),付出的利息代价会有多高?

**练习 2**

(1) 一对年轻夫妇为买房要用银行贷款 60000 元,月利率 0.01,贷款期 25 年 =300 月,这对夫妇希望知道每月要还多少钱,25 年就可还清。假设这对夫妇每月可有节余 700 元,是否可以去买房呢?

(2) 恰在此时这对夫妇看到某借贷公司的一则广告:"若借款 60000 元,22 年还清,只要:①每半个月还 316 元;②由于文书工作多了的关系,要你预付 3 个月的款,即 316×6 =1896 元"。这对夫妇想:提前 3 年还清当然是好事,每半个月还 316 元,那一个月不正好是还 632 元,只不过多跑一趟去交款罢了;要预付 1896 元,当然使人不高兴,但提前 3 年还清省下来的钱可是 22752 元哟,是 1896 元的十几倍哪!这家公司是慈善机构呢?还是仍然要赚我们的钱呢?这对夫妇

请你给他们一个满意的回答。

**操作参考:**

(1) 现在求 $x$,使得 $A_{300}=0$。由(4-3)式知

$$x = A_0 R(1+R)^k / \left[(1+R)^k - 1\right]$$

其中 $A_0 = 60000, R = 0.01, k = 300$。

(2) 就第一、第二两条件作一个粗略的分析,可孤立地分析第一个条件和第二个条件看看能否缩短归还期。

分析第一个条件,这时 $A_0 = 60000$ 不变,$x = 316$,月利率变为半月利率可粗略地认为正好是原 $R$ 的一半。即 $R = 0.005$(这样取 $R$ 的值是否合理? 请读者思考,实际情况应是怎样?)。

于是由(4-3)式可求出使得 $A_N = 0$ 的归还期 $N$,即由

$$0 = (1+R)^N A_0 - x/R\left[(1+R)^N - 1\right]$$

求出

$$N = \ln(x/(x - A_0 R))/\ln(1+R)$$

即 $N \approx 598$(半个月) $\approx 24.92$ 年,能提前大约 1 个月还清。由此可见,该借贷公司如果只有第一个条件,那它只能是个慈善机构了。

分析第二个条件,这时你只借了 $A_0 = 60000 - 1896 = 58104$ 元,而不是 60000 元,可以按问题中银行贷款的条件算一算,即令 $x = 632$ 元(每月还款),$R = 0.01$(月息),求使得 $A_N = 0$ 的 $N$,来看看能否可以提前还清贷款。利用 Mathematica 数学软件,经计算得 $N \approx 25305$(月) $\approx 21.09$ 年,即实际上提前将近 4 年就可还清。该借贷公司只要去同样的银行借款,即使半个月收来的 316 元不动,再过半个月合在一起去交给银行,它还可坐收第 22 年的款近 7000 元,更何况它可以利用收到的贷款去做短期(半个月内)的投资赚取额外的钱。当你把这种初步分析告诉这对年轻夫妇后,他们一定会恍然大悟,从而作出正确的决策!

虽然在实际生活中的贷款买房问题会更复杂,但上述问题的数学方法仍然具有指导性。如:有文章介绍"哪种还款方式最省钱"? 请您算一算。

据介绍,以一笔总额 30 万元、期限 20 年的个人住房商业贷款为例,在现行利率水平下执行现行优惠年利率 5.508%(0.9 倍基准利率)为例进行对比,客户如果采用等额本金还款方式,全部贷款本息合计 465928 元;如果采用等额本息还款方式,全部贷款本息合计 495604 元。

**注:**等额本金还款法,是指客户第一个月还款额最高,以后逐月减少;等额本息还款法,是指按照贷款期限把贷款本息平均分为若干个等份,客户每个月还款额度相同。

**练习 3**

若一笔总额 25 万元、期限 10 年的个人住房贷款,其中 15 万元为公积金贷款,

10 万元为商业贷款。请根据表 4-1 做一张现行利率水平下贷款利率对照表。

表 4-1

| 住房公积金贷款与商业性住房贷款利率对照表（等额本金还款法　以 1 万元为例 单位:元） | | | | | | | | |
| --- | --- | --- | --- | --- | --- | --- | --- | --- |
| 年限 | 住房公积金贷款 | | | | 商业性住房贷款 | | | | 两种贷款累计利息差额 |
| | 年利率（％） | 月利率（‰） | 月均还本金额 | 累计利息 | 年利率（％） | 月利率（‰） | 月均还本金额 | 累计利息 | |
| 1 年 | 3.33 | 2.775 | 833.33 | 182.21 | 5.4 | 4.5 | 833.33 | 294 | 111.79 |
| 2 年 | 3.33 | 2.775 | 416.67 | 347.79 | 5.4 | 4.5 | 416.67 | 563.94 | 216.15 |
| 3 年 | 3.33 | 2.775 | 277.78 | 514.29 | 5.4 | 4.5 | 277.78 | 834 | 319.71 |
| 4 年 | 3.33 | 2.775 | 208.33 | 680.82 | 5.76 | 4.8 | 208.33 | 1175.58 | 494.76 |
| 5 年 | 3.33 | 2.775 | 166.67 | 847.23 | 5.76 | 4.8 | 166.67 | 1463.03 | 615.8 |
| 6 年 | 3.87 | 3.225 | 138.89 | 1178.19 | 5.94 | 4.95 | 138.89 | 1808.31 | 630.12 |
| 7 年 | 3.87 | 3.225 | 119.05 | 1371.67 | 5.94 | 4.95 | 119.05 | 2105.35 | 733.68 |
| 8 年 | 3.87 | 3.225 | 104.17 | 1565.15 | 5.94 | 4.95 | 104.17 | 2402.32 | 837.17 |
| 9 年 | 3.87 | 3.225 | 92.59 | 1758.76 | 5.94 | 4.95 | 92.59 | 2699.49 | 940.73 |
| 10 年 | 3.87 | 3.225 | 83.33 | 1952.28 | 5.94 | 4.95 | 83.33 | 2996.55 | 1014.27 |
| 11 年 | 3.87 | 3.225 | 75.76 | 2145.64 | 5.94 | 4.95 | 75.76 | 3293.07 | 1147.43 |
| 12 年 | 3.87 | 3.225 | 69.44 | 2339.36 | 5.94 | 4.95 | 69.44 | 3590.64 | 1251.28 |
| 13 年 | 3.87 | 3.225 | 64.10 | 2532.82 | 5.94 | 4.95 | 64.10 | 3887.56 | 1354.74 |
| 14 年 | 3.87 | 3.225 | 59.52 | 2726.39 | 5.94 | 4.95 | 59.52 | 4184.68 | 1458.29 |

# 实验 2　投篮角度问题

## 一、实验目的

学习巩固函数导数与微分、函数单调性、极值等基础概念。培养运用数学、力学知识来综合解决应用问题的能力。

## 二、实验问题

在激烈的篮球比赛中,提高投篮命中率对于获胜无疑起着决定作用,而出手角度和出手速度是决定投篮能否命中的两个关键因素。这里讨论比赛中最简单,但对于胜负也常常是很重要的一种投篮方式——罚球。

假设:球出手后不考虑自身的旋转,不考虑碰篮板或篮框。投篮的运动曲线和篮圈中心在同一平面内。

图4-3为过罚球点 $P$ 和篮框中心 $Q$ 且垂直于地面的平面示意图。按照标准尺寸,$P$ 和 $Q$ 点的水平距离 $L=4.60\text{m}$,$Q$ 点的高度 $H=3.05\text{m}$,篮球直径 $d=24.6cm$,篮框直径 $D=45.0\text{cm}$,不妨假定篮球运动员的出手高度 $h$ 为 $1.8\sim2.1\text{m}$,出手速度 $v$ 为 $8.0\sim9.0\text{m/s}$。

建立相应的数学模型并研究以下问题:

(1) 先不考虑篮球和篮框的大小,讨论球心命中框心的条件。对不同的出手高度 $h$ 和出手速度 $v$,确定出手角度 $\alpha$ 篮框的入射角度 $\beta$;

(2) 考虑篮球和篮框的大小,讨论球心命中框心且球入框的条件。检查上面得到的出手角度 $\alpha$ 和入射角度 $\beta$ 是否符合这个条件;

(3) 为了使球入框,球心不一定要命中框心,可以偏前或偏后(球心命中图4-3中的 $Q_1$ 或 $Q_2$)。讨论保证球入框的条件下,出手角度允许的最大偏差和出手速度允许的最大偏差。

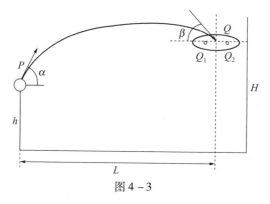

图4-3

## 三、实验参考

### 1. 建立数学模型及模型求解

不考虑篮球和篮框大小,不考虑空气阻力的影响,以未出手时的球心 $P$ 为坐标原点,$x$ 轴为水平方向,$y$ 轴为竖直方向,篮球在 $t=0$ 时以出手速度 $v$ 和出手角度 $\alpha$ 投出,可视为质点(球心)的斜抛运动,其运动方程如下:

$$\begin{cases} x = v\cos\alpha\, t \\ y = v\sin\alpha\, t - \dfrac{gt^2}{2} \end{cases} \tag{4-5}$$

其中 $g$ 是重力加速度。由此得到球心运动轨迹

$$y = x\tan\alpha - \frac{g}{2v^2\cos^2\alpha}x^2 \tag{4-6}$$

以 $x = L, y = H - h$ 代入式 $(4-6)$，就得到球心命中框心的条件

$$\tan\alpha = \frac{v^2}{gL}\Big[1 \pm \sqrt{1 - 2\frac{g}{v^2}\Big(H - h + \frac{gL^2}{2v^2}\Big)}\Big] \tag{4-7}$$

式 $(4-7)$ 表示出手角度与出手速度、出手高度之间的关系。由式 $(4-7)$ 可知

$$1 - 2\frac{g}{v^2}\Big(H - h + \frac{gL^2}{2v^2}\Big) \geqslant 0 \tag{4-8}$$

对应给定出手速度 $v$ 和出手高度 $h$，由式 $(4-7)$ 可计算出两个出手角度，记作 $\alpha_1, \alpha_2$ 且 $\alpha_1 > \alpha_2$。可以看出 $\alpha_1$ 是 $v$ 和 $h$ 的增函数。

由 $(4-8)$ 可解得

$$v^2 \geqslant g(H - h + \sqrt{(H-h)^2 + L^2}) \tag{4-9}$$

且

$$v_{\min}^2 = g(H - h + \sqrt{(H-h)^2 + L^2}) \tag{4-10}$$

是 $h$ 的减函数。

将式 $(4-10)$ 代入式 $(4-7)$ 可算出相应的出手角度为

$$\tan\alpha_0 = \frac{v^2}{gL}$$

**练习 1**

计算不同出手高度的最小出手速度和相应的出手角度。

**操作参考：**

```
g = 9.8(m);L = 4.60(m);H = 3.05(m);
v[h_]: = Sqrt[g*(H-h+Sqrt[(H-h)^2+L^2])];
Af[h_]: = ArcTan[v^2/(g*L)]*180/N[Pi];
Table[v[h],{h,1.8,2.1,0.1}]
Table[Ah[h],{h,1.8,2.1,0.1}]
```

表 4 – 2

| 不同出手高度下的最小出手速度和相应的出手角度 | | |
|:---:|:---:|:---:|
| $h/\text{m}$ | $v_{\min}/(\text{m} \cdot \text{s}^{-1})$ | $\alpha_0/(°)$ |
| 1.8 | 7.6789 | 52.6012 |
| 1.9 | 7.5985 | 52.0181 |
| 2.0 | 7.5186 | 51.4290 |
| 2.1 | 7.4392 | 50.8344 |

**2. 球入篮框时的入射角 $\beta$**

$$\tan\beta = -\frac{\text{d}y}{\text{d}x}\bigg|_{x=L} \qquad (4-11)$$

由式(4-6)可得:$y\big|_{x=L} = H - h = L\tan\alpha - L^2 \dfrac{g}{2v^2\cos^2\alpha}$,及 $-\dfrac{\text{d}y}{\text{d}x}\bigg|_{x=L} = -\tan\alpha + L$

$\dfrac{g}{v^2\cos^2\alpha}$,一并带入式(4-11)可得

$$\tan\beta = \tan\alpha - \frac{2(H-h)}{L} \qquad (4-12)$$

式(4-12)给出了篮球入框的入射角度与出手角度的关系,对应于 $\alpha_1$, $\alpha_2$ 相应就有 $\beta_1$, $\beta_2$,设 $\beta_1 > \beta_2$。

考虑篮球和篮框的大小时,如图 4-4 所示,篮球直径为 $d$,篮框直径为 $D$。显然,即使球心命中框心,若入射角 $\beta$ 太小,球会碰到框的近侧边 $A$,不能入框。由图 4-4 不难得出 $\beta$ 应满足的球心命中框心,且球入框的条件为

$$\sin\beta > \frac{d}{D} \qquad (4-13)$$

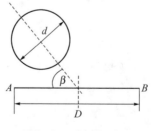

图 4-4 篮球入框

将 $d = 24.6\text{cm}$, $D = 45.0\text{cm}$ 代入代(4-13),得:$\beta > 33.1°$。

**练习2**

计算不同出手速度和出手高度的出手角度和入射角度。

**操作参考：**

a = Sqrt[1 - 2 * g * (H - h + g * L^2/(2 * v^2))/v^2];

a1 = (1 + a) * v^2/(g * L); a2 = (1 - a) * v^2/(g * L);

af1 = ArcTan[a1] * 180/N[Pi]; af2 = ArcTan[a2] * 180/N[Pi];

Table[af1,{v,8.0,9.0,0.5},{h,1.8,2.1,0.1}]

Table[af2,{v,8.0,9.0,0.5},{h,1.8,2.1,0.1}]

b1 = a1 - 2 * (H - h)/L; b2 = a2 - 2 * (H - h)/L;

bt1 = ArcTan[b1] * 180/N[Pi]; bt2 = ArcTan[b2] * 180/N[Pi];

Table[bt1,{v,8.0,9.0,0.5},{h,1.8,2.1,0.1}]

Table[bt1,{v,8.0,9.0,0.5},{h,1.8,2.1,0.1}]

对出手速度 $v = 8.0 \sim 9.0 (\text{m/s})$ 和出手高度 $h = 1.8 \sim 2.1 (\text{m})$，由式（4-7）计算出手角度 $\alpha_1, \alpha_2$，由式（4-11）计算入射角度 $\beta_1, \beta_2$，结果见表4-3。

表4-3

| 对不同出手速度和出手高度的出手角度和入射角度 | | | | | |
|---|---|---|---|---|---|
| $v/(\text{m} \cdot \text{s}^{-1})$ | $h/\text{m}$ | $\alpha_1/(°)$ | $\alpha_2/(°)$ | $\beta_1/(°)$ | $\beta_2/(°)$ |
| 8.0 | 1.8 | 62.4099 | 42.7925 | 53.8763 | 20.9213 |
|  | 1.9 | 63.1174 | 40.9188 | 55.8206 | 20.1431 |
|  | 2.0 | 63.7281 | 39.1300 | 57.4941 | 19.6478 |
|  | 2.1 | 64.2670 | 37.4017 | 58.9615 | 19.3698 |
| 8.5 | 1.8 | 67.6975 | 37.5049 | 62.1726 | 12.6250 |
|  | 1.9 | 68.0288 | 36.0075 | 63.1884 | 12.7753 |
|  | 2.0 | 68.3367 | 34.5214 | 64.1179 | 13.0240 |
|  | 2.1 | 68.6244 | 33.0444 | 64.9729 | 13.3583 |
| 9.0 | 1.8 | 71.0697 | 34.1327 | 67.1426 | 7.6550 |
|  | 1.9 | 71.2749 | 32.7614 | 67.7974 | 8.1663 |
|  | 2.0 | 71.4700 | 31.3881 | 68.4098 | 8.7321 |
|  | 2.1 | 71.6561 | 30.0127 | 68.9840 | 9.3472 |

可以看出，$\beta_2$ 均小于33.1°，不满足式（4-13）的条件，所以在考虑篮球和篮框大小的实际情况下，出手角度只能是 $\alpha_1$。

**3. 出手角度和出手速度最大偏差估计**

由图4-5看出，球入框时球心可以偏离框心，球心偏前（偏后）的最大距离

为 $\Delta x$，$\Delta x$ 可以从入射角 $\beta$ 算出。

$$\Delta x = \frac{D}{2} - \frac{d}{2\sin\beta} \qquad (4-14)$$

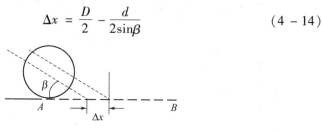

图 4-5　球心偏前

为了得到出手角度允许的最大偏差 $\Delta\alpha$ 可以在式(4-7)中以 $L \pm \Delta x$ 代替 $L$ 重新计算，但是由于 $\Delta x$ 中包含 $\beta$，从而也包含 $\alpha$，所以这种方法不能解析地求出 $\Delta\alpha$。因此考虑用函数的微分来近似函数的增量，即

$$\Delta\alpha \approx \frac{\mathrm{d}\alpha}{\mathrm{d}x}\Delta x \qquad (4-15)$$

从式(4-6)两边对 $\alpha$ 求导

$$\frac{\mathrm{d}y}{\mathrm{d}\alpha} = \frac{\mathrm{d}x}{\mathrm{d}\alpha}\tan\alpha + x\sec^2\alpha - x\frac{\mathrm{d}x}{\mathrm{d}\alpha}\frac{g}{v^2\cos^2\alpha} - x^2\frac{g}{v^2}\sec\alpha\tan\alpha \qquad (4-16)$$

设 $x = L$ 时，$\left.\dfrac{\mathrm{d}y}{\mathrm{d}\alpha}\right|_{x=L} = 0$。由式(4-16)可得

$$\left.\frac{\mathrm{d}\alpha}{\mathrm{d}x}\right|_{x=L} = \frac{gL - v^2\sin\alpha\cos\alpha}{L(v^2 - gL\tan\alpha)} \qquad (4-17)$$

再利用式(4-15)，即可得到出手角度的偏差 $\Delta\alpha$ 与 $\Delta x$ 的关系

$$\Delta\alpha \approx \frac{gL - v^2\sin\alpha\cos\alpha}{L(v^2 - gL\tan\alpha)}\Delta x \qquad (4-18)$$

由 $\Delta\alpha$ 和已经得到的 $\alpha$ 就可以计算相对误差 $\left|\dfrac{\Delta\alpha}{\alpha}\right|$。

类似地，如果从式(4-2)出发并将 $y = H - h$ 代入，可得

$$x^2\frac{g}{2v^2\cos^2\alpha} - x\tan\alpha + H - h = 0$$

两边对 $v$ 求导并令 $x = L$，可得出手速度允许的最大偏差。

$$\Delta v \approx \frac{gL - v^2\sin\alpha\cos\alpha}{gL^2}v\Delta x \qquad (4-19)$$

$v$ 的相对误差为

$$\left|\frac{\Delta v}{v}\right| = \left|\Delta\alpha\left(\frac{v^2}{gL} - \tan\alpha\right)\right| \tag{4-20}$$

**练习 3**

（1）$v_{\min}$ 是 $h$ 的减函数，$\alpha_1$ 是 $h$ 和 $v$ 的增函数，能作出实际解释吗？$\alpha_2$ 与 $h$ 和 $v$ 的关系又怎样呢？

（2）$\alpha_1$，$\alpha_2$ 或 $\beta_1$，$\beta_2$ 会小于零吗？如何解释小于零的情况？

（3）计算出手角度和出手速度的最大偏差。

计算 $h = 1.9$ 时出手角度最大偏差 $\Delta\alpha$ 和 $\dfrac{\Delta\alpha}{\alpha}$（$\alpha = \alpha_1$）（利用式（4-18）），及出手速度的最大偏差 $\Delta v$ 和 $\dfrac{\Delta v}{v}$（用式（4-19），式（4-20））。表 4-4 列出了 $h = 1.8\text{m}$ 和 $h = 2.0\text{m}$ 的结果。

表 4-4

| | 出手角度和出手速度最大偏差 | | | | | |
|---|---|---|---|---|---|---|
| $h/\text{m}$ | $\alpha/(°)$ | $v/(\text{m}\cdot\text{s}^{-1})$ | $\Delta\alpha$ | $\Delta v$ | $\lvert\Delta\alpha/\alpha\rvert$ | $\lvert\Delta v/v\rvert$ |
| 1.8 | 62.4099 | 8.0 | −0.7562 | 0.0528 | 1.2261 | 0.6597 |
| | 67.6975 | 8.5 | −0.5603 | 0.0694 | 0.8276 | 0.8167 |
| | 71.0697 | 9.0 | −0.4570 | 0.0803 | 0.6431 | 0.8925 |
| 2.0 | 63.7281 | 8.0 | −0.7100 | 0.0601 | 1.1140 | 0.7511 |
| | 68.3367 | 8.5 | −0.5411 | 0.0734 | 0.7918 | 0.8640 |
| | 71.4700 | 9.0 | −0.4463 | 0.0832 | 0.6244 | 0.9243 |

# 实验 3　曲柄滑块机构的运动规律

## 一、实验目的

本实验主要涉及微积分中对函数特性的研究。通过实验复习函数求导法、泰勒公式和其他有关知识，着重介绍运用建立近似模型并进行数值计算来研究、讨论函数的方法。

## 二、实验问题

曲柄滑块机构是一常用的机械结构，它将曲柄的转动转化为滑块在直线上的往复运动，是压气机、冲床、活塞式水泵等机械的主机构。其示意图如图 4-6

所示。

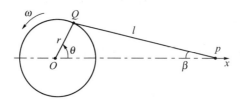

图 4 - 6

记曲柄 $OQ$ 的长为 $r$，连杆 $QP$ 的长为 $l$。当曲柄绕固定点 $O$ 以角速度 $\omega$ 旋转时，由连杆带动滑块 $P$ 在水平槽内作往复直线运动，假设初始时刻曲柄的端点 $Q$ 位于水平线段 $OP$ 上，曲柄从初始位置起转动的角度为 $\theta$，而连杆 $QP$ 与的 $x$ 轴锐夹角为 $\beta$（称为摆角）。在机械设计中要研究滑块的运动规律和摆角的变化规律，比如说，研究滑块的位移、速度和加速度随曲柄转角 $\theta$ 的变化而变化的规律，及摆角 $\beta$ 及其角速度和角加速度与 $\theta$ 之间的函数关系。

建立相应的数学模型并研究以下问题：

（1）求出滑块的行程（即滑块往复运动时左、右极限位置间的距离）；

（2）求出滑块的最大和最小加速度（绝对值），以了解滑块在水平方向上的作用力；

（3）求出 $\beta$ 的最大和最小角加速度（绝对值），以了解连杆的转动惯量对滑块的影响。

在求解上述问题时，假定 $r = 100\,\text{mm}$，$l = 3r = 300\,\text{mm}$，$\omega = 240$ 转/min。

## 三、实验参考

### 1. 滑块移动的数学模型

取 $O$ 点为坐标原点，$P$ 为滑块，$OP$ 方向为 $x$ 轴正方向，$P$ 在 $x$ 轴上的坐标为 $x$，利用图 4 - 6 的三角关系，可得滑块的位移方程：

$$x = r\cos\theta + \sqrt{l^2 - r^2\sin^2\theta} \qquad (4-21)$$

因为

$$\frac{\mathrm{d}x}{\mathrm{d}t} = \frac{\mathrm{d}x}{\mathrm{d}\theta}\frac{\mathrm{d}\theta}{\mathrm{d}t} = \omega\frac{\mathrm{d}x}{\mathrm{d}\theta}, \theta = \omega t \qquad (4-22)$$

其中

$$\frac{\mathrm{d}x}{\mathrm{d}\theta} = -r\sin\theta - \frac{r^2\sin\theta\cos\theta}{\sqrt{l^2 - r^2\sin^2\theta}} \qquad (4-23)$$

于是滑块的移动速度和加速度为

$$v = \frac{\mathrm{d}x}{\mathrm{d}t} = -\omega r \sin\theta \left[ 1 + \frac{r\cos\theta}{\sqrt{l^2 - r^2 \sin^2\theta}} \right] \tag{4-24}$$

$$a = \frac{\mathrm{d}v}{\mathrm{d}t} = \omega \frac{\mathrm{d}v}{\mathrm{d}\theta} = -\omega^2 r \left[ \cos\theta + \frac{r(l^2\cos2\theta + r^2 \sin^4\theta)}{\sqrt{(l^2 - r^2 \sin^2\theta)^3}} \right] \tag{4-25}$$

由式(4-21)、式(4-24)、式(4-25)可见,滑块的位移 $x$ 及速度 $v = \frac{\mathrm{d}x}{\mathrm{d}t}$、加速度 $a = \frac{\mathrm{d}v}{\mathrm{d}t}$ 依赖曲柄转角 $\theta$ 的关系式都比较复杂,下面我们利用两种方式来计算滑块的行程和滑块的最大与最小加速度,计算结果通过表4-5进行比较。

第一种方式:直接用数学软件里的函数进行计算(表4-5)。

第二种方式:利用泰勒公式简化式(4-21)、式(4-24)、式(4-25),再做近似计算。

已知:当 $|\varepsilon| < 1$ 时,有 $(1 + \varepsilon)^\alpha = 1 + \alpha\varepsilon + \frac{\alpha(\alpha-1)}{2}\varepsilon^2 + \cdots$,则

$$(1 + \varepsilon)^\alpha \approx 1 + \alpha\varepsilon \tag{4-26}$$

精度要求高点的话,可采用

$$(1 + \varepsilon)^\alpha \approx 1 + \alpha\varepsilon + \frac{\alpha(\alpha-1)}{2}\varepsilon^2 \tag{4-27}$$

现改写位移式(4-21):$x = r\cos\theta + l\sqrt{1 - \frac{r^2}{l^2}\sin^2\theta}$,一般而言,$\frac{r^2}{l^2}$ 是远比 1 小的数,于是利用式(4-26)得到滑块位移的一近似模型为

$$x \approx x_1 = r\cos\theta + l - \frac{r^2}{2l}\sin^2\theta \tag{4-28}$$

再利用式(4-26),取式(4-24)和式(4-25)的近似,注意到

$$\frac{1}{\sqrt{l^2 - r^2 \sin^2\theta}} = \frac{1}{l}\left(1 - \frac{r^2}{l^2}\sin^2\theta\right)^{-1/2} \approx \frac{1}{l}\left(1 + \frac{r^2}{2l^2}\sin^2\theta\right)$$

$$\frac{1}{\sqrt{(l^2 - r^2 \sin^2\theta)^3}} = \frac{1}{l^3}\left(1 - \frac{r^2}{l^2}\sin^2\theta\right)^{-3/2} \approx \frac{1}{l^3}\left(1 + \frac{3r^2}{2l^2}\sin^2\theta\right)$$

把上式代入式(4-24)和式(4-25),得到了滑块速度和加速度的近似模型:

$$v \approx v_1 = -\omega r\sin\theta\left[1 + \frac{r\cos\theta}{l}\left(1 + \frac{r^2}{2l^2}\sin^2\theta\right)\right]$$

$$= -\omega r\left(\sin\theta + \frac{r\sin2\theta}{2l} + \frac{r^3}{4l^3}\sin^2\theta\sin2\theta\right) \tag{4-29}$$

$$a \approx a_1 = -\omega^2 r\left[\cos\theta + \frac{r}{l^3}\left(l^2\cos 2\theta + \frac{3}{2}r^2\sin^2\theta - 2r^2\sin^4\theta + \frac{3}{2}\frac{r^4}{l^2}\sin^6\theta\right)\right]$$

$$(4-30)$$

若直接对滑块位移的近似模型式(4-28)两边求导,可得到滑块速度和加速度的另一近似模型:

$$v \approx v_2 = \frac{\mathrm{d}x_1}{\mathrm{d}t} = \frac{\mathrm{d}x_1}{\mathrm{d}\theta}\frac{\mathrm{d}\theta}{\mathrm{d}t} = -\omega r\left(\sin\theta + \frac{r}{2l}\sin 2\theta\right) \qquad (4-31)$$

$$a \approx a_2 = \frac{\mathrm{d}v_1}{\mathrm{d}t} = -\omega^2 r\left(\cos\theta + \frac{r}{l}\cos 2\theta\right) \qquad (4-32)$$

表达式(4-31)、式(4-32)比式(4-29)、式(4-30)更简单,但计算的误差会大一些,通过下面的计算可以看到近似的情况。

**2. 滑块移动的计算结果**

滑块的位移和行程的计算结果。

利用滑块位移的解析式(4-21)和近似式(4-28),表4-5列出了 $\theta$ 从 0 变化到 $\pi$ 时位移的一些相应数值(单位:mm)。考虑到对称性和周期性,只要计算这一区间中的函数值就可以了。

表 4-5

| $\theta$ | $x$ | $x_1$ |
|---|---|---|
| 0 | 400.00 | 400.00 |
| $\pi/12$ | 395.475 | 395.476 |
| $2\pi/12$ | 382.407 | 382.436 |
| $3\pi/12$ | 362.258 | 362.377 |
| $4\pi/12$ | 337.228 | 337.500 |
| $5\pi/12$ | 309.906 | 310.332 |
| $6\pi/12$ | 282.845 | 283.333 |
| $7\pi/12$ | 258.143 | 258.568 |
| $8\pi/12$ | 237.228 | 237.500 |
| $9\pi/12$ | 220.837 | 220.956 |
| $10\pi/12$ | 209.201 | 209.231 |
| $11\pi/12$ | 202.289 | 202.291 |
| $\pi$ | 200.00 | 200.00 |

**操作参考 1：**

```
x = r Cos[θ] + (l^2 - r^2 (Sin[θ])^2)^(1/2)
x1 = r Cos[θ] + l - (r^2/2l)(Sin[θ])^2
Table[N[x],{θ,0,π,π/12}]
Table[N[x1],{θ,0,π,π/12}]
```

行程可以从表中求得，$s = 400 - 200 = 200\,(\text{mm})$。从几何直观上看也十分明显：

$$x_{\max} = l + r, x_{\min} = l - r; s = (l + r) - (l - r) = 2r = 200\,(\text{mm})$$

滑块移动的加速度及其最值。

利用精确表达式(4-22)和近似表达式(4-30)、式(4-32)，计算了当 $\theta$ 在区间$[0,\pi]$变化时滑块的加速度。注意加速度仍具有对称性和周期性，表4-6列出了一些相应的数值(单位：$\text{mm/s}^2$)。

表 4-6

| $\theta$ | $a$ | $a_1$ | $a_2$ |
|---|---|---|---|
| 0 | -84220.6 | -84220.6 | -84220.6 |
| $\pi/12$ | -79463.6 | -79461.6 | -79247.5 |
| $2\pi/12$ | -65837.4 | -65821.4 | -65230.5 |
| $3\pi/12$ | -45302.0 | -45298.3 | -44664.7 |
| $4\pi/12$ | -21086.8 | -21219.6 | -21055.2 |
| $5\pi/12$ | 2739.2 | 2368.1 | 1885.9 |
| $6\pi/12$ | 22332.4 | 21835.0 | 21055.2 |
| $7\pi/12$ | 35436.1 | 35065.7 | 34582.7 |
| $8\pi/12$ | 42078.6 | 41945.8 | 42110.3 |
| $9\pi/12$ | 44027.5 | 44031.1 | 44664.7 |
| $10\pi/12$ | 43568.4 | 43584.4 | 44175.3 |
| $11\pi/12$ | 42562.8 | 42564.7 | 42778.9 |
| $\pi$ | 42110.3 | 42110.3 | 42110.3 |

**操作参考 2：**

$$a1 = -w^2\left(r\text{Cos}[x] + \frac{r^2}{l^3}\left(l^2(\text{Cos}[2x])\right.\right.$$
$$\left.\left. + \frac{3}{2}r^2(\text{Sin}[x])^2 - 2r(\text{Sin}[x])^4 + \frac{3\,r^4}{2\,l^2}(\text{Sin}[x])^6\right)\right)$$

$$a2 = -w^2r\left(\frac{r}{l}\text{Cos}[2x] + \text{Cos}[x]\right)$$

```
FindMinimum[a1,{x,0,π}]
FindMinimum[a2,{x,0,π}]
Table[N[a],{θ,0,π,π/12}]
Table[N[a₁],{θ,0,π,π/12}]
Table[N[a₂],{θ,0,π,π/12}]
FindRoot[a==0,{x,4Pi/12}]
FindRoot[a₁==0,{x,4Pi/12}]
FindRoot[a₂==0,{x,4Pi/12}]
```

从表 4 – 6 中可以看出,用加速度的近似公式计算,$a_1$ 的结果比较好,$a_2$ 的结果稍微差一些,但除了在 $\theta = (5\pi/12)$ 处误差较大外,其他点处的误差仍较小(不超过 0.6%)。考虑到在应用近似模型时,表达式的推导和有关计算工作量都将明显地减少,因此近似计算常常还是需要的。

滑块移动加速度的绝对值最大值从表 4 – 6 可以得到。无论用哪种模型,均在 $\theta = 0$ 时,有 $|a| = |a_1| = |a_2| = 84220.6 (\text{mm/s}^2)$;加速度绝对值的最小值是加速度的零点。从表 4 – 6 看出,零点在 $\theta = (4\pi/12)$ 和 $\theta = (5\pi/12)$ 之间。运用方程求根的数值方法,分别可以得出:

$a = 0$ 时,$\theta = 1.27715$;$a_1 = 0$ 时,$\theta = 1.28114$;$a_2 = 0$ 时,$\theta = 1.28619$。

可见,在求加速度(绝对值)的最值时,近似模型也是十分有效的。

### 3. 曲柄摆角的数学模型

研究摆角的变化规律

由图 4 – 6 知关系式 $l\sin\beta = r\sin\theta$,连杆摆角 $\beta$ 依赖转动角 $\theta$ 的运动规律

$$\beta = \arcsin\left(\frac{r}{l}\sin\theta\right) \tag{4 – 33}$$

及摆角的速度和加速度计算式

$$\frac{\mathrm{d}\beta}{\mathrm{d}t} = \frac{r\omega\cos\theta}{\sqrt{l^2 - r^2\sin^2\theta}} \tag{4 – 34}$$

$$\frac{\mathrm{d}^2\beta}{\mathrm{d}t^2} = -\frac{r\omega^2\sin\theta(l^2 - r^2)}{\sqrt{(l^2 - r^2\sin^2\theta)^3}} \tag{4 – 35}$$

利用麦克劳林公式:

$$\arcsin\varepsilon = \varepsilon + \frac{\varepsilon^3}{6} + \cdots, |\varepsilon| = \frac{r}{l}\sin\theta < 1 \tag{4 – 36}$$

由式(4 – 33)可得摆角的近似计算模型:

$$\beta_1 = \frac{r}{l}\sin\theta, \quad 或 \beta_2 = \frac{r}{l}\sin\theta + \frac{r^3}{6l^3}\sin^3\theta \tag{4 – 37}$$

式(4-37)两边对 $t$ 求导,相应得到摆角的近似角速度:

$$\frac{d\beta_1}{dt} = \omega\frac{r}{l}\cos\theta, \text{或}\frac{d\beta_2}{dt} = \omega\left(\frac{r}{l}\cos\theta + \frac{r^3}{2l^3}\sin^2\theta\cos\theta\right) \qquad (4-38)$$

及近似角加速度:

$$\frac{d^2\beta_1}{dt^2} = -\omega^2\frac{r}{l}\sin\theta, \text{或}\frac{d^2\beta_2}{dt^2} = -\omega^2\left[\frac{r}{l}\sin\theta + \frac{r^3}{2l^3}(\sin^3\theta - \sin2\theta\cos\theta)\right]$$

$$(4-39)$$

**4. 曲柄摆角的计算结果**

摆角的角加速度和其最值。

摆角加速度在 $\theta \in [0, \pi]$ 时的变化,可用由摆角的精确模型导出的式(4-39),或由近似模型导出的式(4-39)来进行计算。近似模型的计算结果会有误差,这里我们仅列出角加速度绝对值的最小值和最大值(单位:rad/s²)。不论采用哪个表达式都是在 $\theta = 0$ 和 $\pi$ 达到最小值 0,在 $\theta = \pi/2$ 达到了最大值:

$$\left|\frac{d^2\beta}{dt^2}\right|_{max} = 223.3; \left|\frac{d^2\beta_1}{dt^2}\right|_{max} = 210.55; \left|\frac{d^2\beta_2}{dt^2}\right|_{max} = 222.25$$

在这个实验中我们利用函数的泰勒展开,得到了有效的近似计算模型式(4-39)。

**操作参考 3:**

利用式(4-35)、式(4-39),计算

```
FindMinimum[ - w^2 * r * Sin[x](1^2 - r^2) / (1^2 - r^2(Sin[x])^2)^1.5 {x,0,0,π}]
```

```
FindMinimum[ -w^2 r/1 Sin[x],{x,0,0,π}]
```

```
FindMinimum
[ -w^2(r/1 Sin[x] + r^3/21^3((Sin[x])^3 - Sin[2x](0s[x])),{x,0,π}]
```

## 四、进退不等时的曲柄滑块机构

在图 4-6 所示的曲柄滑块机构中,当 $\theta_1 = 0$ 时,滑块位于最右端,其坐标为 $x_{max} = r$;当 $\theta_2 = \pi$ 时,滑块位于最左端,其坐标为 $x_{min} = -r$。从右端到左端全过程称为进程,从左端到右端的全过程称为退程。在以上的讨论中,上述机构完成进程和退程的时间 $T_1$ 和 $T_2$ 是相等的。

在实际应用中,进程往往与进刀、顶压等相关,而退程则与退刀、去压等相

关——两者的负荷不同,这就要求进程慢一些,退程快一些,也就是说进程的时间大于退程的时间。

图4-7给出了这种情况的滑块机构示意图。这个机构的特点是:滑块的运动轨迹仍然在原来的平面上,且与轴线 $Ox$ 平行,但运动轨迹与 $Ox$ 有距离 $e$(称为偏心距),这样进程时间将与退程时间不同。

请通过实验研究 $x_{\max}$ 和 $x_{\min}$ 是什么?行程 $s$ 等于多少?对应的转角 $\theta_1$ 和 $\theta_2$ 又是什么? $T_1$ 是否比 $T_2$ 大?如果已知 $l,r$ 并给定 $k = T_1/T_2$,应如何确定 $e$?

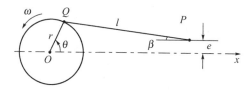

图4-7

**练习1**

(1)用摆角的角加速度的三种表达式;式(4-35)、式(4-39),取步长为 $\pi/12, r = 100\text{mm}, l = 3r = 300\text{mm}, \omega = 240$ 转/min,计算当 $\theta \in [0, \pi]$ 变化时角加速度的值,并列表加以比较。

(2)利用式(4-36),对摆角的角速度式(4-34)和角加速度式(4-35)进行简化,取步长为 $\pi/12, r、l、w$ 的值如前,计算当 $\theta \in [0, \pi]$ 变化时角加速度的值,并将计算结果与上题的计算结果进行比较。

**练习2**

(1)给定一机构如图4-7所示。设连杆 $QP$ 长度 $l = 300(\text{mm})$,曲柄 $OQ$ 的长为 $r = 100(\text{mm})$,距离 $e = 20(\text{mm})$,曲柄的角速度 $w = 240(\text{r/min})$。在一个周期即 $[0, 2\pi]$ 中计算滑块的位移、行程,速度、加速度和摆角及其最值。

(2)设 $T_1$ 和 $T_2$ 分别为滑块进程和退程所需时间,试根据练习1中(2)。的计算数据,求出 $T_1$ 和 $T_2$ 两者是否相等?在 $l$ 和 $r$ 不变的前提下,令 $k = T_1/T_2$ 如果要求 $k = 1.2$,试求偏心距 $e$ 的值。

# 实验4　行星的轨道和位置

## 一、实验目的

通过实验学习在复平面上建立点的运动方程,学习微分方程的建模和解法,

194

复习复合函数的求导法及数值积分的方法。体会在复坐标系上建模计算的简便之处。

## 二、实验问题

地球距太阳最远处(远日点)距离为 $1.521 \times 10^{11}$ m,此时地球绕太阳运动(公转)的速度为 $2.929 \times 10^{4}$ m/s,试求:

(1) 地球距太阳的最近距离;

(2) 地球绕太阳运转的周期;

(3) 在从远日点开始的第 100 天结束时,地球的位置与速度。

**背景介绍**:16 世纪以前,人们都认为行星绕太阳旋转的轨迹是圆。17 世纪初,在丹麦天文学家 T. Brache 观察工作的基础上,Kepler 提出了震惊当时科学界的行星运行三大定律:

(1) 每一行星都沿一条椭圆轨道环绕太阳运行,太阳在该椭圆的一个焦点上;

(2) 对每一行星来说,从太阳到行星所联接的直线在相等时间内扫过同等的面积;

(3) 行星运行周期(天数)的平方与行星运行轨道椭圆长轴的立方之比值近似于一个不随行星而改变的常数。

这三条定律也叫"行星运动定律",是指行星在宇宙空间绕太阳公转所遵循的定律。后来,牛顿利用他的第二定律和万有引力定律,在数学上严格地证明了开普勒定律,也让人们了解了当中的物理意义。开普勒定律适用于二维问题,在太阳系主要的质量集中于太阳,来自太阳的引力比行星之间的引力要大得多,因此行星轨道问题近似于二维问题。

基于万有引力定律的计算表明,行星的轨道应是稍偏于以太阳为焦点的椭圆。计算结果与天文学家测得的实际结果在木星、土星等行星的轨道上相当吻合,然而在天王星的轨道上却存在着不容忽视的误差。当时人们只发现了太阳系的七大行星,天王星是其中最后发现的(1781 年),于是科学家们猜想还存在影响天王星运行轨道的其他行星。1864 年 Adams(英)与 Leverrier(法)分别推算出这颗可能存在的行星的位置,同年,天文学家就在他们推测的方位上找到了海王星。由于这颗行星的发现首先依赖于根据万有引力定律的计算,因此它被称为"铅笔尖上的行星"。此后,仍是类似的猜想和推算导致了质量较小的冥王星被发现,这充分说明了 Newton 万有引力定律这样一个数学模型的正确性和重要性。

### 三、实验参考

**1. 数学模型**

依据 Newton 第二定律可知,行星轨道的数学模型是一微分方程。本实验考察某行星的运行轨道时(图 4-8),为简单起见,将仅考虑太阳对行星的引力,忽略不计其他行星或星系的引力。在复平面上建立行星的运动方程,利用复数与向量的一一对应,将行星运动关于质点的位置和有关的向量(速度、加速度、力等)的计算都简化为了单个复变量方程的计算,使数学关系式的表达和推导变得较为简单。

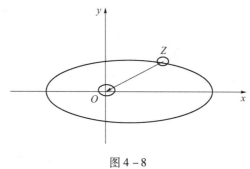

图 4-8

设太阳中心所在位置为复平面之原点 $O$,在时刻 $t$,行星位于 $(x(t), y(t))$,则 $r(t) = x(t) + iy(t)$,行星的位置函数为

$$Z(t) = r(t)e^{i\theta(t)}$$

其中 $r = r(t)$, $\theta = \theta(t)$ 分别表示 $Z(t)$ 的模和辐角。

于是行星的运动速度为

$$\frac{dZ}{dt} = \frac{dr}{dt}e^{i\theta} + ire^{i\theta}\frac{d\theta}{dt} = e^{i\theta}\left(\frac{dr}{dt} + ir\frac{d\theta}{dt}\right) \tag{4-40}$$

运动加速度为

$$\frac{d^2Z}{dt^2} = e^{i\theta}\left[\left(\frac{d^2r}{dt^2} - r\left(\frac{d\theta}{dt}\right)^2\right) + i\left(\frac{d^2\theta}{dt^2} + 2\frac{dr}{dt}\frac{d\theta}{dt}\right)\right] \tag{4-41}$$

由万有引力定律知太阳对行星的引力大小等于 $\dfrac{mMG}{r^2}$,方向由行星位置 $Z(t)$ 指向太阳的中心 $O$,故太阳对行星的引力为

$$F = -\frac{mMG}{r^2}e^{i\theta}$$

其中 $M = 1.989 \times 10^{30}$(kg)为太阳的质量,$m$ 是行星的质量,$G = 6.672 \times 10^{-11}$(N

$m^2 / kg^2$) 为万有引力常数。

由 Newton 第二定律,我们得到

$$-\frac{mMG}{r^2}e^{i\theta} = m\frac{d^2Z}{dt^2} \tag{4-42}$$

将式(4-41)代入式(4-42)后,比较实部与虚部,得到

$$\begin{cases} r\dfrac{d^2\theta}{dt^2} + 2\dfrac{dr}{dt}\dfrac{d\theta}{dt} = 0 \\ \dfrac{d^2r}{dt^2} - r\left(\dfrac{d\theta}{dt}\right)^2 = -\dfrac{MG}{r^2} \end{cases} \tag{4-43}$$

这是两个未知函数的二阶微分方程组。在确定某一行星轨道时,需要加上初值条件。设当 $t=0$ 时,行星正处于远日点,且远日点位于正实轴上距离原点 $O$ 为 $r_0$,行星的线速度为 $v_0$,就确定了初值条件:

$$r\big|_{t=0} = r_0,\ \theta\big|_{t=0} = 0,\ \frac{dr}{dt}\bigg|_{t=0} = 0,\ \frac{d\theta}{dt}\bigg|_{t=0} = \frac{v_0}{r_0} \tag{4-44}$$

式(4-43)和式(4-44)就是行星围绕太阳运行轨迹的满足的微分方程,即数学模型。

将式(4-43)中第一式乘以 $r$,可得

$$\frac{d}{dt}\left(r^2\frac{d\theta}{dt}\right) = 0$$

从而

$$r^2\frac{d\theta}{dt} = C_1,\ C_1 = r_0v_0 \tag{4-45}$$

这样,有向线段 $OZ$ 在时间 $\Delta t$ 内扫过的面积等于

$$\int_t^{t+\Delta t}\frac{1}{2}r^2\frac{d\theta}{dt}dt = C_1\Delta t/2 \tag{4-46}$$

这正是 Kepler 的第二定律:从太阳指向行星的线段在单位时间内扫过的面积相等。

将式(4-45)改写后代入式(4-43)的第二式,有

$$\frac{d^2r}{dt^2} - \frac{C_1^2}{r^3} = -\frac{MG}{r^2}$$

于是就得到了较为简单形式的行星运行的数学模型:

$$\begin{cases} \dfrac{\mathrm{d}^2 r}{\mathrm{d}t^2} - \dfrac{C_1^2}{r^3} = -\dfrac{MG}{r^2} \\[3mm] \dfrac{\mathrm{d}\theta}{\mathrm{d}t} = \dfrac{C_1}{r^2} \\[3mm] r\big|_{t=0} = r_0, \theta\big|_{t=0} = 0, \dfrac{\mathrm{d}r}{\mathrm{d}t}\bigg|_{t=0} = 0 \end{cases} \tag{4-47}$$

**2. 数学模型的求解**

为了解微分方程组(4-47),令 $r = 1/u$,消去变量 $t$,则式(4-47)中的第二式 $\dfrac{\mathrm{d}\theta}{\mathrm{d}t} = \dfrac{C_1}{r^2}$ 变为 $\dfrac{\mathrm{d}\theta}{\mathrm{d}t} = C_1 u^2$,故有

$$\frac{\mathrm{d}r}{\mathrm{d}t} = -\frac{1}{u^2}\frac{\mathrm{d}u}{\mathrm{d}t} = -\frac{1}{u^2}\frac{\mathrm{d}u}{\mathrm{d}\theta}\frac{\mathrm{d}\theta}{\mathrm{d}t} = -C_1\frac{\mathrm{d}u}{\mathrm{d}\theta}$$

及

$$\frac{\mathrm{d}^2 r}{\mathrm{d}t^2} = -C_1\frac{\mathrm{d}}{\mathrm{d}t}\frac{\mathrm{d}u}{\mathrm{d}\theta} = -C_1\frac{\mathrm{d}^2 u}{\mathrm{d}\theta^2}\frac{\mathrm{d}\theta}{\mathrm{d}t} = -C_1^2 u^2\frac{\mathrm{d}^2 u}{\mathrm{d}\theta^2}$$

再代入式(4-47)式中的第一式,得到

$$\frac{\mathrm{d}^2 u}{\mathrm{d}\theta^2} + u = \frac{1}{p}$$

这是一个二阶常系数非齐次微分方程,其中 $p = \dfrac{C_1^2}{MG}$,求出通解为

$$u - \frac{1}{p} = C_{11}\cos\theta + C_{12}\sin\theta,\text{可改写为}$$

$$u - \frac{1}{p} = A\cos(\theta - \theta_0)$$

其中 $r = 1/u$,令 $q = Ap$,得到行星的运行轨迹一般方程为

$$r = \frac{p}{1 + q\cos(\theta - \theta_0)} \tag{4-48}$$

这是一条平面二次曲线,$q, \theta_0$ 是待定常数。由于行星绕太阳运行,故必有 $0 < q < 1$。这就得到了 Kepler 第一定律:行星的轨道是在以太阳为一个焦点的椭圆上。

设 $r$ 在 $t = 0$ 时取到最大值 $r_0$(远日点),且 $t = 0$ 时 $\theta = 0$,$\cos(-\theta_0)$ 取到最大值 1,于是就有 $\theta_0 = 0$,$q = 1 - p/r_0$,从而行星的运行轨迹方程为

$$r = \frac{p}{1 - q\cos\theta} \tag{4-49}$$

这是方程(4-47)的一特解。

(1) 求地球距太阳的最近距离。

因为对地球：$r_0 = 1.521 \times 10^{11} \text{m}, v_0 = 2.929 \times 10^4 \text{m/s}$；地球的近日点到太阳的距离 $r_1$ 由在式(4-45)中取 $\theta = \pi$，得到 $r_1 = p/(1+q)$。因此

$$C_1 = r_0 v_0 \approx 4.455 \times 10^{15} (\text{m}^2/\text{s}); p = C_1^2/(MG) \approx 1.496 \times 10^{11} (\text{m})$$

$$q = 1 - p/r_0 \approx 0.01670 \tag{4-50}$$

从而，计算得到地球到太阳的最近距离为 $r_1 \approx 1.471 \times 10^{11} \text{m}$。

(2) 求地球绕太阳运转的周期。

设行星的周期为 $T$，那么利用 Kepler 第二定律式(4-46)。我们有

$$\int_0^T \frac{1}{2} r^2 \frac{d\theta}{dt} dt = C_1 T/2 \tag{4-51}$$

式(4-51)左端为行星轨迹椭圆所围的面积，记为 $S$。

因椭圆的半长轴 $b = p/(1-q^2)$，半短轴 $a = p/(1-q^2)^{1/2}$，则椭圆的面积 $S = \pi ab = \pi p^2/(1-q^2)^{3/2}$，代入式(4-51)，解得

$$T = \frac{2\pi p^2}{C_1(1-q^2)^{3/2}} \tag{4-52}$$

将地球的有关数据式(4-50)代入式(4-52)，得到 $T \approx 3.156 \times 10^7 (\text{秒}) \approx 365.3 (\text{天})$。

(3) 在从远日点开始的第 100 天结束时，求地球的位置与速度。

由于行星的运行满足 Kepler 第二定律，由式(4-46)有

$$\int_\theta^{\theta+\Delta\theta} r^2 d\theta = C_1 \Delta t$$

从而可得

$$\int_0^\theta \frac{p^2}{C_1(1-q\cos\theta)^2} d\theta = t \tag{4-53}$$

当我们给定一个 $t$ 值时，由式(4-53)就可算出相应的 $\theta$ 值和 $r$ 值。再由式(4-47)还可算出行星的角速度 $\frac{d\theta}{dt}$。

**练习 1**

研究方程

$$\int_0^\theta \frac{1}{(1 - q\cos\theta)^2} \mathrm{d}\theta = C_1 t / p^2 \qquad (4-54)$$

的解法。

**注**：被积函数 $\dfrac{1}{(1 - q\cos\theta)^2} > 0$，知 $H'(\theta) > 0$，$H(\theta) = \displaystyle\int_0^\theta \frac{1}{(1 - q\cos\theta)^2} \mathrm{d}\theta$ 是单调递增的函数，故方程 $(4-54)$ 有唯一解。

当给定一个 $t = T_1$ 时，试用二分法计算对应的 $\theta = \theta_1$；再由式 $(4-49)$ 计算相应的 $r_1$，用式 $(4-47)$ 计算此时行星的角速度 $\omega_1$ 及线速度 $v_1$。

**练习 2**

用数值积分方法计算行星的位置。

一般来说，即使 $H(\theta)$ 可以积出初等函数表达式，要由方程式 $(4-54)$ 求出 $\theta$ 的解析形式的可能性很小。请用梯形法和抛物线法(Simpson)进行计算。

**操作参考：**

取 $\Delta\theta = h$，$\theta_k = kh(k = 1, 2, \cdots)$ 若 $F_{n+1} > \dfrac{C_1 T_1}{p^2}$，$F_n \leqslant \dfrac{C_1 T_1}{p^2}$，那么 $\theta_1$ 位于 $\theta_n$ 与 $\theta_{n+1}$ 之间，在 $h$ 适当小时，可取 $\theta_1 \approx \theta_n$。

计算 $F(\theta)$ 可采用数值积分方法，如梯形法，即

$$F_{k+1} - F_k = \int_{\theta_k}^{\theta_{k+1}} (1 - q\cos\theta)^{-2} \mathrm{d}\theta = \frac{h}{2}\left[ (1 - q\cos\theta_k)^{-2} + (1 - q\cos\theta_{k+1})^{-2} \right]$$

显然 $F_0 = 0$，这样可以迭代地求得 $F_k$ 的值。表 $4-7$ 是分别取 $h$ 为 $0.05, 0.01$，$0.005$ 和 $0.001$ 时求解方程式 $(4-54)$ 所需相应的迭代次数 $n$、所得的根 $\theta_1$ 以及从而求得的行星此时到太阳的距离 $r_1$，它的角速度 $\dfrac{\mathrm{d}\theta}{\mathrm{d}t} \triangleq \mathrm{d}\theta_1$ 和线速度 $v_1 = r\mathrm{d}\theta_1$。

表 $4-7$

| $h$ | $n$ | $\theta_1$ | $r_1$ | $\mathrm{d}\theta'_1$ | $v_1$ |
|---|---|---|---|---|---|
| 0.05 | 33 | 1.65 | 1.4935 | 1.9973 | 2.9829 |
| 0.01 | 168 | 1.68 | 1.4928 | 1.9991 | 2.9842 |
| 0.005 | 337 | 1.685 | 1.4927 | 1.9994 | 2.9845 |
| 0.001 | 1686 | 1.686 | 1.4926 | 1.9997 | 2.9847 |

表 $4-7$ 中 $h, n, \theta_1, r_1, \mathrm{d}\theta_1$ 和 $v_1$ 的单位分别为 $10^7 \mathrm{s}$，次，$\mathrm{rad}($弧度$)$，$10^{11}\mathrm{m}$，$\mathrm{rad/s}$ 和 $10^4 \mathrm{m/s}$。$(T_1 = 100\mathrm{day})$。

用数值计算会有误差，在上面的算法中，由于 $\theta_1 \approx \theta_n$ 的取法，它的精度只能

是步长的大小。容易看出,为了得到较好的结果,需要较小的步长,从而就需要有较大的计算量。请与梯形法、抛物线法(Simpson 法)比较,结果是否会好一些? 比较出一个较好的算法。

**练习 3**

试用 Runge – Kutte 方法,选取不同步长,计算从远日点处开始的第 100 天结束时(此时 $T_1 = 0.864 \times 10^7$ s)地球位置的坐标$(r_1, \theta_1)$和地球的线速度 $v_1$。

表 4 – 8 列出了选取不同步长时所计算得相应的地球绕太阳的周期 $T$、地球到太阳的最近距离 $r_0$。

表 4 – 8

| $h$ | $T$ | $T$ | $r_0$ |
|---|---|---|---|
| 0.05 | 3.2 | 370.4 | 1.4713 |
| 0.01 | 3.16 | 365.7 | 1.4711 |
| 0.005 | 3.16 | 365.7 | 1.4711 |
| 0.001 | 3.157 | 365.4 | 1.4710 |

表 4 – 8 中前两列的单位为 $10^7$ s,第三、四列的单位依次为 d 和 $10^{11}$ m。

表 4 – 9 列出了选取不同步长时所计算得从远日点处开始的第 100 天结束时(此时 $T_1 = 0.864 \times 10^7$ s)地球位置的坐标$(r_1, \theta_1)$和地球的线速度 $v_1$。

表 4 – 9

| $h$ | $r_1$ | $\theta_1$ | $v_1$ |
|---|---|---|---|
| 0.05 | 1.4880 | 1.7638 | 2.9940 |
| 0.01 | 1.4889 | 1.7236 | 2.9921 |
| 0.005 | 1.4894 | 1.7035 | 2.9911 |
| 0.001 | 1.4897 | 1.6915 | 2.9905 |

表 4 – 9 中各列的单位分别为 $10^7$ s,$10^{11}$ m,rad,$10^4$ m/s。

# 附　录

## 数学实验报告

### 一、对酒驾问题的研究和认识

计算机科学与技术　朱晓阳

#### 实验背景

随着我国经济发展,人民生活水平不断提高,机动车的数量也在日益增长,"酒驾"严重危害公共安全,公安部统计数据显示,酒后驾驶是引起交通事故一重要的原因。

《车辆驾驶人员血液、呼气酒精含量阈值与检验》规定,车辆驾驶人员血液中的酒精含量大于或等于 20 毫克/百毫升,小于 80 毫克/百毫升为饮酒驾车,血液中的酒精含量大于或等于 80 毫克/百毫升为醉酒驾车,并已明文规定酒后驾车不同程度的相应惩罚。但是,社会上不少人对何为酒后驾后概念不清楚,喝多少酒、喝什么酒,相应血液中的酒精含量会有多少?

本文通过研究有关饮酒后血液中酒精含量与时间的关系的文献,分析了饮酒驾车问题的数学模型,及微分方程组的求解方法。并利用多项式拟合曲线与数学模型的解曲线进行比对,证实了酒驾问题数学模型的计算结果,很大程度上取决于每个个体对酒精在体内的吸收和代谢速度,不同的人会可能会有差异较大的结果,对饮酒后什么情况下可以驾车有了清楚的了解。

#### 问题分析

因为酒精可被肠胃直接吸收进入血管,会在几分钟后迅速扩散到人体全身,吸收过程和代谢过程同时进行。

(1)吸收过程:在这个过程中我们考虑的是胃吸收酒精进入体液所引起的酒精量的增加,由于喝下的酒精随时间不断推移总会被胃部全部吸收(并不会有残留),因此,可以得到一个重要结论:吸收速率关于时间从 0 到无穷的积分等于初始时体液中的酒精含量。

（2）代谢过程：认为酒精的代谢速率与当前体液中含有的酒精量成正比关系。结合这两个过程及酒精量守恒定律，可以建立酒精进入人体后，体液中酒精含量与时间关系的数学模型。

## 模型建立

假设

$a$ 为吸收系数，指人体体液对酒精吸收速率与当前肠胃中酒精含量的比例系数；

$b$ 为代谢系数，指人体对酒精的代谢速率与当前血液中酒精浓度的比例系数；

$C_0$ 为初始酒精浓度（单位：mg/100mL），指还未喝酒时血液中酒精的浓度；

$Q_0$ 为酒精总量（单位：mg）；

$V_0$ 为人体中体液所占体积（单位：100mL）；

$t$ 为研究过程中的时间变量（单位：h）；

$v(t)$ 为酒精吸收速率（单位：mg/h）；

$Y(t)$ 为肠胃中酒精量（单位：mg）；

$X(t)$ 为体液中酒精量（单位：mg）；

$C(t)$ 为体液酒精浓度（单位：mg/100mL）。

由人体对酒精的吸收过程知：

$$\int_0^\infty v(t)\,\mathrm{d}t = Q_0$$

假设，$X(t)$ 是 $t$ 时刻体液中酒精含量，酒精代谢的速率与当前体液中含有的酒精量成正比关系，比例系数为 $b$。则由酒精量守恒得方程 $\dfrac{\mathrm{d}X(t)}{\mathrm{d}t} = v(t) - bX(t)$ 将酒精浓度方程 $C(t) = \dfrac{X(t)}{V_0}$ 带入上式，有

$$\frac{\mathrm{d}C(t)}{\mathrm{d}t} = \frac{v(t)}{V_0} - bC(t)$$

因此，酒精吸收与代谢将满足如下的微分方程组：

$$\begin{cases} \displaystyle\int_0^\infty v(t)\,\mathrm{d}t = Q_0 \\[2mm] \dfrac{\mathrm{d}C(t)}{\mathrm{d}t} = \dfrac{v(t)}{V_0} - bC(t) \\[2mm] C(0) = C_0 \end{cases}$$

根据实际情况，下面分两种情况进行讨论。

（1）在短时间内饮酒。此时，肠胃对酒精的吸收速率 $v(t)$ 与肠胃中酒精的含量 $Y(t)$ 成正比：

$$v(t) = aY(t), 即\frac{\mathrm{d}Y(t)}{\mathrm{d}t} = -aY(t)$$

得到扩充微分方程组：

$$模型1 \begin{cases} \int_0^\infty v(t)\,\mathrm{d}t = Q_0 \\ \dfrac{\mathrm{d}C(t)}{\mathrm{d}t} + bC(t) = \dfrac{v(t)}{V_0} \\ v(t) = aY(t) \\ \dfrac{\mathrm{d}Y(t)}{\mathrm{d}t} = -aY(t) \\ C(0) = C_0, Y(0) = Q_0 \end{cases}$$

（2）在较长一段时间内饮酒。此时，假设酒（精）是匀速进入肠胃的，且在整个过程中，肠胃中酒精的改变量等于喝入肠胃的酒精量减去肠胃对酒精的吸收量，即

$$\frac{\mathrm{d}Y(t)}{\mathrm{d}t} = \begin{cases} \dfrac{Q_0}{T} - aY(t) & (0 < t < T) \\ -aY(t) & (t \geqslant T) \end{cases}$$

其中 $T$ 为喝酒的时间，$\dfrac{Q_0}{T}$ 为喝酒速率（匀速）。时间分成两个阶段，第一阶段为 $0 \leqslant t \leqslant T$：一直在喝；第二阶段为 $t > T$：从此不再喝。则此时的扩充微分方程组为

$$模型2 \begin{cases} \int_0^\infty v(t)\,\mathrm{d}t = Q_0 \\ \dfrac{\mathrm{d}C(t)}{\mathrm{d}t} + bC(t) = \dfrac{v(t)}{V_0} \\ v(t) = aY(t) \\ \dfrac{\mathrm{d}Y(t)}{\mathrm{d}t} = \begin{cases} \dfrac{Q_0}{T} - aY(t) & (0 < t < T) \\ -aY(t) & (t \geqslant T) \end{cases} \\ C(0) = C_0, Y(0) = 0 \end{cases}$$

## 模型求解

使用 Mathematica 8.0 进行模型求解计算。

(1) 解模型 1,2 满足的共性微分方程:

$$\begin{cases} \int_0^\infty v(t)\,\mathrm{d}t = Q_0 \\[2mm] \dfrac{\mathrm{d}C(t)}{\mathrm{d}t} + bC(t) = \dfrac{v(t)}{V_0} \\[2mm] C(0) = C_0 \end{cases}$$

输入
```
DSolve[{c'[t] + b c[t] = = v[t]/V0, c[0] = = c0}, c[t], t]
```
得到在 $t$ 时刻体液酒精浓度及体液中的酒精量满足的方程:

$$C(t) = C_0 \mathrm{e}^{-bt} + \frac{\mathrm{e}^{-bt}}{V_0} \int_0^t v(s)\,\mathrm{e}^{bs}\mathrm{d}s \tag{1}$$

$$X(t) = C_0 V_0 \mathrm{e}^{-bt} + \mathrm{e}^{-bt} \int_0^t v(s)\,\mathrm{e}^{bs}\mathrm{d}s$$

**对于模型 1:**
解微分方程

$$\frac{\mathrm{d}Y(t)}{\mathrm{d}t} = -aY(t), Y(0) = Q_0$$

输入
```
DSolve[{Y'[t] + a Y[t] = = 0, Y[0] = = Q0}, Y[t], t]
```
得到 $t$ 时刻肠胃中的酒精含量:

$$Y(t) = Q_0 \mathrm{e}^{-at} \tag{2}$$

注意 $v(t) = aY(t)$,带入公式(1)得到 $t$ 时刻体液酒精浓度满足的方程:

$$C(t) = C_0 \mathrm{e}^{-bt} + \frac{\mathrm{e}^{-bt}}{V_0} \int_0^t v(s)\,\mathrm{e}^{bs}\mathrm{d}s$$

$$= C_0 \mathrm{e}^{-bt} + \frac{Q_0}{V_0} \frac{a}{b-a}(\mathrm{e}^{-at} - \mathrm{e}^{-bt}) \tag{3}$$

**对于模型 2:**

情况 1:在时间间隔 $[0, T]$ 内匀速喝酒。

肠胃中的酒精量满足微分方程:

$$\frac{\mathrm{d}Y(t)}{\mathrm{d}t} = \begin{cases} \dfrac{Q_0}{T} - aY(t) & (0 \leqslant t \leqslant T) \\[2mm] -aY(t) & (t > T) \end{cases} \tag{4}$$

205

求解微分方程,输入

```
DSolve[{Y'[t]+a Y[t]==Q0/T,Y[0]==0},Y[t],t]
```

得到 $t$ 时刻肠胃中酒精量满足的方程:

$$Y(t)=\frac{Q_0(1-e^{-at})}{aT} \tag{5}$$

由模型 2 知: $\frac{dX(t)}{dt}=aY(t)-bX(t)$,将(5)式代入,有

$$\frac{dX(t)}{dt}+bX(t)=\frac{Q_0}{T}(1-e^{-at}),且 X(0)=0 \tag{6}$$

解方程(6),输入

```
Dsolve[{X'[t]+b X[t]==Q0/T(1-E^-at),X[0]==0),X[t],t)
```

得到 $0\leqslant t\leqslant T$ 时,体液中酒精量满足的方程:

$$\left\{\left\{X[t]\rightarrow\frac{(a-ae^{-bt}+b(-1+e^{-at}))Q0}{(a-b)bT}\right\}\right\}$$

即

$$X(t)=\frac{aQ_0}{T}\frac{1}{(a-b)}\left(\frac{1-e^{-bt}}{b}-\frac{1-e^{-at}}{a}\right)$$

情况 2:在 $t>T$ 时酒已喝完。

$$\begin{cases}\frac{dX(t)}{dt}+bX(t)=v(t)\\v(t)=aY(t)\\\frac{dY(t)}{dt}=\begin{cases}\frac{Q_0}{T}-aY(t)&(0<t<T)\\-aY(t)&(t\geqslant T)\end{cases}\\X(0)=X(T),Y(0)=Y(T)\end{cases}$$

此时,因肠胃中的酒精量满足

$$\frac{dY(t)}{dt}=-aY(t),Y(0)=Y(T),且\dot Y(T)=\frac{Q_0(1-e^{-aT})}{aT} \tag{7}$$

解方程(7),输入

```
DSolve[{Y'[t]+a Y[t]==0,Y[0]==(Q0/(a T))(1-E^(-a T)},Y[t],t]
```

得到 $t>T$ 时肠胃中的酒精量:

$$\left\{\left\{Y[t]\rightarrow\frac{e^{-at-aT}(-1+e^{aT})Q0}{aT}\right\}\right\}$$

输入

```
DSolve[{X'[t]+b X[t]==a Y[t],X[0]==X[T]},X[t],t]
```

其中 $X(T) = \dfrac{aQ_0}{T} \dfrac{1}{(a-b)} \left( \dfrac{1-e^{-bT}}{b} - \dfrac{1-e^{-aT}}{a} \right)$，$Y(t) = \dfrac{Q_0}{aT} e^{-at-aT}(-1+e^{-aT})$ 解得 $t > T$ 时血液中的酒精含量：

$$\left\{ \left\{ X[t] \to \dfrac{e^{-(a+b)(t+T)}(-be^{b(t+T)}(-1+e^{aT}) + ae^{a(t+T)}(-1+e^{bT}))Q0}{(a-b)bT} \right\} \right\}$$

化简得

$$X(t) = \dfrac{aQ_0}{T} \dfrac{1}{(a-b)} \left( \dfrac{-1+e^{bT}}{b} e^{-b(t+T)} - \dfrac{-1+e^{aT}}{a} e^{-a(t+T)} \right)$$

$$= \dfrac{aQ_0}{T} \dfrac{1}{(a-b)} \left( \dfrac{1-e^{-bT}}{b} e^{-bt} - \dfrac{1-e^{-aT}}{a} e^{-at} \right)$$

## 实验比较

据研究资料记载:体重约 70kg 的某人在短时间内喝下 2 瓶啤酒后,血液中酒精含量与时间的变化关系见表 1。

表 1

| 时间/$t$ | 0.25 | 0.5 | 0.75 | 1 | 1.5 | 2 | 2.5 | 3 | 3.5 | 4 | 4.5 | 5 |
|---|---|---|---|---|---|---|---|---|---|---|---|---|
| 酒精含量/mg·100mL$^{-1}$ | 30 | 68 | 75 | 82 | 82 | 77 | 68 | 68 | 58 | 51 | 50 | 41 |
| 时间/$t$ | 6 | 7 | 8 | 9 | 10 | 11 | 12 | 13 | 14 | 15 | 16 | |
| 酒精含量/mg·100mL$^{-1}$ | 38 | 35 | 28 | 25 | 18 | 15 | 12 | 10 | 7 | 7 | 4 | |

首先,我们用曲线拟合的方法,给出血液中酒精含量与时间的关系曲线;然后,再利用已建立的数学模型的解,给出血液中酒精含量与时间的关系曲线。通过计算比较可见:两条曲线都较好刻画了血液中酒精含量随时间而变化的情况。

(1) 运用 Mathematica 函数拟合这组数据,输入:

```
data = {{0.25,30},{0.5,68},{0.75,75},{1,82},{1.5,82},{2,77},{2.5,
68},{3,68},{3.5,58},{4,51},{4.5,50},{5,41},{6,38},{7,35},{8,28},{9,
25},{10,18},{11,15},{12,12},{13,10},{14,7},{15,7},{16,4}};
```

用多项式函数拟合得到:

```
p1 = Fit[data,Table[t^i,{i,0,7}],t];
```

画图:

```
ListPlot[data,PlotStyle→PointSize[0.01],AxesLabel→{t,C[t]}]
Plot[p1,{t,0,16}]
Show[% ,% %]
```

看到曲线拟合表 1 得到了不错的结果,如图 1 所示。

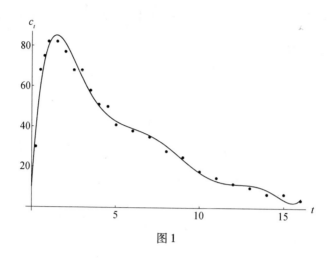

图1

（2）在模型 1 中，利用公式（3），令 $C_0 = 0$，则当 $t \geq 0$ 时（饮完酒后），体液酒精浓度为

$$C(t) = \frac{e^{-bt}}{V_0} \int_0^t v(s) e^{bs} \mathrm{d}s = \frac{Q_0}{V_0} \frac{a}{b-a} (e^{-at} - e^{-bt})$$

设每瓶啤酒 650mL，酒精的密度为 0.8mg/mL，啤酒中酒精占 3.3% 到 5%，这里取 4.2% 为计算标准，则某人喝下两瓶啤酒时，总的酒精含量为 $2 \times 650 \times 4.2\% \times 0.8 = 4262$（mg）。以一般成人 70kg 计，血液一般为 5000mL。

输入

设 Q0 = 4262.；V0 = 50；a = 2.0261；b = 0.1542；

mod = (Q0/V0)(a/(b-a))(E^(-a t) - E^(-b t))

Show[Plot[mod,{t,0,16}],ListPlot[data]]

得到某人血液中酒精浓度与时间的关系，如图 2 所示，较好地近似了测定的数据组表 1。

或，取 $Q_0 = 4160$；$V_0 = 40$ 利用曲线拟合，计算 $a, b, c$。

FindFit[data,{(Q0/V0)(a/c)(E^(-a t)-E^(-b t))},{a,b,c},t]

得到

{a→0.185502,b→2.00794,c→0.160562}

由做出曲线图形可知：

a = 0.185502；b = 2.00794；c = 0.160562；

f[t_]:=(Q0/V0)(a/c)(E^(-a t)-E^(-b t));

Plot [f[t],{t,0,16}]

ListPlot[data,PlotStyle→PointSize[0.01]]

Show[% ,% % ]

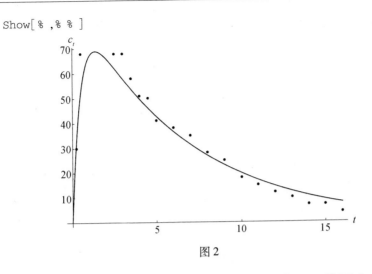

图 2

从实验得到的图 1,图 2,图 3 中都可以看到:对模型 1,饮酒后 $t = 1h$ 至 $t = 2h$ 的时间段附近,血液中酒精含量最高。按照车辆驾驶人员血液中的酒精含量大于或者等于 20mg/100mL,小于 80mg/100mL 的驾驶行为即视为酒驾行为。实验结果表明:该次喝酒后约 10 小时后再驾车比较安全。

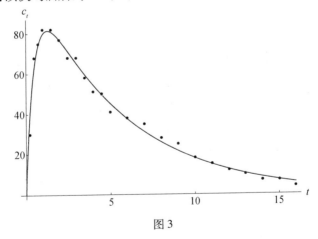

图 3

关于模型 2 的计算类似(略)。

## 实验总结

经过一学期的数学实验课的学习,我初步掌握了 Mathematica 软件一些函数的使用,认识到了它是解决数学问题计算的强大工具。本次课程学习,不仅使我对酒驾这一问题有了新的认识,同时也锻炼了我查找文献、了解背景以及学习相关知识的能力。更重要的是,它增强了我对于学好、用好数学的信心。

# 二、商人渡河问题

计算机科学与技术　袁稚炜

## 问题的提出

商人渡河问题是一个趣味智力题:有 3 名商人,各带一个随从渡河,渡河的小船至多可以容纳两人,船由他们自己划行。随从们密约,在河的任意一岸,一旦随从的人数比商人多,就杀人越货。但是如何乘船渡河,由商人们决定。商人们怎样才能安全渡河?

## 设计要求

针对给定的商人、随从、船的载客量,判断商人们能否安全渡河;如果能安全渡河,求出渡河的最少步数,以及渡河的具体方案。

## 总体设计概述

由于这个问题没法简单转换成数值计算类的问题进行处理,所以只能从搜索这个角度入手。

搜索至少有 3 个方法:第一种方法是从已知的状态出发,向可转移状态进行宽度优先搜索;第二种方法是先列举出所有满足条件的状态,作为图的顶点,然后在状态之间建立转移的路径,形成一个图,最后在图中,找到原始状态点与目标状态点之间的最短路径,它的长度就是所求的解;第三种方法是通过回溯搜索。

由于第二种方法比较适合用 Mathematica 求解,所以在这里就只介绍第二种方法。

## 表述约定

设一开始时,商人和随从都在左岸,商人有 $x_0$ 人,随从有 $y_0$ 人,小船的载客量为 $w$。方便起见,把每一个状态简记为 $(x, y, d)$,其中 $x$ 表示左岸商人的人数,$y$ 表示左岸随从的人数,$d$ 代表船的位置,True 代表船在左岸,False 代表船在右岸。

## 具体计算

为了方便说明,这里将问题的规模缩小到 2 个商人、2 个随从,小船能载 2 人。

210

列举所有符合密约定状态,按照随从们的密约,有:

$$(x \geqslant y \geqslant 0 \| x == 0),\ 并同时满足右岸 (x_o - x \geqslant y_o - y \geqslant 0) \| x_o - x = 0$$

```
In[1]: = Module[{merchant = 2, servant = 2, total, possibleQ, states},
    total ={merchant, servant};
```
(＊全体人员,全体人员减去左岸人员等于右岸人员,不考虑船在河中央的状态＊)
```
    possible[side_] : = (side[[1]] ≥ 0 && side[[2]] ≥ 0) && (side[[1]] ≥
side[[2]]∥side[[1]] == 0); (＊单边岸状态判断,商人必须比随从多,或者没商人＊)
    states = Select[Flatten[Table{i, j}, {i, 0, merchant}, {j, 0, serv-
ant}, 1],
    possibleQ[#] && possibleQ[total - #] &](＊列出所有可行状态＊)
    ]
Out[1] = {{0, 0}, {0, 1}, {0, 2}, {1, 1}, {2, 0}, {2, 1}, {2, 2}}
```
即如果一个岸边有 0 个商人、0 个随从,或者 0 个商人、1 个随从,或者 0 个商人、2 个随从……,两个岸边的随从都无法杀人越货。

## 可行状态间的转移

考虑船载客量为 $w$ 的限制,设每一次渡河的商人有 $u$ 人,随从有 $v$ 人,则:

$$0 < u + v \leqslant w$$

两个状态间的人数差,应该满足上式的约束,即渡船的约束条件。遍历所有可行状态,在所有满足渡船约束的状态之间建立边,形成一张无向图。

```
In[2]: = Module[{merchant = 2, servant = 2, boat = 2, total,
    possibleQ, shipQ, states, edges, graph, path, pathEdge},
    total = {merchant, servant};
```
(＊全体人员,全体人员减去左岸人员等于右岸人员,不考虑船在河中央的状态＊)
```
possibleQ[side_] : = (side[[1]] > = 0 && side[[2]] > = 0) &&
(side[[1]] > = side[[2]] ∥ side[[1]] == 0); (＊单边岸状态判断,商人必
须比随从多,或者没商人＊)
    shipQ[states_] : = Module[{t}, t = states[[1]] - states[[2]];
t[[1]] ≥ 0 && t[[2]] ≥ 0 && 0 < t[[1]] + t[[2]] < = boat];
```
(＊渡船状态判断,船必须有人划,而且不能超载＊)
```
    states = Select[Flatten[Table[{i, j}, {i, 0, merchant}, {j, 0, serv-
ant}], 1],
    possibleQ[#] && possibleQ[total - #] &]; (＊列出所有可行状态＊)
    edges = Select[Flatten[Table[{i, j}, {i, states}, {j, states}], 1],
shipQ];
```
(＊在所有状态的转移中,选出符合渡船规则的状态转移＊)

```
graph = Graph[Map[Append[#[[1]], True] .-. Append[#[[2]], False]&,
  edges],
    VertexLabels→"Name", GraphLayout→"SpringEmbedding"] (*构建图*)
  ]
```

Out[2]=
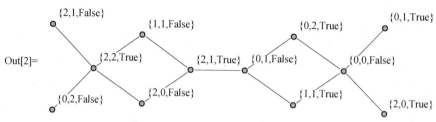

从这张图,我们可以看到不同状态之间的转移关系,例如从原始状态:2 个商人、2 个随从、船在左岸 $(2,2,\text{True})$ 出发,通过乘一次船,可以转变成 2 个商人、1 个随从、船在右岸 $(2,1,\text{False})$,也可变成 1 个商人、1 个随从、船在右岸 $(1,1,\text{False})$ ……共 4 种状态。

**最短路径**

查找原始状态 $(x_0, y_0, \text{True})$(商人、随从都在左岸)和目标状态 $(0,0,\text{False})$(商人、随从都在右岸)之间的最短路径,路径的长度就是最少所需要的步数。

最后将找到的最短路径进行简单的可视化。

**演示和代码**

```
In[3]:= Manipulate[
Module[{total, possibleQ, shipQ, states, edges, graph, path,
pathEdge},
    total = {merchant, servant};
    (*全体人员,全体人员减去左岸人员等于右岸人员,不考虑船在河中央的状态*)
    possibleQ[side_] := (side[[1]] ≥ 0 && side[[2]] ≥ 0) &&
      (side[[1]] ≥ side[[2]] || side[[1]] == 0);
    (*单边岸状态判断,商人必须比随从多,或者没商人*)
    shipQ[states_] := Module[{t}, t = states[[1]] - states[[2]];
t[[1]] ≥ 0 && t[[2]] ≥ 0 && 0 < t[[1]] + t[[2]] ≤ boat];
    (*渡船状态判断,船必须有人划,而且不能超载*)
    states = Select[Flatten[Table[{i, j}, {i, 0, merchant}, {j, 0, serv-
ant}], 1],
      possibleQ[#] && possibleQ[total - #] &];(*列出所有可行状态*)
    edges = Select[Flatten[Table[{i, j}, {i, states}, {j, states}], 1],
shipQ];
```

（∗在所有状态的转移中,选出符合渡船规则的状态转移∗）

```
graph = Graph[Map[Append[#[[1]], True] .. Append[#[[2]], False] &,
edges],
    VertexLabels → None, GraphLayout → "SpringEmbedding",
    PlotLabel → "状态转移图", ImageSize → Automatic, Frame → True];(∗构
建图∗)
    graph = VertexAdd [ graph, {{ merchant, servant, True }, {0, 0,
False}}];
```

（∗防止因为找不到顶点而出错∗）

```
    path = FindShortestPath[graph, {merchant, servant, True}, {0, 0,
False}];
```

（∗找最短路径∗）

```
TableForm[{If[Length[path] > 0,(∗如果问题有解,路径存在∗)
    pathEdge = Map[#[[1]] #[[2]] &, Partition[path, 2, 1]];
    TableForm[{HighlightGraph[graph, pathEdge],
        "最少步数:" < > ToString[Length[path] - 1] < > ",其中一种
解法:",
            TableForm[Table[Flatten[Append[Take[t, 2], total - Take[t,
2]]], {t, path}],
                TableHeadings → {Table[ "第" < > ToString[i - 1] < > "步",
{i, Length[path]}],
                    {"左侧商人","左侧随从","右侧商人","右侧随从"}}]}],
        (∗由于HighlightGraph貌似不支持非数字编号顶点的图,只能通过指定需
要高亮的边曲线救国了∗) "无解"]
        }
    ]
],
    Grid[{{"商人",  Control[{{merchant, 3, Dynamic[merchant]}, 2, 8,
1}]},
    {"随从", Control[{{servant, 3, Dynamic[servant]}, 2, 8, 1}]},
    {"载客量", Control[{{boat, 2, Dynamic[boat]}, 2, 8, 1}]}}]]
```

# 转角问题

## 问题的提出

在医院的外科手术室,医护人员往往需要将病人安置到活动病床上,沿走廊
推到手术室或送回病房。然而,有的医院走廊较窄,病床沿过道推过直角拐角
时,可能会出现困难。如果拐角两侧的宽度分别为 1.5m 和 1.2m,那么该病床

能否通过此拐角？

**设计要求**

根据给定的走廊两侧宽度和病床长度、宽度,判断病床能否通过直角走廊。在给定走廊宽度、病床长度的前提下,求出允许病床通过的宽度最大值。演示病床通过拐角的过程。

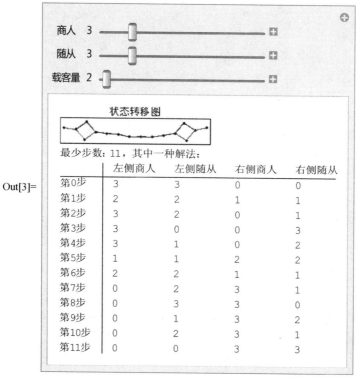

**总体设计概述**

设在病床刚刚能过走廊的情况下,床的四个顶角分别为 $A,B,C,D$,内拐角点为 $N$,外拐角点为 $O$, $\angle DCO = \theta$,则可以用 $CD$ 长度和 $\theta$ 表示出点 $N$ 到直线 $CD$ 的距离。用这个距离与病床的宽度比较,可以判断病床是否能够通过拐角。

然后根据平面几何的知识,可以计算出 $AB$ 点的坐标,从而可以生成病床通过拐角的动画演示。

**具体计算**

设 $CD$ 长度为 $l$, $\angle DCO = \theta$,则可以推出 $C\,(l\cos\theta,0)$、$D(0,l\sin\theta)$,直线 $CD$ 的方程为

$$\frac{x}{l\cos\theta} + \frac{y}{l\sin\theta} = 1$$

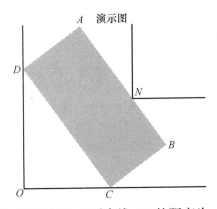

已知 $N$ 点坐标 $N(a,b)$，可以求出 $N$ 到直线 $CD$ 的距离为

$$d(\theta) = a\sin\theta + b\cos\theta - l\sin\theta\cos\theta$$

动画演示时，需要计算出病床宽度 $DA$：

$$DA = w\{\sin\theta, \cos\theta\}$$

最后通过向量加法计算出 $AB$ 点的坐标。

### 演示和代码

```
ln[4] = Manipulate[Module[{a, b, z, d, pA, pB, pC, pD, bed, cor, min,
demo, plot},
    a = corridor[[1]]; b = corridor[[2]];(*拐角两侧宽度*)
    d[θ_] := a Sin[θ] + b Cos[θ] - l Sin[θ] Cos[θ];(*拐角允许的病床宽度
w 与 θ 之间的函数*)
    z = w {Sin[θ], Cos[θ]};
    pC = {l Cos[θ], 0}; pD = {0, l Sin[θ]};
    pA = pD + z; pB := pC + z;
    min = x /. Last[FindMinimum[{d[x], 0 <= x <= Pi/2}, {x, Pi/4}]];
    (*在确定病床形状的前提下，走廊转角到病床距离取得最小值时，病床与走廊的夹角
*)
    bed = Graphics[{LightGray, Polygon[{pA, pB, pC, pD}]}];(*病床形状
*)
    cor = Graphics[{Line[{{0, b + 1}, {0, 0}, {a + 1, 0}}],
    Line[{{a, b + 1}, corridor, {a + 1, b}}]}];
    (*走廊轮廓*)
    demo = Show[{bed, cor}, PlotRange → {{-0.1, a + 1}, {-0.1, b + 1}},
    PlotLabel → "演示图", ImageSize → 150];(*演示图*)
    plot = Plot[{d[θ], w}, {θ, 0, Pi/2}, AxesOrigin → {0, 0},
```

```
AxesLabel → {"θ", "w"}, PlotLabel → "θ - w 关系图",
    Epilog → {{PointSize[Large], Point[{min, d[min]}], Point[{θ, d
[θ]}]}, {Dashed, Line[{{θ, 0}, {θ, d[θ]}}]},
    Line[{{0, d[θ]}, {θ, d[θ]}}]}}, ImageSize → 150];
    Grid[{{If[d[min] > w, "能通过", "不能,宽度最多" <> ToString[d
[min]]],
        Button["显示极限情况",
    θ = x /. Last[FindMinimum[{d[x], 0 < x ≤ Pi /2}, {x, Pi /4}]]}, {plot,
demo}}]
    ], Grid[{{"走廊", Control[{{corridor, {1.5, 1.2}, Dynamic[corri-
dor]}, {0.5,0.5},
    {2,2}, {0.01, 0.01}}]}, {"病床长", Control[{{1, 2.}, Dynamic[1]}, 0.5,
4, 0.01}]},
    {"病床宽", Control[{{w, 1.}, Dynamic[w]}, 0.5, 2, 0.01}]},
    {"夹角", Control[{{θ, 30 Degree}, 0, Pi /2}]}}]]
```

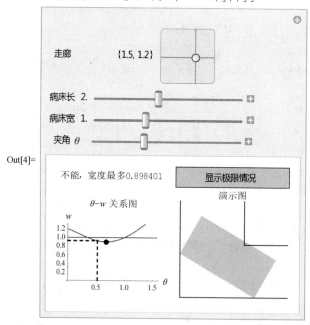

Out[4]=

## 小结

用图求解商人渡河问题,是高中信息学竞赛时,某本书上提到的方法。虽然在比赛时不可能遇到这个问题,但是在 Mathematica 下,比直接手写搜索简短很多,而且在 Mathematica 下更适合写函数式的程序。但是有一个缺点,图解法不能计算出渡河方案的总数。

**感想**

虽然这份报告的主体部分用了半个晚上,但是后期花了写主体3倍的时间在计算的化简和数据呈现的优化上。要想直观地把一个问题通过数据、图、表等形式,简洁地展示出来,比我原先的想象要难很多,也应该像解决问题本身一样,需要精心的设计。

感谢《Mathematica 演示项目笔记》,这份报告的排版和计算结果的展示,参考了这本书的不少代码。

# 三、关于 Logistic 映射的简单研究分析

机械工程　骆一阳

大家对于混沌一词早已不陌生。而事实上,混沌是一种动力学行为,在数学上用微分方程或差分方程来描述的动力学系统的演化。通过 Logistic 映射,我们可以了解状态空间的变化,而且还可以了解一些形象思维在混沌研究中的作用。这个映射成为研究混沌相当理想的模型,对于混沌学的建立起了大的作用。作为一维映射,Logistic 映射具有简单,数值计算不费时间,及内容丰富的特点。本文,便是围绕 Logistic 映射而展开的。着重于对其性质作出研究和分析。

关键词:Logistic 映射 混沌 周期 分叉 蛛网图 概率图

**生物学模型**

荷兰科学家 Verhulst 在 1840 年提出:由于生存资源的有限性,物种成员之间的竞争与约束必定影响它们的数量增长。他把 Malthus 模型修改为:

$$x[n+1] - x[n] == r\,x[n] - \beta\,x[n]^2 \qquad (1)$$

其中 $-\beta\,x[n]^2$ 为竞争或约束项,表明单位时间内由于竞争或约束而减少的群体个数与成员相遇次数的统计平均值(从而与 $-x[n]^2$)成正比。$r,\beta$ 通常由统计数字确定(有时称之为生命系数). 改写(1)为:

$$x[n+1] == \alpha x[n] - \beta x[n]^2 \qquad (2)$$

这是一个非线性映射

$$f[x\_] := \alpha x - \beta x^2 \qquad (3)$$

其中 $\alpha == r+1$。

我们不能像 Malthus 模型那样得到由(2)所确定解的解析表达式,但简单的

迭代计算还是容易的。据生态学家的统计分析,取 $r=0.029$,$\beta$ 则依赖于各个国家、地区或民族的社会、经济、文化等诸因素确定。例如:我国在 1980 年公布 1979 年底人口总数为 9.7542 亿,人口增长率为 0.0145,由式(1)可以计算 $\beta$。

如:$\text{Solve}[r-\beta 9.7542==0.0145\&\&r==0.029,\{r,\beta\}]$,得 $\{\{r\to 0.029,$ $\beta\to 0.00148654\}\}$。将 $r$ 和 $\beta$ 代入迭代式(2),计算 1980 年以来我国的人口总数,并与由国家统计局发布的统计数字作比较(见表1)。

表 1

| 年份 | 计算人口数(亿) | 统计人口数(亿) |
|---|---|---|
| 1880 年 | 9.8956 | 9.8705 |
| 1881 年 | 10.0370 | 10.0072 |
| 1882 年 | 10.1784 | 10.1654 |
| 1883 年 | 10.3195 | 10.3008 |
| 1884 年 | 10.4605 | 10.4357 |
| 1885 年 | 10.6012 | 10.5851 |
| 1886 年 | 10.7416 | 10.7507 |
| 1887 年 | 10.8816 | 10.9300 |
| 1888 年 | 11.0211 | 11.1026 |
| 1889 年 | 11.1602 | 11.2704 |
| 1990 年 | 11.2987 | 11.4333 |
| 1991 年 | 11.4366 | 11.5823 |
| 1992 年 | 11.5738 | 11.7171 |
| 1993 年 | 11.7103 | 11.8517 |
| 1994 年 | 11.8461 | 11.9850 |
| 1995 年 | 11.9810 | 12.1121 |
| 1996 年 | 12.1151 | 12.2389 |

我们看到,预测数字与统计数字还是十分接近的。那么依照这个模型,我国的人口发展趋势如何呢?表2给出一些预测。

表 2

| 年份 | 预测数（亿） | 年份 | 预测数（亿） |
|---|---|---|---|
| 2005 年 | 13.2753 | 2155 年 | 19.3974 |
| 2015 年 | 14.4432 | 2195 年 | 19.4744 |
| 2025 年 | 15.4606 | 2235 年 | 19.4983 |
| 2035 年 | 16.3199 | 2275 年 | 19.5056 |
| 2055 年 | 17.5959 | 2355 年 | 19.5086 |
| 2075 年 | 18.3972 | 2435 年 | 19.5089 |
| 2115 年 | 19.1518 | 2535 年 | 19.5089 |

从 Logistic 模型看到,我国人口总数将会有一个极限值。事实上,由迭代式 (2)所确定的序列$\{x[n]\}$,在 $r, \beta \in (0,1)$ 时,确实是存在极限的。当然 Logistic 模型有缺陷,随着社会经济文化等方面的进步,生命系数 $r, \beta$ 需要根据社会发展情况进行调整。

一般说,人口问题的预测也许更适合用连续性的模型,对于数目很大、寿命较长、其个体的出生、死亡、迁移等随时都可能发生的种群,可以将种群个体总数看作依赖时间的连续变量。

由 $[x(t + \Delta t) - x(t)]/\Delta t = rx(t)$ 得到连续的 Malthus 模型:

$$dx/dt = rx$$

解微分方程

$$DSolve[x'[t] == rx[t], x[t], t]$$

得 $\{\{x[t] \rightarrow E^\wedge(rt)\ C[1]\}\}$

再由 $[x(t + \Delta t) - x(t)]/\Delta t == rx(t) - \beta\, x(t)^\wedge 2$ 得到连续的 Logistic 模型:

$$dx/dt = rx - \beta x^\wedge 2$$

解微分方程

$$DSolve[x'[t] == rx[t] - \beta x[t]^\wedge 2, x[t], t]$$

得 $\{\{x[t] \rightarrow (E^\wedge(rt + r\ C[1])\ r)/(-1 + E^\wedge(rt + r\ C[1]))\}\}$.

**Logistic 映射的复杂性**

现在进一步看看离散的 Logistic 模型的一些复杂却有趣的现象,为了简便计算,将映射(3)化简为:

$$f[x\_] == \alpha x(1-x), \quad x \in [0,1] \tag{4}$$

离散模型为

$$x[n+1] == \alpha x[n](1-x[n]) \tag{5}$$

模型(5)可用以模拟某个生物种群(昆虫,或水果等)的一代和下一代的总数间的关系。如规范化某个生物种群总数 $x[n]$,即除以某个可能达到的最大值,使 $x[n] \in [0,1]$,此模型已经考虑了种群之间的竞争关系,著名的生物学家 Robert M. May 曾经做过十分深刻的研究。下面,将通过几个实验用 Mathematica 软件来对 Logistic 映射(4)进行一些探索性研究。

- **实验 1**

任给定一个初值 $x[0]$,用迭代法,算出一列 $\{x[n]\}$,针对不同的 $\alpha$ 可以看见 $\{x[n]\}$ 的变化情况。

画出参数 $\alpha$ 在 $[3,4]$ 上等距(步长取为 0.02)取值时的 Feignbaum 图,去掉迭代的前 10000 项后 1000 项的结果(计算中用符号 a 表示 $\alpha$)。

```
Clear[f,a,x];
f[α_,x_]:= a x(1-x);
x0 = 0.5; r = {};
Do[For[i = 1,i < = 11000,i + +, x0 = f[a,x0]; If[i > 10000, r = Append[r,
{a,x0}]]], {a,3.0,4.0,0.02}];
ListPlot[r]
```

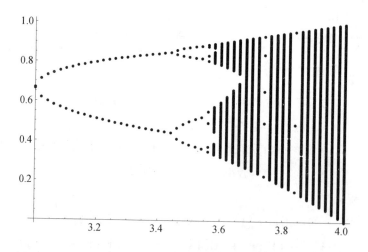

由图形可以看到,当 $\alpha \in [3,3.57]$ 时,属倍 2 - 周期窗口,分裂的周期依次是:2,4,8,…;当 $\alpha \in [3.738,3.746]$ 时,有一个 5 - 周期的窗口。

当 α = 3.84 时,迭代序列出现了周期为 3 的循环,对应于 α 在 3.84 附近的区域是一个倍 3 - 周期的窗口,分裂周期依次是:3,6,12,…。

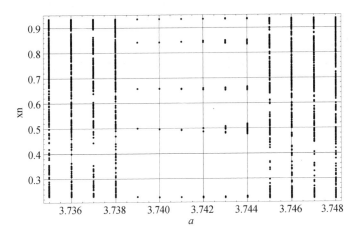

· **实验 2**

α ∈ [3.83,3.84] 时,称为周期 3 窗口;再适当增加 α 的值,会出现分叉,得到周期 6 的情况;能否得到周期为 12 的情况? 对于上述结果可以在 α - x[n] 平面上作图观察,n 应该取得足够大,才能够有足够的点(数百个或者更多),便于观察变化情况。

先画出参数 α 在 [3.3,3.87] 上等距(步长取为 0.01)取值时的 Feignbaum 图。

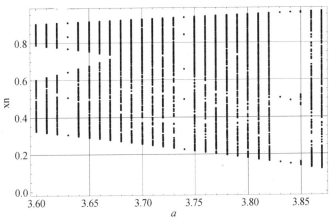

```
Module[{f,x0},Clear[a,x];
f[a_,x_]:=a x(1-x);
```

```
x0 = 0.5;
ListPlot[Flatten[Table[Table[{a,xn},{xn,Drop[NestList[f[a,#]&,
x0,400],100]}],{a,3.83,3.87,0.01}],1],Frame→True,FrameLabel→{a,xn},
GridLines→ Automatic,PlotStyle→Directive[PointSize[Small]]]]
```

为了观察到 6 周期分叉的情况,进一步缩小 α 增加的步长。在 α ∈[3.83,
3.86]三窗口处,以 0.005 为步长,缓慢增加 α 的取值,可以观察{x[n]}从 3 周
期到 6 周期的变化情况。

```
Module[{f,x0},Clear[a,x];
f[a_,x_] := a x(1 - x);
x0 = 0.5;
ListPlot[Flatten[Table[Table[{a,xn},{xn,Drop[NestList[f[a,#]&,
x0,400],100]}],{a,3.828,3.86,0.005}],1],
Frame→True,FrameLabel→{a,xn},GridLines→Automatic, PlotStyle→
Directive[PointSize[Small]]]]
```

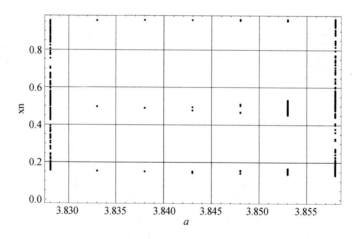

进一步缩小增加 α 的步长为 0.001,缓慢增加 α 的取值,可观察{x[n]}的
12 周期分叉情况。

```
Module[{f,x0},Clear[a,x];
f[a_,x_] := a x(1 - x);
x0 = 0.5;
ListPlot[Flatten[Table[Table[{a,xn},{xn,Drop[NestList[f[a,#]&,
x0,400],100]}],{a,3.828,3.860,0.001}],1],Frame→True,FrameLabel→{a,
xn},GridLines→Automatic,PlotStyle→Directive[PointSize[Small]]]]
```

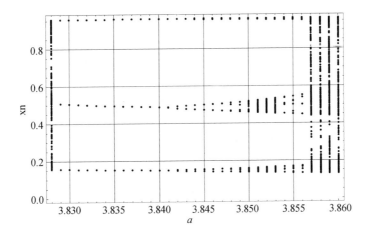

· **实验 3**

对任务 1 中的初值 x0 做一点改变,例如增加 0.0001 或者更小,对不同的 α 取值,分别计算第 100、500、1000 项的值 x[100]、x[500]、x[1000]或计算任意项 x[n]的值,与任务 1 中计算出的对应值进行比较,数值会差多少呢? 这说明了什么?

建立 $\alpha - \Delta xn$ 平面坐标,绘出计算结果。

```
Module[{f1,x0,x1},Clear[a,x,n];
f1[a_,x_]:=a x(1-x);
x0=0.5;x1=x0+0.0001;
Table[ListPlot[Table[{a,Nest[f1[a,#]&,x1,n]-Nest[f1[a,#]&,x0,
n]},{a,3.828,4.0,0.002}],AxesLabel→{a,Δxn},
PlotLabel→"n = " <> ToString[n],ImageSize→300],{n,{100,500,
1000}}]//TableForm]
```

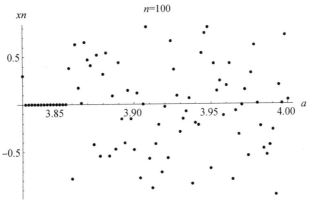

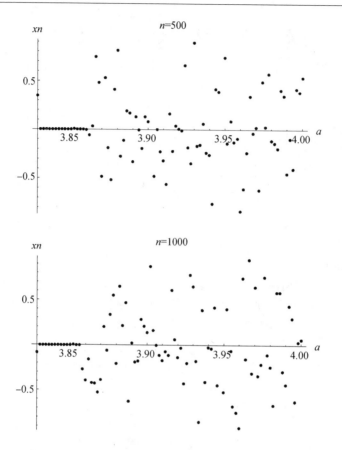

从图中看到计算结果：当 $\alpha < 3.855$ 时，Logistic 模型对迭代初始值的选取不敏感，当 $\alpha > 3.855$ 时，Logistic 模型对迭代初始值的选取变得敏感了，初始值小的改变，会导致计算结果有大的改变。

· **实验 4**

对于任务 1 中的 $\alpha$ 取值，由 x[0] 出发，迭代计算 Logistic 模型点列 {x[n]}，作出迭代蛛网图。

```
a = 3.8;( * 试取不同的 a 值)
g[x_] := a x (1 - x); g1 = Plot[g[x], {x, -0.2, 1.2}, PlotStyle→RGBColor
[1,0,0]];
  g2 = Plot[x, {x, -0.2, 1.2}, PlotStyle→RGBColor[0,1,0]]; x0 = 0.45; r =
{};n = 18;
  For[i = 1, i < n, i + +, r0 = Graphics[
  {RGBColor[0,0,1], Line[{{x0,x0}, {x0,g[x0]}, {g[x0],g[x0]}}]}]; x0 =
g[x0]; AppendTo[r,r0]]
```

Show[g1,g2,r,r0,PlotRange→{-0.2,1.2}]

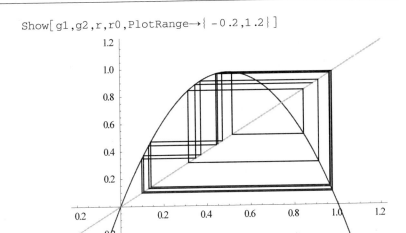

或者,画出随 a 变化的动画蛛网图形:

Manipulate[Module[{f},f[a_,x_]:= a x(1 - x);

Show[{Plot[{x,f[a,x]},{x,0,1}],Graphics[{Blue,Line[

Flatten[Table[{{p,p},{p,f[a,p]}},{p,NestList[f[a,#]&,0.4,n]}],

1]]}]}},AspectRatio →1,ImageSize→ 300]],{{a,3.9},3.828,4.0,0.002},{{n,

50},0,200,1}]

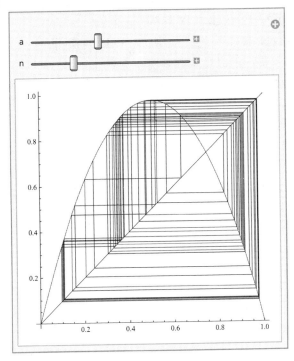

225

**实验体会**

通过本次课程设计,除了加深了解了有关混沌的一些知识,我也开始了"深入"学习、思考和研究,明白了不少不曾理解的东西,也更加感到:努力了就会有收获、有提高!

这次的课程设计,我花了2周时间研究有关书籍和参考文献,对 Logistic 模型进行分析,确定研究思路和方法后,熬了不少夜才完成,尽管比较辛苦,但是当我看到自己这份赏心悦目的报告,就觉得一切都值。在这次课程设计的过程中,我学到的已经超出了本门课程的范围,又有新的研究问题要思考了,Mathematica 的确是个好帮手,好工具。

# 四、人口增长预测问题

经济与管理　李忠威

## 一、问题的提出

我国从 20 世纪 70 年代开始,人口变化开始趋于平缓,人均预期寿命的增长变化不大。在当前的情况下,严格一胎政策已经放宽,双独二胎政策与单独二胎政策相继出台。我国未来人口增长趋势会怎样,多少年后会达到人口基数最大,最大人口数是多少? 这也是我非常关心的问题。

本实验选择 Logistic 人口增长模型进行问题的探讨,是因为荷兰生物学家 Verhaust 于 1838 年提出的以昆虫数量为基础的 Logistic 人口增长模型[1],综合考虑了环境等因素对人口增长产生的影响,被认为在人口变化平缓时期可较好地预测人口增长。

## 二、实验方案

本次实验,将 1964 年看成初始时刻,即 $t = 0$, 1965 为 $t = 1$, 以此类推,以 2010 年为 $t = 46$ 作为终时刻。采用 Logistic 模型,并依据六次人口普查数据表1与表2,建立大陆地区人口增长的数学模型,用于估计未来二三十年中国大陆人口的变化情况。

表 1　六次人口普查时间和大陆人口总数

| 时间/$t$ | 0 | 18 | 26 | 36 | 46 |
|---|---|---|---|---|---|
| 年份 | 1964 年 | 1982 年 | 1990 年 | 2000 年 | 2010 年 |
| 人口(亿) | 6.9458 | 10.0818 | 11.3368 | 12.6583 | 13.3972 |

表 2    年平均近似增长率

| 年平均增长率 | 1964—1982 年 | 1982—1990 年 | 1990—2000 年 | 2000—2010 年 |
|---|---|---|---|---|
| $r$ | 2.1% | 1.48% | 1.07% | 0.57% |

### 三、人口增长模型的建立

Logistic 人口增长模型,随着人口的增加,阻滞作用会增大。若将 $r$ 表示为 $x$ 的函数 $r(x)$,则它是减函数。

$$\frac{\mathrm{d}x(t)}{\mathrm{d}t} = r\left(1 - \frac{x(t)}{x_m}\right), x(0) = x_0 \qquad (1)$$

假设 $x_m$ 表示自然资源条件能容纳的最大人口数(这里不妨设 $x_m$ 为 16 亿人口);要预测未来的人口数,须先对人口增长率 $r$ 作出估计。

下面分几种情况讨论。首先,利用表 1 及表 2 拟合出 $r$ 与 $x$ 的关系,满足模型增长率 $r$ 是人口 $x$ 的函数,它随着 $x$ 的增加而减少,且 $x = x_m$ 时 $r = 0$。然后,用 Logistic 人口增长模型的解函数拟合表 1、表 2 的数据,给出合适的 $r$ 值。

(1)用多项式函数拟合曲线 $r(x)$

输入

```
data1 = {{10.0818, 0.021}, {11.3368, 0.0148}, {12.6583, 0.0107},
{13.3972, 0.0057}};
Fit[data1,{1,x,x^2,x^3},x]
tu = ListPlot[data1,PlotStyle→AbsolutePointSize[4]];
Plot[% % ,{x, 10.0818, 13.3972}];
Show[% ,% % ]
```

得到:

```
r(x) = 1.23966 - 0.309878 x + 0.0263237 x^2 - 0.00075155 x^3   (2)
```

拟合数据的 $r(x)$ 图形为:

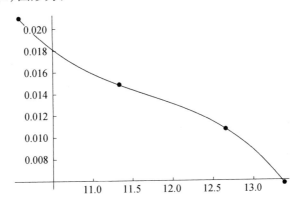

（2）求解微分方程（1），得到解函数

$$x(t) = \frac{x_m}{1 + \left(\dfrac{x_m}{x_0} - 1\right)\mathrm{e}^{-rt}} \tag{2}$$

利用表 1 的数据 $(t, x)$ 进行非线性曲线拟合，来确定 $r$；或者确定 $r$ 和 $x_0$（因 1964 年的人口统计数偏低，故采用曲线拟合重新选一个 $x_0$），得到两个计算模型。
输入
```
data = {{0,6.9458},{18,10.0818},{26,11.3368},{36,12.6583},{46,
    13.3972}};
d = ((16/6.9458) - 1) E^( -rt);
FindFit[data, 16/(1 + d), r, t]
```
解得：$\{r \to 0.0434636\}$，得到人口随时间变化的模型 1：

$$x(t) = \frac{16}{1 + \left(\dfrac{16}{6.9458} - 1\right)\mathrm{e}^{-0.0434636t}} \tag{3}$$

输入
```
d = ((16/x0) - 1) E^( -rt);
FindFit[data, 16/(1 + d), {x0, r}, t]
```
解得：$\{x0 \to 7.0057, r \to 0.0429608\}$，则人口随时间变化的模型 2 是：

$$x(t) = \frac{16}{1 + \left(\dfrac{16}{7.0057} - 1\right)\mathrm{e}^{-0.0429608t}} \tag{4}$$

（3）考虑到 1978 年后，人口变化进入平稳期，现将 1982 年看成初始时刻，即 $t = 0$，1983 年为 $t = 1$，以此类推，以 2010 年为 $t = 28$ 作为最后时刻，计算：
```
data = { {0,10.0818},{8,11.3368},{18,12.6583},{28,
    13.3972}};
d = ((16/10.0818) - 1) E^( -rt);
FindFit[data, 16/(1 + d), r, t]
```
解得：$\{r \to 0.0417931\}$，可以建立人口随时间变化的模型 3 为

$$x(t) = \frac{16}{1 + \left(\dfrac{16}{10.0818} - 1\right)\mathrm{e}^{-0.0417931t}} \tag{5}$$

（4）Logistic 人口增长模型的迭代算法

由文献[2]可知，Logistic 人口增长模型的迭代算法的基本思想是：假设 $x_m$

已知,求得 $r$ 的最优估计,然后把 $r$ 作为已知,求出 $x_m$ 的最优估计,这样交替循环迭代直到收敛为止。经过推演可以得到如下的模型4:

$$x_t = \frac{16.28}{1 + \left(\dfrac{16.28}{9.6425} - 1\right) e^{-0.0401t}}$$

利用4个模型分别计算和预测各年份大陆的人口数(单位:亿)(表3),作出比较供参考。

表3

| 年份 | 1982 | 1990 | 2000 | 2010 | 2015 | 2025 |
|---|---|---|---|---|---|---|
| 普查数据 | 10.0818 | 11.3368 | 12.6583 | 13.3972 | | |
| 模型 1 数据 | 10.0241 | 11.2591 | 12.5723 | 13.5993 | 14.0099 | 14.6523 |
| 模型 2 数据 | 10.0472 | 11.2663 | 12.5645 | 13.5831 | 13.9916 | 14.6331 |
| 模型 3 数据 | 10.0818 | 11.2661 | 12.5327 | 13.5346 | 13.9397 | 14.581 |
| 模型 4 数据 | 10.2447 | 11.4049 | 12.6568 | 13.6717 | 14.0729 | 14.7327 |

**注**:模型1、2的建立选用了1964年的人口数据,而模型3仅利用1982年及以后的人口普查数据,这一阶段是人口变化平缓时期。从实验计算数据看出,模型1、2的计算数据比较靠近;但模型3的数据更接近普查数据。另外,用模型4计算的数据数值偏大,模型4使用了1978年的人口数据估算值。考虑到模型的建立都存在误差,在没有更深入的研究时,不能简单说哪个模型更好。但模型1、2、3的导出过程简单,应用起来非常方便。经分析,表3中对2015年和2025年的人口预测值,4个模型给出的结果应该都偏高。

### 四、小结与感想

此次实验作业我认真参考了一些资料,在算的过程中学习计算,发现了不少问题,如:$x_m$ 与 $r$ 相互牵扯,给定 $x_m$ 时,可以找到一个最优的 $r$,使数学模型的预测性更好。其实,数学模型求解的过程及实测数据都存在误差,虽然在形成模型4的过程中考了误差因素,但计算的结果与实测数据相对其他模型偏离更大。

我在这门课程的学习中收获很大,提高了分析、解决问题能力,提高了运用数学知识解决应用问题及运用 Mathematica 的计算能力。

参 考 文 献

[1] 冯守平. 中国人口增长预测模型. 安徽科技学院学报,2008,(6).

[2] 熊波. 人口增长的 Logistic 模型分析及其应用. 商业时代,2008,(27).

# 五、行星运行轨道的绘制

飞行器设计与工程 包明敏

我们知道日心说较地心说更为科学,然而对其原因却不甚了解,对于非天文及相关专业仅仅通过大学物理的学习,我们对行星运动规律知之甚少。作为业余天文爱好者,我们想要更加直观地了解日心说与地心说的不同之处,可以分别选择太阳、地球作为参考系,绘制行星运动的轨道,验证日心说的优越性。

首先,我们对问题进行简化。

(1)行星的公转轨道平面与黄道平面夹角很小,除了水星,夹角均小于 3°,因此可近似认为行星轨道共面。

(2)以太阳为参考系,行星实际运动的轨道是带有进动的椭圆,我们忽略进动(也称为旋进)的影响,并考虑到行星的偏心率都很小,将其运动轨道近似为圆轨道。

接下来我们进行绘制前的准备工作。

(1)日心系

设太阳质量为 M,行星质量为 m,r 为行星与太阳间的距离,行星运动周期为 T,角速度为 ω,由万有引力公式,我们可以得到:

$$GMm/r^2 = mr\,\omega^2 = 4mrPi^2/T^2$$

从而得到

$$r^3 = GMT^2/(4Pi^2)$$

取地球公转周期(1 年)为时间单位,日地平均距离(14960 万千米)为长度单位,上式可简化为:

$$r^3 = T^2$$

行星轨道参数方程为

$$x[\,t\_\,]:= r\,Cos[\,\omega t + \phi\,]$$
$$y[\,t\_\,]:= r\,Sin[\,\omega t + \phi\,]$$

(2)地心系

地球在日心系中轨道参数方程

$$x0[\,t\_\,]:= Cos[\,\omega 0\,t + \phi 0\,]$$
$$y0[\,t\_\,]:= Sin[\,\omega 0\,t + \phi 0\,]$$

则行星在地心系中轨道参数方程

$$xx[\,t\_\,]:= r\,Cos[\,\omega\,t + \phi\,] - Cos[\,\omega 0\,t + \phi 0\,]$$

$$yy[t\_]:=r\,Sin[\omega\,t+\phi]-Sin[\omega0\,t+\phi0]$$

（3）相关实验数据

| 行星名称 | 公转周期 | 公转角速度 | 行星与太阳间距离 | 初始黄经 |
|---|---|---|---|---|
| 水星 | 0.241 | 26.188 | 0.387 | 0.579 |
| 金星 | 0.615 | 11.529 | 0.723 | 1.424 |
| 地球 | 1.000 | 6.280 | 1.000 | 1.738 |
| 火星 | 1.881 | 3.350 | 1.527 | 2.519 |
| 木星 | 11.862 | 5.187 | 5.203 | 5.518 |
| 土星 | 29.458 | 0.213 | 9.539 | 2.763 |

现在，我们开始绘制行星轨道

（1）日心系

Clear[x,y,r,ω,t,φ]

日心系轨道图（水星到土星）

Graphics[{{PointSize[Large],Point[{0,0}]},Circle[{0,0},0.387],
Circle[{0,0},0.723],Circle[{0,0},1],Circle[{0,0},1.527],Circle[{0,0},
5.203],Circle[{0,0},9.539]}]

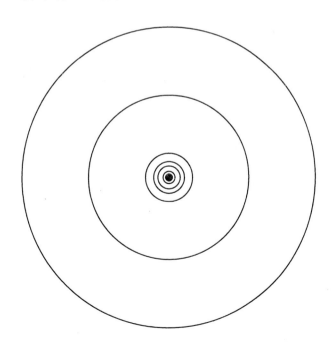

日心系行星运动动态模型(水星到火星)

方便起见,行星半径取同一值,另由于木星、土星运动半径过大,此处只绘制到火星

```
Manipulate[Graphics3D[{Yellow,Sphere[{0,0,0},200],RGBColor[0.5,
0.1,0.1],
   Sphere[{387Cos[0.000828137t+0.579],387Sin[0.000828137t+0.579],
0},75],RGBColor[0.9,0.4,0],
   Sphere[{723Cos[0.000364579t+1.424],723Sin[0.000364579t+1.424],
0},75],RGBColor[0.3,0,1],
   Sphere[{1000Cos[0.000198591t+1.738],1000Sin[0.000198591t+
1.738],0},75],RGBColor[1,0.1,0.1],Sphere[{1527Cos[0.000105936t+2.
519],1527Sin[0.000105936t+2.519],0},75]},Boxed→False,PlotRange→
{{-2000,2000},{-2000,2000},{-2000,2000}},ImageSize→{400,400}],{{t,
0,"time"},0,60000,ControlType→Trigger}]
```

运行该程序,可以看见行星运行的动画效果。

(2) 地心系

```
Clear[xx,yy,r,\[Omega],\[Omega]0,t,\[Phi],\[Phi]0]
```

由于在地心系中行星运动轨道较复杂,我们分别绘制轨道图

```
xx[r_,ω_,φ_,ω0_,φ0_,t_]:=r Cos[ω t+φ]-Cos[ω0 t+φ0];
yy[r_,ω_,φ_,ω0_,φ0_,t_]:=r Sin[ω t+φ]-Sin[ω0 t+φ0];
ParametricPlot[{xx[0.387,26.188,0.579,6.28,1.738,t],yy[0.387,
26.188,0.579,6.28,1.738,t]},{t,0,6},PlotLabel→"地心系水星运动轨道"]
   ParametricPlot[{xx[0.732,11.529,1.424,6.28,1.738,t],yy[0.732,
11.529,1.424,6.28,1.738,t]},{t,0,12},PlotLabel→"地心系金星运动轨道"]
   ParametricPlot[{xx[1.527,3.350,2.519,6.28,1.738,t],yy[1.527,3.
350,2.519,6.28,1.738,t]},{t,0,15},PlotLabel→"地心系火星运动轨道"]
   ParametricPlot[{xx[5.203,5.187,5.518,6.28,1.738,t],yy[5.203,5.
187,5.518,6.28,1.738,t]},{t,0,10},PlotLabel→"地心系木星运动轨道"]
   ParametricPlot[{xx[9.539,0.213,2.763,6.28,1.738,t],yy[9.539,0.
213,2.763,6.28,1.738,t]},{t,0,30},PlotLabel→"地心系土星运动轨道"]
```

地心系行星运动动态模型(水星到火星)

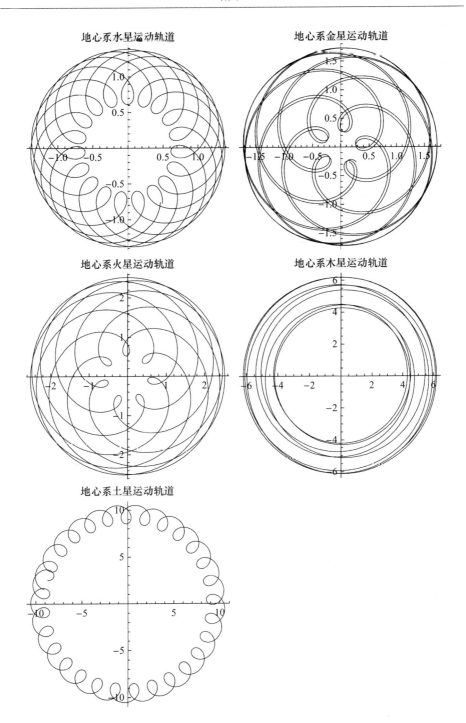

方便起见行星半径取同一值,另由于木星、土星到地球距离过大,此处只绘制到火星

```
xx[r_,ω_,ϕ_,ω0_,ϕ0_,t_]:=r Cos[ωt+ϕ]-Cos[ω0t+ϕ0];
yy[r_,ω_,ϕ_,ω0_,ϕ0_,t_]:=r Sin[ωt+ϕ]-Sin[ω0t+ϕ0];
Manipulate[Graphics3D[{Blue,Sphere[{0,0,0},100],RGBColor[0.5,0.1,0.1],Sphere[{1000xx[0.387,26.188,0.579,6.28,1.738,t],1000yy[0.387,26.188,0.579,6.28,1.738,t],0},100],
RGBColor[0.9,0.4,0],Sphere[{1000xx[0.723,11.529,1.424,6.28,1.738,t],1000yy[0.723,11.529,1.424,6.28,1.738,t],0},100],
RGBColor[1,0.1,0.1],Sphere[{1000xx[1.527,3.35,2.519,6.28,1.738,t],1000yy[1.527,3.35,2.519,6.28,1.738,t],0},100]},
Boxed→False,PlotRange→{{-2600,2600},{-2600,2600},{-2600,2600}},ImageSize→{400,400}],{{t,0,"time"},0,3,ControlType→Trigger}]
```

运行该程序,可以看见行星运行的动画效果。

由上面的轨道图及动态图,我们可以明显看出,选取太阳为参考系比选取地球为参考系观察到的行星运动更加简单,利于分析,规律较易掌握。即证明了日心说相较地心说的优越性与科学性。

通过数学实验课程的学习,我了解、熟悉了 Mathematica 软件的基础操作,掌握了这一强大的工具的基本使用方法。初步感受了用数学方法对一个问题进行研究的历程。完成课设花了很多的时间,虽然过程中遇到很多问题,但是当它终于被完成的时候,真的是非常有成就感,感觉自己瞬间满血了。非常庆幸自己选择了这门选修。

# 参 考 文 献

倪致祥,姜文博,行星视运动的计算机仿真【J】,阜阳师范学院院报,2011,28(3).

# 参 考 文 献

[1] 萧树铁. 数学实验[M]. 北京:高等教育出版社,1999.

[2] 李尚志. 数学实验[M]. 北京:高等教育出版社,1999.

[3] 姜启源. 数学实验[M]. 北京:高等教育出版社,1999.

[4] 乐经良,向隆万,李世栋. 数学实验[M]. 北京:高等教育出版社,1999.

[5] 谢云荪. 数学实验[M]. 北京:科学出版社,1999.

[6] William F. Lucas. Modules in Applied Mathematics[M]. 沙基昌,等译. 离散与系统模型. 北京:国防科技大学出版社,1996.

[7] Mount Holyoke College:Laboratories in Mathematical Experimentation. 白峰杉,蔡大用,译. 数学实验室[M]. 北京:高等教育出版社,Springer,1998.

[8] 李卫国. 高等数学实验课[M]. 北京:高等教育出版社,2000.

[9] 王兵团,桂文豪. 数学实验基础[M]. 北京:北方交通大学出版社,2003.

[10] 孙卫,张宇萍. 高等数学实验[M]. 西安:西北工业大学出版社,2003.

[11] 魏贵民,郭科,数学[M]. 北京:高等教育出版社,2003.

[12] 何文章,桂占吉,贾敬. 大学数学实验[M]. 哈尔滨:哈尔滨工程大学出版社,1999.

[13] [美]D·休斯·哈雷特,A·M·克莱逊. 胡乃冏. 微积分[M]. 邵勇,等译. 北京:高等教育出版社,1997.

[14] 万福永,戴浩晖. 数学实验教育[M]. 北京:科学出版社,2003.

[15] 杨振华,郦志新. 数学实验[M]. 北京:科学出版社,2002.

[16] 赵静. 数学建模与数学实验[M]. 北京:高等教育出版社,2003.

[17] 万中,曾金平. 数学实验[M]. 北京:科学出版社,2001.

[18] 李继玲,沈跃云. 数学实验基础[M]. 北京:清华大学出版社,2004.

[19] 施吉林. 实验微积分[M]. 高等教育出版社,施普林格出版社,2001.

[20] 钱秀伟. 大千世界中的微积分[M]. 北京:中国铁道出版社,2002.

[21] 同济大学应用数学系. 高等数学[M]. 北京:高等教育出版社,2006.

[22] 苟飞. Mathematica 4 实例教程[M]. 北京:中国电力出版社,2000.

[23] 阳明盛,林建华. Mathematica 基础及数学软件[M]. 大连:大连理工大学出版社,2003.